公共卫生实验室能力验证实施指南

罗建波　杨杏芬　主编

中国质检出版社
中国标准出版社
北　京

图书在版编目(CIP)数据

公共卫生实验室能力验证实施指南/罗建波,杨杏芬主编.—北京:中国标准出版社,2012(2015.1重印)
ISBN 978-7-5066-6728-9

Ⅰ.①公… Ⅱ.①罗… ②杨… Ⅲ.①公共卫生-实验室-验证-指南 Ⅳ.①R197.38-62

中国版本图书馆CIP数据核字(2012)第044363号

中国质检出版社
中国标准出版社
出版发行

北京市朝阳区和平里西街甲2号(100013)
北京市西城区三里河北街16号(100045)

网址:www.spc.net.cn
总编室:(010)64275323 发行中心:(010)51780235
读者服务部:(010)68523946
中国标准出版社秦皇岛印刷厂印刷
各地新华书店经销

*

开本787×1092 1/16 印张16.25 字数374千字
2012年4月第一版 2015年1月第二次印刷

*

定价50.00元

编　委　会

前言

能力验证是利用实验室间比对的方法对实验室测量能力的衡量。参加能力验证计划是实验室测量结果质量保证的重要手段，有助于实验室评价和证明其测量数据的可靠性，发现和纠正自身存在问题，改进测量工作。公共卫生实验室通过参加能力验证活动，不但能检查设备性能和运行状态，检验人员素质和操作水平、标准物质的应用、化学试剂的纯度和试验用水是否符合要求，还能有效地监控实验室能力的维持情况，发现实验室在工作中存在的问题并制定相应的改进方法和纠正措施，进而增加客户对实验室出具检测数据的信任度，满足管理部门和社会公证活动的需要；促进实验室间合作和经验交流，促进检测市场的形成和提高市场竞争力，有利于检测系统资源的开放。由此可见，科学、有效地组织和运作能力验证活动，对提高公共卫生实验室的技术能力，确保出具报告的质量，提高国际竞争能力，打破国际技术贸易壁垒，具有十分重要的意义。

我国的能力验证工作相对起步较晚，经过近二十年的发展，我国建立了统一的实验室管理和组织能力验证的制度，实验室能力验证体系也已经逐步成型，但在公共卫生领域的应用还有待深入研究和完善。

本书主要介绍能力验证的发展历程、公共卫生实验室能力验证发展现状、国内外能力验证机构及提供者、相关基础知识和能力验证组织实施，以及参加能力验证的程序，并附有能力验证实施案例。

本书由罗建波、杨杏芬组织编写，广东省疾病预防控制中心、中国疾病预防控制中心职业卫生与中毒控制所、中国合格评定国家认可中心(CNAS)的有关专业人员参加编写。主要参加编写人员有罗建波、杨杏芬(第一章,第三章第一节、第二节、第三节),陈文胜、谭慧嘉(第二章第一节,第二节四、七、八,第五章第四节、第五节),钟志雄、邓秀燕(第二章第二节二、三、五,第三章第四节,第四章、第五章第一节、第二节、第三节),何平(第三章第四节),谭剑斌(第二章第二节六,第五章第一节、第二节、第三节),马聪、邓莉(第二章第二节七,第四章第一节,第五章第一节、第二节),张静(第二章第二节一),刘佛民(第二章第三节,第四章第一节四、五),闫慧芳(第二章第二节九)。

本书可供公共卫生检测机构管理人员和实验室专业技术人员、认证认可从业人员阅读使用,也可作为高等院校相关专业教学参考读本。由于认识水平有限、工作积累不足,书中难免存在疏漏和不足,敬请读者指正。

编　者

2012 年 3 月

目录

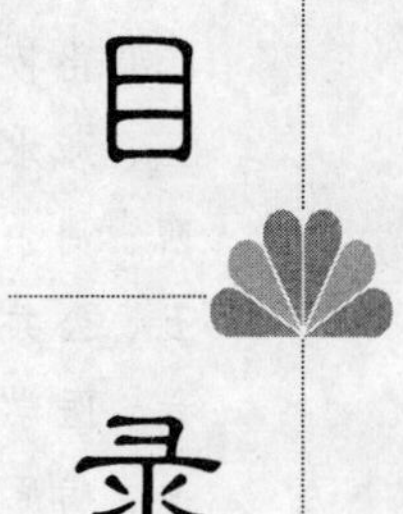

第一章　绪论 …… 1

第一节　能力验证的作用和意义 …… 2

第二节　能力验证的组织策划 …… 2

一、组织机构 …… 2

二、需求分析 …… 3

三、产品特性 …… 4

第三节　能力验证的主要过程 …… 4

一、策划和设计阶段 …… 5

二、实施阶段 …… 7

三、评估和改进阶段 …… 11

第四节　公共卫生实验室的能力验证 …… 11

一、公共卫生领域能力验证工作方法 …… 11

二、项目开展 …… 14

参考文献 …… 16

第二章　公共卫生实验室能力验证工作现状 …… 18

第一节　公共卫生实验室的能力要求 …… 18

一、概述 …… 18

二、专业领域及特点 …… 19

三、工作任务及能力建设标准要求 …… 23

第二节　各相关专业检测能力考评 …… 31
一、食品安全监测 …… 31
二、化妆品安全性检测 …… 35
三、涉水产品安全性检测 …… 37
四、消杀产品检测 …… 41
五、公共场所现场检测 …… 42
六、医学检验 …… 46
七、病原微生物检测 …… 49
八、地方病监测 …… 53
九、职业卫生监测 …… 54
第三节　存在的问题及对策 …… 57
一、存在的问题 …… 57
二、对策 …… 59
参考文献 …… 61

第三章　国内外能力验证机构及提供者 …… 63

第一节　国际组织的能力验证法规文件 …… 63
一、亚太实验室认可合作组织(APLAC) …… 63
二、国际实验室认可合作组织(ILAC) …… 64
三、澳大利亚国家检测机构协会(NATA) …… 67
第二节　我国的能力验证法规文件 …… 67
一、CNAS 制定的主要法规 …… 67
二、CNCA 制定的主要法规 …… 73
第三节　CNAS 能力验证要求 …… 73
一、对合格评定机构的要求 …… 73
二、现场评审中的有关事项 …… 75
三、对结果报告的解读和评价 …… 76
四、收费 …… 76
第四节　能力验证提供者 …… 77
一、英国政府化学家实验室(LGC) …… 77
二、食品分析能力评估计划(FAPAS) …… 81
三、环境与资源联合会(ERA) …… 83
四、资源与技术公司(RTC) …… 85
五、标准溶液供应公司(NSI) …… 87

六、澳大利亚能力验证机构(PTA) …… 87
七、澳大利亚质量服务专门机构 …… 89
八、室间比对技术研究所(IIS) …… 90
九、国际分析家学会(AOAC) …… 91
十、美国油类化学家协会(AOCS) …… 93
参考文献 …… 95

第四章　能力验证基础知识 …… 96

第一节　样品制备基本设施 …… 96
一、称量设备 …… 96
二、粉碎、均质设备 …… 97
三、筛网 …… 100
四、全自动微生物鉴定系统 …… 101
五、样品分装设备和包装材料 …… 107
第二节　正交试验设计 …… 108
一、名词术语 …… 109
二、正交试验设计 …… 109
三、正交试验结果分析方法 …… 113
四、应用实例:求出蔗糖酶的最适温度和最适 pH …… 115
第三节　样品均匀性评价 …… 117
一、均匀性检验的要求 …… 118
二、均匀性研究 …… 120
三、均匀性检验常用的统计方法 …… 120
第四节　样品稳定性评价 …… 124
一、稳定性研究 …… 125
二、趋势分析 …… 125
三、稳定性检验的要求和方法 …… 126
第五节　结果统计分析 …… 128
一、样品的指定值 …… 128
二、数据的正态分布检验 …… 130
三、结果的稳健统计法 …… 131
四、软件统计能力验证数据 …… 137
五、分析系数评价法 …… 140
六、质量控制图 …… 142
七、Youden 图 …… 155

八、Z 比分数图 …… 156
第六节　不确定度评定 …… 157
一、不确定度分类及概念 …… 159
二、测量不确定度与测量误差 …… 160
三、不确定度的来源 …… 161
四、A 类和 B 类不确定度的评定 …… 162
五、A 类和 B 类不确定度的合成 …… 166
六、测量结果不确定度的评定基本步骤 …… 168
七、应用实例 …… 169
参考文献 …… 178
第五章　能力验证的组织与参加 …… 181
第一节　组织策划与实施 …… 181
一、能力验证计划的组织策划 …… 181
二、能力验证的实施 …… 186
第二节　能力验证样品制备过程 …… 189
一、理化检验能力验证样品制备 …… 189
二、样品均匀性和稳定性检验及定值 …… 202
三、微生物实验室能力验证样品制备 …… 206
四、毒理实验室能力验证 …… 213
第三节　结果评价与处置 …… 217
一、结果统计与评价 …… 217
二、能力验证报告编制 …… 220
三、利用软件统计能力验证数据 …… 227
第四节　参加能力验证程序 …… 228
一、掌握能力验证信息动态 …… 228
二、计划阶段 …… 228
三、实施阶段 …… 229
四、结果反馈阶段 …… 230
第五节　不满意结果的纠正 …… 230
一、组织自查及进行原因分析 …… 230
二、实施不符合工作的整改及验证 …… 231
三、完成整改报告 …… 231
参考文献 …… 232

附录一　实验室能力验证实施办法(国家认证认可监督管理委员会2006年第9号公告) …… 236

附录二　部分相关能力验证组织机构和能力验证提供者一览表 …… 239

一、国际认可合作组织和权威机构 …… 239

二、CNAS认可的能力验证提供者 …… 239

三、CNAS互认机构认可的能力验证提供者 …… 241

四、测量审核指定机构 …… 245

第一章 

绪　论

能力验证(proficiency testing,PT)是指利用实验室间比对来确定实验室的校准/检测能力或检查机构的检测能力。能力验证活动向官方机构、实验室认可组织、实验室的客户以及其他相关各方提供实验室测量能力的证据,有助于相关方选择、评价、认可和信赖有能力的实验室。参加能力验证计划是实验室测量结果质量保证的重要手段,有助于实验室评价和证明其测量数据可靠性,发现和纠正自身存在问题,改进实验室的测量工作。能力验证的组织者和协调者可以通过能力验证活动提高其组织和协调能力,完善质量管理工作,提高测量及相关技术能力。通过能力验证活动,还可以推动相关方技术和管理经验的交流与合作,有利于实验室测量工作的共同发展。

能力验证在第二次世界大战后逐渐兴起,交流协作和信息共享是其发展中最大的特点。美国病理学会(College of American Pathologists,CAP)是已知提供能力验证服务最早的机构,1949 年 CAP 就开始组织能力验证计划,目前已有将近 30 000 家实验室参与其计划,CAP 被公认为是实验室质量保证的领导者。欧洲十几个国家在 1996 年也联合建立了一个能力验证数据库,名为欧洲能力验证信息系统(European Proficiency Testing Information System,EPTIS)。国际实验室认可合作组织(International Laboratory Accreditation Cooperation,ILAC)、亚太实验室认可合作组织(Asia Pacific Laboratory Accreditation Cooperation,APLAC)、澳大利亚国家检测机构协会(National Association of Testing Authorities,NATA)为当前国际上公认的提供能力验证服务的权威机构,我国实验室认可认证以及能力验证的方法标准均是参考以上组织的标准来制定。国内实验室积极地参与以上机构组织的能力验证,进一步促进了我国的能力验证工作向国际化的方向发展。

我国的能力验证工作起步较晚,逐步建立了统一的实验室管理和组织能力验证的机构。1994 年 10 月成立了中国实验室国家认可委员会(CNACL),随后 1996 年成立中国国家出入境检验检疫实验室认可委员会(CCIBLAC)。2002 年 7 月,CNACL 与 CCIBLAC 合并,组成我国唯一的实验室认可机构——中国实验室国家认可委员会(CNAL)。2006 年 3 月,为适应我国认证认可事业发展的需要和国际标准的变化,CNAL 和中国认证机构国家认可委员会(CNAB)合并组建中国合格评定国家认可委员会(China National Accreditation Service for Conformity Assessment,CNAS),统一负责实施对认证机构、实验室和检查机构的认可工作。中国国家认证认可监督管理委员会(CNCA)是国务院授权的履行行政管理职能、统一管理、监督和综合协调全国认证认可(包括实验室认可)工作的主管机构。1999 年后,全国性的能力验证项目基本由 CNCA 和 CNAS 组织实施。

第一节　能力验证的作用和意义

能力验证(PT)活动,特别是国际实验室间能力验证活动中所涉及的不同国家或地区存在不完全相同的测量标准、测量方法和测量手段,这些区别有时会直接影响到测量结果的准确性。因此国际实验室间能力验证活动有利于增进测量结果的可比性。

管理始终是决定质量活动成败的关键因素之一。对能力验证过程的质量控制是能力验证过程管理的重要组成部分。轻视对能力验证计划的管理,缺乏系统的能力验证管理办法特别是能力验证过程的质量控制方法是一些能力验证活动失败的重要原因之一。因此,研究适合能力验证过程的质量控制方法,促进能力验证活动的科学管理,对满足能力验证的质量要求,提高能力验证活动的有效性和效率具有积极的意义。

能力验证是中国合格评定国家认可委员会(CNAS)评价实验室检测技术能力的重要技术方法,也是维持认可机构间国际互认的基础。已获实验室认可的机构是否积极参加国际能力验证计划以及有效地开展其国内计划,已成为签署国际间互认协议的重要条件。目前提供能力验证的机构有国际权威机构[如欧洲认可合作组织(European co-operation for Accreditation,EA)、国际计量委员会(International Committee for Weights and Measures,CIPM)、亚太计量规划组织(Asia/Pacific Metrology Program,APMP)、国际实验室认可合作组织(ILAC)、亚太实验室认可合作组织(APLAC)]和国内权威机构[如CNAS、CNAS互认的认可机构的能力验证计划提供者(Proficiency Testing Provider,PTP)、测量审核实施机构、其他符合要求的政府部门及行业机构]。

公共卫生实验室是为了满足公共卫生的需要而设置,承担疾病控制、环保监测、健康危害因子监测、职业卫生监测、放射防护卫生监测、食品卫生、环境卫生、学校卫生监测等检验工作,建立了微生物检验、理化检验、毒理检验、媒介生物检验、消毒检验、疾病监测等专业实验室。公共卫生实验室主要分布的行业有卫生部门(疾病预防控制中心、职防院)、科学院系统、高等院校、进出口检验检疫部门、农业部门、药检部门、环境监测部门等。公共卫生实验室通过参加能力验证活动,不但能检查设备性能和运行状态,检验人员素质和操作水平、标准物质的应用、化学试剂的纯度和试验用水是否符合要求,还能有效地监控实验室能力的维持情况,发现实验室在工作中存在的问题并制定相应的改进方法和纠正措施,进而增加客户对实验室出具检测数据的信任度,满足管理部门和社会公证活动的需要;促进实验室间合作和经验交流,促进检测市场的形成和提高市场竞争力,有利于检测系统资源的开放。由此可见,科学、有效地组织和运作能力验证活动,对提高公共卫生实验室的技术能力,确保出具报告的质量,提高国际竞争能力,打破国际技术贸易壁垒,具有十分重要的意义。

第二节　能力验证的组织策划

一、组织机构

实验室能力验证的基本目的是评价实验室的测量能力,它需要由一定的组织实施或简单或复杂的一系列过程来实现，能力验证的管理机构、能力验证提供者、参加实验室构成能力验证的基本组织结构。当参加实验室的范围跨越多个认可机构所在区域时，这些认可机构将被包含于能力验证的基本组织机构中；需要时，能力验证提供者可能会将能力验证的部分工作分包给协作机构，这时协作机构也包含在能力验证的基本组织结构中。参加实验室的客户、相关的认可机构、官方机构等可能出于相同或不同的目的关注能力验证过程及其产品，构成能力验证的相关组织结构。有时，能力验证提供者还需要从供方购买必要的产品或服务。能力验证的基本组织结果和相关组织结构及其相互关系可由图 1-1 表示。图中各组织结构之间的连线表示在组织机构之间的某种信息或物质交流，其具体内容随不同的能力验证过程而不同。

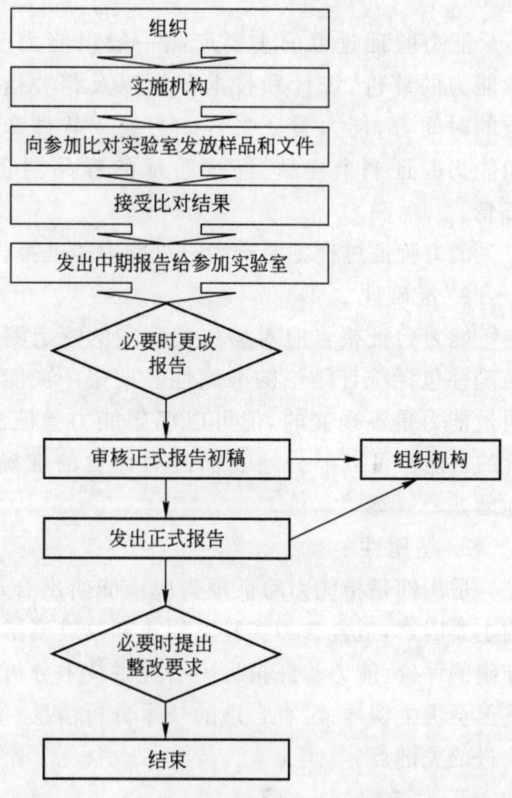

图 1-1　实验室间能力验证组织结构图

二、需求分析

对实验室测量能力的评价源自于证实实验室测量结果准确性、可靠性和符合性的需求。这些需求可能来自于实验室内部，也可能来自于实验室外部，还可能两者兼具。当来自于实验室内部时，这种需求是实验室质量管理要求的一部分，实验室可能将参加能力验证当作测量结果质量保证的手段之一及发现实验室技术和管理缺陷的方法之一。当来自于实验室外部时，官方机构、认可机构及实验室的客户等相关组织将能力验证活动得出的评价结论用作判断参加实验室测量能力或信赖这些实验室的依据之一；在另一种情况下，这些相关组织可能要求实验室参加某种能力验证活动，期望得到这些实验室测量能力的依据。正是由于有开展能力验证活动的这些需求，才导致能力验证活动的存在，同时规定了能力验证活动的目的、能力验证产品质量要求及能力验证过程的控制要求。能力验证的需求情况可简略地用图 1-2 表示。

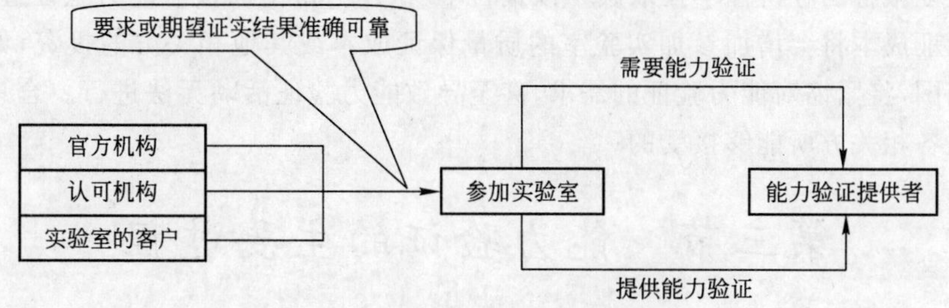

图 1-2　能力验证需求示意图

三、产品特性

能力验证过程的主要产品一般以能力验证报告的形式存在，包含对参加实验室测量能力的评价、统计和技术分析以及相关信息，如能力验证计划模式、相关组织、计划运行的时间等，能力验证报告一般属于软件产品。能力验证过程还可能产生其他产品，例如能力验证剩余样品、经过验证的样品制备方法、参加认可机构及参加实验室的基本信息。

能力验证过程主要产品——能力验证报告的质量特性主要体现在以下几个方面：

1. 准确性

能力验证报告应对参加实验室的特定测量能力给出准确评价，在很多情况下，评价的准确性包括统计结论的准确性。期望一次能力验证活动100％正确地评价参加实验室的测量能力是不现实的，但可以期望能力验证活动得出高的正确评价率。有时，报告错误评价的可能性可以部分地表征能力评价的准确性，但并不存在可接受的正确评价率的绝对标准。

2. 适用性

适用性是指能力验证报告应该能给出合理的技术分析信息，即合理分析影响测量过程的主要因素，适合参加实验室纠正和改进测量工作。适用性与准确性具有密切的关联，没有准确的评价，能力验证报告中所提供技术分析信息可能会不适合参加实验室的纠正或改进，甚至会参生误导；没有合理的技术分析信息，参加实验室可能需花费更多的时间寻找纠正或改进的关键点。

3. 时效性

应能在计划的时限内完成能力验证报告，超过计划的时限会降低能力验证活动的效率，还可能增加能力验证活动的成本。另外，如果参加实验室不能及时应用能力验证的结论证实测量能力或改进测量工作，则会降低能力验证活动的作用。

4. 保密性

能力验证报告中应能够对参加实验室的有关信息予以保密。在发布能力验证报告前泄露参加实验室的有关信息可能会导致参加实验室之间的沟通，这种沟通有可能导致串通和伪造测量结果的行为，影响能力评价的准确性。在发布能力验证报告后泄露参加实验室的有关信息将侵犯参加实验室的权利，还可能会导致信誉受损。

5. 经济性

能力验证报告的经济性不仅取决于该报告本身，还与得出该报告能力验证过程有关，昂贵的能力验证成本将会增加参加实验室的质量保证成本或其他相关方的投资，如果超出其可接受的范围，将紧缩对能力验证的需求，甚至导致能力验证活动无法进行。合理的能力验证成本应是各相关方所能够接受的。

第三节　能力验证的主要过程

实验室间试验计划模式下能力验证的主要过程如图1-3所示。按照能力验证计划的时间顺序，可以划分成策划和设计阶段、实施阶段及评估和改进阶段。图 1-4 概要地给出了能力验证主要过程的质量控制方法。

一、策划和设计阶段

该阶段包含策划过程、方案设计过程和计划申请过程。

1. 策划过程

该过程主要由能力验证提供者完成，属决策过程，包括相关信息的收集、整理、分析和转化活动。其主要过程是根据收集的信息或以往的经验对能力验证的需求加以分析，通过对自身资源状况的评审、预期参试方的测量能力和参试愿望等作出预测，必要时调查预期的协作机构能力和资质，以决定待开展的能力验证计划的范围和内容，并将能力验证的需求转化成能力验证过程的预期要求输出，包括能力验证的测量项目、计划模式、参试方范围、能力验证预期完成的时限、预算额度和预期实现的目标。

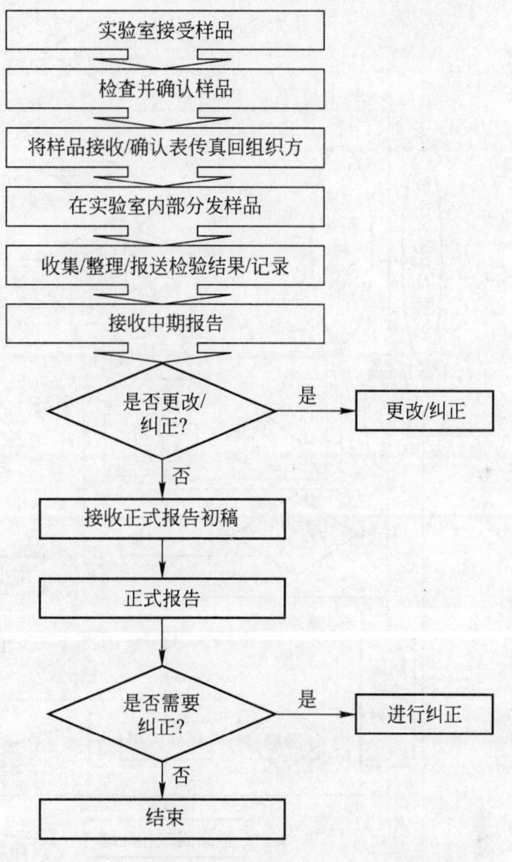

图 1-3 参加比对实验室工作流程

决策的失误会导致能力验证过程中止或无法实现预期目标。能力验证策划过程所输出的信息质量取决于策划者所掌握信息的准确性、处理信息的方法等。对决策过程的质量控制存在多种方法，专家评价是一种比较适合策划过程的质量控制方法，这些专家应包括测量技术专家和质量管理专家，在大多数情况下还应包括统计专家。经过专家评价的决策信息可能需要部分修改或放弃，直至取得大多数专家一致的肯定或否定意见。有时，策划过程的信息来源于方案设计过程输出的反馈信息，则可能需要在方案设计过程结束后修改输入的要求并重新评价策划过程。

2. 方案设计过程

该过程主要由能力验证提供者完成，必要时涉及协作机构的工作，属设计和开发过程。它包括设计能力验证程序、方法，安排计划时间，分解预算，设计重要的限制要求，必要时包括相关的研究和开发活动，在研发活动中还可能涉及必要的采购过程。

在实验室间比对计划模式下，方案设计过程首先需要向计划实施阶段的各过程输出必要的程序和方法，例如邀请参试程序、采购程序、样品制备程序、样品传递程序、结果接收程序、信息汇总程序、报告程序、审核和评审程序、参试方私有信息保密方法、统计方法、样品制备方法、质量控制方法等。第二，方案设计过程应输出实施阶段各过程的计划时间表和预算分配表，作为对实施阶段各过程的时效性和经济性的控制目标。第三，方案设计过程还应分别向相关的过程输出限制要求，例如向邀请参试过程输出参加实验室资质限制要求（有时包

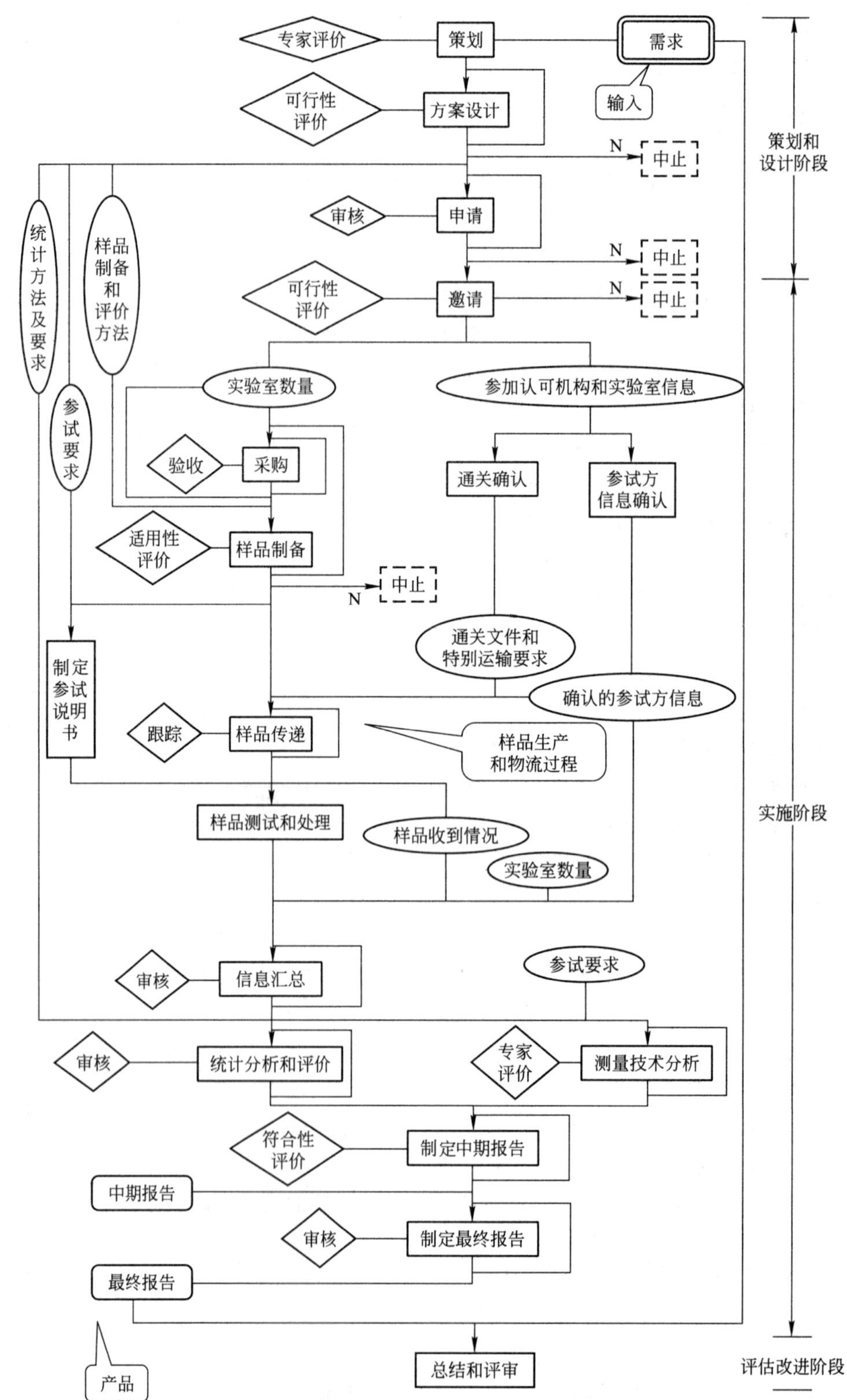

图 1-4 能力验证主要过程的质量控制方法

含参加实验室数量要求),向样品生产和物流过程输出采购要求、样品制备、包装、标识、传递等要求,向制定参试说明书过程输出参试要求(包括测量方法限制、样品贮存限制等),向统计分析和评价过程输出评价准则等。

必要的研发活动可能成为制定样品制备和统计方法及限制要求的前提。这些活动包括通过试验寻找合适的制备稳定、均匀样品的工艺技术参数及统计评价准则、通过理论和(或)试验研究寻找合适的统计方法等。

方案设计过程产生能力验证方案,其合理性和可操作性会影响能力验证计划的实施。可通过可行性评价完成该过程的质量控制,包括对程序、方法可行性的评审,对计划时间、预算分配合理性的评估和对输出要求适用性的评价。同时,要与由策划过程输入的要求比较,并反馈给策划者。如果需要,可能要修改或重新设计部分或全部能力验证方案,或修改策划过程输入的要求。当评价认为不可行的方案无法修改或修改方案不具备实际意义时,能力验证提供者需要作出中止能力验证过程的决定。

3. 计划申请过程

该过程由能力验证提供者完成,必然涉及管理机构的工作。管理机构可能是认可机构,如 CNAS 等,也可能是国际或区域性认可组织,如 ILAC、APLAC、EA 等。该过程包括计划申请书的起草、递交和修改等活动,管理机构的活动涉及对计划申请书的审核、评价和批准。该过程向实施阶段的各过程输出经批准的要求,这些要求包括计划组织机构(提供者)、计划模式、参试方范围、测量项目、测量方法、样品制备方法和状态要求、统计评价方法、计划运行时间、费用、结果报告方式等。

能力验证提供者对该过程的控制主要体现在审核计划申请书是否符合管理机构的格式和内容要求,是否与所设计的能力验证方案相符。当计划申请书得到管理机构的批准后,能力验证可以进入实施阶段,否则应修改计划申请书以至能力验证方案,或中止能力验证过程。

二、实施阶段

能力验证计划实施阶段是能力验证的主体阶段,在实验室间比对计划模式下,它包含邀请参试过程、样品生产和物流过程、信息传递过程及分析和报告过程等。

1. 邀请参试过程

该过程主要由能力验证提供者完成,在国际实验室间能力验证计划中,涉及被邀请范围内各认可组织的工作和相关实验室的工作。按照批准的参试方范围,组织机构向该范围内的各认可组织发出邀请函件,说明能力验证的组织机构(提供者)、计划模式、参试方范围、资质及数量要求、测量项目、测量方法、样品发放方法、统计评价方法、计划运行时间、费用、结果报告方式等相关内容。感兴趣的认可组织根据实际情况和邀请函件的要求推荐实验室参试。该过程属信息收集和处理过程。

邀请参试过程向参试方确认和通关确认两过程输出参加实验室信息和参加认可机构信息,向样品生产和物流过程输出参加实验室数量信息。

对该过程的质量控制包括两方面,一是审核参加实验室的资质是否符合批准的参试方资质限制要求,二是符合要求的参加实验室数量是否足以满足由方案设计过程输入的参加实验室数量要求。如果存在不符合资质或资质不明的实验室，则需与认可机构协商，弄清所推荐的参加实验室资质或更换参加实验室。如果参加实验室的数量不够，则考虑放宽对参加实验室范围或资质的限制，或中止能力验证过程并通知相关认可组织和参加实验室。

2. 参试方确认过程

该过程主要由能力验证提供者完成，在国际实验室间能力验证计划中，涉及参加认可机构和参加实验室的配合工作。该过程属信息确认过程。根据从邀请参试过程中得到的参试方（包括参加认可机构和参加实验室）的有关信息，向参试方发出确认函件，列明参试方的相关信息，如实验室所属认可机构、实验室名称、地址、联系人、电话、传真、认可情况等，要求参试方予以确认或更改。

参试方信息的准确性关系到能力验证产品的最终质量和效率。该过程具有预防功能。例如，当参试方的信息不准确或已更改时，可能会导致能力验证样品无法发送给参试方，或无法及时发送到参试方。经过对参试方信息的确认可以为相关的信息汇总过程、分析和报告过程等输出更加准确的信息资源。利用信息确认过程，有可能提高能力验证过程的效率和部分降低成本。

对该过程的质量控制涉及的经济性和时效性，应寻找最快捷和最经济的通讯方式完成该过程。一般来说，在时间上与邀请参试过程有所交叉可能是适宜的；在确认费用的使用上应考虑批准的费用分配方案的要求。

3. 通关确认过程

该过程仅限于国际实验室间能力验证计划，由能力验证提供者、参加认可机构和参加实验室共同完成。该过程包括样品通关声明的起草和修改、特殊运输要求的收集等活动。该过程向样品传递过程输出通关文件和特别运输要求。

由于国际实验室间食品安全检测能力验证过程中所涉及的样品的特殊性，例如样品中含有有害微生物，这给样品的通关增加了一定的难度。除了在样品制备和运输过程中解决相关技术问题外，是否能够制定被相应的海关接受的通关文件也是样品能否顺利通关和送达参加实验室的关键因素。

可以向参试方，特别是参试认可机构分发样品通关声明，并要求与其所在海关沟通，以反馈通关声明的质量。必要时组织机构需修改或重新起草通关声明，以满足样品的通关需要。另外，从参试方的反馈信息中可以获得特别的运输要求，如样品包装外需附某种证明文件或标识等。

4. 样品生产和物流过程

该过程由能力验证提供者完成，涉及供方的工作，有时还涉及协作机构工作。该过程是能力验证过程中硬件或流程性材料产生的主要过程，即主要物质流过程。该过程一般从采购过程开始，包括样品制备、样品传递、样品测试和处理等过程，一般还包含制定测试说明书等信息处理过程。

（1）采购过程：该过程由能力验证提供者完成，同时涉及供方的工作，必要时涉及协作机构工作。根据方案设计过程所给出的采购要求，结合邀请参试过程和参试方确认过程所给出的参加实验室数量等信息，意在获得样品制备过程、样品传递所必需的合格物质或服务，并将这些物质或服务输出这些过程。这些物质或服务可能包括样品基体（或辅助原料）、标准物质（或纯物质）、样品制备和包装设备、包装物、标签、样品生产环境、测量设备、包括测量设备校准、样品运输在内的各种服务等。

采用合格验收的方法控制所采购物质或服务的质量，其中包括对供方的评审和对所采购物质的检验。如果所采购的物质不能达到采购要求的规定，则需考虑更换、维修等活动，或考虑退货和采购其他的产品。

（2）样品制备过程：该过程由能力验证提供者完成，必要时涉及协作机构的工作。方案设计过程所给出的样品制备要求一般包括对样品均匀性和稳定性的要求。样品制备过程根据这些要求，采用由方案设计过程输入的样品制备方法和由采购过程输入物质和服务制备适合特定能力验证计划的样品，并加以包装和标识，同时输出有关样品状态等信息到制定参试说明书过程。

（3）制定参试说明书过程：该过程由能力验证提供者完成，形成参试说明书。根据方案设计过程输入的参试要求、能力验证目的和样品制备过程输入的样品性状等信息，能力验证提供者制定针对参加实验室的说明书，向样品测试和处理过程输出文件化的实验室参试说明书，包括能力验证目的、测试项目、测试方法、测试时间、样品性状、统计方法、协调人的基本信息（如地址、电话、传真等）、对参试者的要求、样品收到确认函格式、测试结果单格式等。一般还要向参试认可组织提供实验室参试说明书副本，以便参试认可组织向参加实验室提供必要的语言帮助。同时，根据参试方确认过程所输入的参试方信息向参试认可组织说明其指定或推荐的参加实验室情况和在能力验证过程中被赋予的代码，以及要求参试认可组织提供必要的翻译和通关帮助的声明。

所形成的实验室参试说明书同时输出到信息汇总过程。

能力验证提供者应对参试说明书进行审核，必要时可聘请有关专家，在技术和管理两方面反复推敲参试说明书。审核的目的在于使形成的参试说明书中包含足够的易于准确理解的测试要求，并保证这些技术细节不至于显露有关测试结果的任何信息，同时保证参加实验室的信息控制在规定的保密范围内。

（4）样品传递过程：该过程由能力验证提供者与提供运输服务的承运人等供方共同完成，必要时涉及协作机构的工作。在该过程中，按照参试方信息确认和通关确认所输入的参试方信息和通关要求，将样品制备过程所输入的样品和制定参试说明书过程所输入的参试说明书通过承运人的工作送达参试方。

在承运人发运样品之前，应该对样品包装中是否包括所需的样品、参试说明以及其他必要的物质，还应该核实参试方地址、通关声明等是否符合要求。样品发运后能力验证提供者还要实时跟踪样品的传递情况。可借助承运人的便利条件来跟踪样品传递实时情况，但样品送达后样品包装是否存在破损、内容物是否齐全和完好等样品情况需要借助参试方的反馈信息确认。因此，一般在参试说明中应包含样品收到确认函（见制定参试说明书过程）。有时样品不能按期送达或送达的样品存在缺陷，则应针对具体情况采取补救措施，例如重新发放样品、协调通关事宜等。当参试方不能及时反馈收到的样品状态等信息时，能力验证提供者应设法与参试方取得联系，并在最短的时间内获得填好的样品收到确认函。有时，样品可能始终无法送达参试方，能力验证提供者应根据具体情况采取必要的措施，例如销毁样品、向参试认可机构通报情况等。

(5) 样品测试和处理过程:该过程由参加实验室完成。参加实验室根据能力验证提供者提供的参试说明书的要求对样品进行测试,对剩余样品和测试过的样品进行必要的处理,例如适当的销毁、隔离、灭活等,并将测试结果及相关信息反馈给能力验证提供者。

由于能力验证一般属于自愿行为,不能要求参加实验室必须报告测试结果,因此,通常会导致无法完成收集所有信息。有时,由于通讯等方面存在的意外情况,参加实验室的测试结果等信息不能及时反馈到能力验证提供者,能力验证提供者应在参试说明书所要求的最后期限催促没有反馈结果的实验室及时反馈,以保证能力验证计划的时效性。

5. 信息汇总过程

该过程由能力验证提供者完成,涉及参加实验室工作。能力验证提供者接收由样品测试和处理过程输出的参试结果、接收由样品传递过程输出的样品接收状态信息、并由邀请参试过程输入参试实验室数量、由参试方确认过程输入参试方信息,该过程整理上述信息,形成信息汇总表,输出到统计分析和测量技术分析过程。

对所有信息进行仔细核对,必要时要求参试方重新提供清晰准确的信息是该过程的质量控制方法。

6. 统计分析过程

该过程由能力验证提供者完成。根据方案设计过程输出的统计方法及要求和参试要求,分析测试结果的统计特征,形成统计分析结论输出到制定中期报告过程。

能力验证提供者应对统计分析结论进行审核,必要时需聘请统计专家参与审核工作。当审核得出不符合或部分不符合统计方法要求的结论时,则需要新进行统计分析或改进统计分析方法。

7. 测量技术分析过程

该过程由能力验证提供者完成。根据测量技术经验和方案设计过程输出参试要求,分析得出非满意结果的参加实验室可能存在的测量技术问题,形成对参加实验室的测量技术分析结论输出到制定中期报告过程。

能力验证提供者应邀请有关技术专家对测量技术分析结论进行评价。当技术专家认为测量技术分析结论不适当或存在缺陷时,则需重新尽心测量技术分析或补充测量技术分析内容,直至得到技术专家的认可。

对统计分析和技术分析的评价可归并到制定中期报告过程的质量控制中,节省开支。

8. 制定中期报告过程

该过程主要由能力验证提供者完成,涉及管理机构的工作。结合统计分析结论和测量技术分析结论,能力验证提供者确定对参加实验室能力评价方法,制定相应的中期报告,包括参加实验室的总体情况、样品特性测试结果的总体特征、极端值的判定方法和参加实验室能力的必要指示。中期报告作为能力验证过程产品之一,为参加实验室提供快捷的能力评价结论,利于参加实验室及时确认测量能力。

管理机构组织有关统计和技术专家对中期报告进行必要的符合性评价,包括中期报告是否包含了评价实验室能力的足够信息,是否说明了能力验证的总体情况,使用的统计分析方法是否适用和有效，技术分析内容是否合理和支持统计评价结论等。当中期报告存在缺陷时，能力验证提供者应修改或重新制定中期报告，直至满足上述要求。通过符合性评价的中期报告应及时发放给参试实验室，当管理机构有要求时，还须将中期报告上报给这些机构。

9. 制定最终报告过程

该过程主要由能力验证提供者完成，涉及管理机构的工作。能力验证提供者根据统计分析和测量技术分析过程所输入的统计和技术分析结论、信息汇总过程输入的参试实验室数量、参试方信息、样品生产和物流过程输入的参试说明、样品均匀性和稳定性评价结论、方案设计过程输入的统计方法等制定最终报告草案，经管理机构审核后修改并形成能力验证过程的主要产品——最终报告。

管理机构的审核是该过程质量控制的主要手段，对于能力验证提供者而言，这种审核属外部质量控制方法，是确保工作质量的有效手段。

三、评估和改进阶段

能力验证的评估和改进阶段是能力验证过程的重要子过程，一般包括总结和评审过程。该过程由能力验证提供者完成，必要时涉及管理机构工作。该过程总结能力验证计划的执行情况，与能力验证的需求进行比较，得出评估结论，包括能力验证过程产品是否满足或适合能力验证的需求，哪些方面可以改进和提供。该过程输出对能力验证总过程的评估结论。

第四节　公共卫生实验室的能力验证

中国合格评定国家认可委员会(CNAS)根据 ILAC 和 APLAC 相关要求制定了能力验证政策和要求，组织开展能力验证活动并参加国际能力验证计划，CNAS 要求申请认可和获准认可的实验室和检查机构必须通过参加相关的能力验证活动证明其技术能力。根据不同的检测子领域有不同的能力验证频次要求(从 1 年 1 次到 1 年 4 次不等)。理化和微生物检验领域的能力验证频次最低 1 年 1 次，实施内容涉及食品领域的重金属、食品添加剂、营养成分、残留物、转基因成分及微生物等。通过参与能力验证活动，公共卫生实验室的检测能力得到不断的提高，项目不断地扩展。

近年来为应对重大突发事件，实验室认证认可主管部门——国家认证认可监督管理委员会(CNCA)组织了一系列紧急状态下的能力验证活动，例如，2001 年为应对欧盟对我国花生产品黄曲霉毒素含量超标的质疑，组织了黄曲霉毒素的能力验证；2003 年为应对日本对我国出口冷冻菠菜毒死蜱残留超标的质疑，组织了蔬菜农残检测能力验证；2008 年为应对三鹿婴幼儿奶粉事件，组织了乳制品中三聚氰胺检测能力验证等。

一、公共卫生领域能力验证工作方法

随着实验室质量管理工作的不断深入，认证认可制度的不断完善，能力验证作为有效评价实验室出具准确数据能力的有效措施得到了广泛的应用。能力验证实践活动从方案设计到统计分析得到不断规范、补充、完善和提高。

1. 方案设计

组织者一般是权威机构。其同时应具备制定能力验证计划、掌握能力验证数据统计方法能力，具有一定管理职能的机构或具有能力验证计划提供者资格的实验室。组织实施者应根据实施的目的要求配备技术专家、统计专家及协调者进行能力验证计划的设计。设计内容包括制定一项或多项测试项目、选择参加对象、确定方法程序等。另外组织者应将计划方案文件化，并将方案与能力验证提供者的资质证明或能力证明材料，预计参加计划的实验室、作业指导书等上交 CNCA 审批。计划批准后，组织者发布能力验证通知，包括具体项目的信息、报名程序、规则要求、联系信息等。通知中可以直接邀请有关实验室参加，实验室也可以自愿申请参加。

能力验证计划的组织和设计是整个活动是否取得成功的关键，好的计划不但可以检测到实验室真正的能力水平，发现不足之处，还使各方面更好地利用能力验证的结果，避免和减少由于多个部门开展相近项目内容的能力验证而造成资源的浪费，还可以避免和减少不科学的项目而产生的不必要纠纷，减轻实验室负担。

(1) 确定能力验证活动的目的和性质。由于公共卫生领域理化检验的特殊性质，在制定计划前必须明确这次活动的目的，制定试验项目。

2009 年 CNCA 为了配合《中华人民共和国食品安全法》的发布，提高食品检测实验室水平，进行了食品添加剂能力验证项目的征询，然后组织相关领域的技术专家，根据公共卫生领域理化实验室仪器配备水平、人员素质等检验能力现状确定能力验证性质（强制或自愿）检验项目和拟参与机构。如 2006 年、2008 年、2009 年 CNAS 组织的能力验证计划相关说明中，公共卫生领域理化项目一般以自愿性的技术能力考核参加为原则。

(2) 样品制备方式和检测方法的设计。一般选与日常检测物品的材料相似或同一属性的样品，进行定量分析。公共卫生领域理化检验的对象都是与生活及健康密切相关的物质，其特点是基体复杂。根据实际情况，可以采取不同的设计方式，有单一水平样品设计、分割对设计、分割水平设计。理化考核样最常使用的样品设计是分割水平，即制备试样被测量的值在两种量值以上，使参加能力验证的实验室进行多于一次（如两次或两次以上）的相同检测，这样组织者既能够发现参加实验室之间差异，又可以发现参加实验室内部的差异，尽可能地避免实验室间出现互相窜改和伪造结果的现象。样品检测方法的选择应根据组织者的目的和要求、参加实验室测试设备准确度及各参试机构的最低检测水平，以避免各参加实验室都在比较低的检测准确度上进行比对试验，进而避免检测结果的报出值有效位数太少，引起比对数据结果的不对称。一般建议参加实验室采用与日常使用的分析方法一致，或使用国内行业标准、国家标准、国际标准方法，特殊情况下也可以由提供者指定特定的方法检验。

(3) 相关技术的设计。方案的设计还要考虑样品其他问题（如数量）必须足够并有余，采用的制备技术是否符合相关规定；样品的包装是用安瓿装、铝箔还是塑料材质或其他；分发样品的方式，样品均匀性和稳定性检测采取的方法，及其问题的控制和评价。对于理化检验，大部分是定量分析的能力验证，通常需要对数据进行统计分析，计算有关的统计量。组织者和专家要根据上面的因素和预先估计回收的结果的形式设定相应的统计分析方法并进行审定，也要考虑结果报告方式和保密措施，能力验证持续时间不能太短或太长，以免因为时间的影响而导致结果的误差。

2. 样品制备

(1) 制备技术与方式。理化检验能力验证提供者应选择材质均匀的材料来制作验证样。验证样品的制备必须按照测试项目所属的相关专业的国家标准或技术规范和依照现有的技术条件及预期用途来进行。大部分采用批量方法制备，可以采用已知纯度的化学试剂，和经过国家定量检定的衡器准确配制，有时为了特殊预期用途，可以向实际基体样中加入目标标准物来实现。理化检测样品常用制备方式根据考核目的不同而有所不同。常用方式可以是有证标准物直接应用，也可以如2005年组织的鳗鱼中孔雀石绿残留量检测的能力验证，为了反映实验室实际日常检测水平，采用含有待测成分的天然鳗鱼样品制造而成。还可以采用标准加入法，如辣椒油中苏丹红Ⅰ号检测能力验证，则往制备好的辣椒油中按目标加入适量有证标准苏丹红溶液制成考核样。还有一种是稀释法，如袁德印和杨运霞取正常人尿液，陈文胜等取购买的有证标准样作为高浓度考核样，然后按适当比例稀释成相应的中低浓度考核样，于光前等则是综合采用了第二种和第三种方式制备考核样。

(2) 制备过程考虑的因素。样品的质量是保证检测结果准确性和可靠性的第一环节，样品质量受时间和空间的影响，受诸多因素的制约。为了确保能力验证结果的真实、可靠、公平，必须使各个参加实验室获得相同的样品，每个样品的检测量不存在显著性差异，样品的一致性对利用实验室间比对进行能力验证至关重要，样品的制备除了要考虑GB/T 15483—1999《利用实验室间比对的能力验证》的相关要求外，还要考虑其他要求，如制备液态的样品，要考虑搅拌方式、时间、速度和范围等；固体类的粉末混合物还要考虑粉末的粉碎程度、均匀度、粒径、样品混匀的方式，尽可能使样品均匀一致，确保能力验证中出现的不满意结果不归咎于样品之间或样品本身的变异性。因此，对于能力验证样品的检测特性量，必须进行均匀性检验和(或)稳定性检验。

(3) 均匀性和稳定性的检测。进行均匀性和稳定性的检测所需要的样品量应建立在数理统计学基础上，使所取样品能代表样品的总体特性。《能力验证样品均匀性和稳定性评价指南》从样品总体中随机抽取10个或10个以上的样品用于均匀性检验，一般总体单元数$N<1\ 000$时，随机抽取15个(套)～20个(套)，至少≥10个(套)；当$N\geqslant 1\ 000$时，抽取数为$2\sqrt[3]{N}$个(N为总单元数)。对抽取的每个验证样，在重复条件下至少测试2次，一般为3次或3次以上。由同一实验室、同一人员、采取同一种方法、同一设备来完成。用于均匀性和稳定性检验的测定方法和仪器设备的准确度、重复性皆应满足测试项目的相关国家标准、国际标准、国家计量检定规程和计量技术规范(JJG和JJF)等的规定。其准确度和灵敏度不应低于能力验证计划预定测试方法和设备的准确度和灵敏度。当验证样有多个待测特性量时，可从中选择有代表性及对不均匀性敏感及稳定性敏感的特性量进行均匀性稳定性检验。

(4) 均匀性和稳定性的评价。理化检验能力验证常用到的均匀性检验方法有方差分析法和不均匀性标差法，有时用到t检验法、极差检验法和平均值一致检验法等。验证样的稳定性受环境和包装、贮存和时间条件影响很大，在能力验证整个期间应按照样品实际接触情况定期地进行特性量值的稳定性检验，检验的时间间隔可按先密后疏的原则安排，并按各项目的特点进行相应的规定，视整个能力验证期间的长短，应有多个时间间隔的监测数据。稳定性检验的统计方法有t检验法、$|\bar{x}-\bar{y}|\leqslant 0.3\sigma$准则法。

3. 结果统计技术

能力验证的提供者收集参加实验室反馈回来的结果后进行统计分析和评价。能力验证的结果可以多种形式出现，并构成各种统计分布。分析数据的统计方法应与数据类型及其统计分布特性相适应。无论使用哪一种方法对参加者的结果进行评价，一般应包括以下几方面内容：①确定指定值；②计算能力统计量；③评价能力。

传统的基于正态分布的统计方法在实际应用的过程中会受到离群值的影响，会使统计量和统计推断的结果发生较大的变化，导致不合理的甚至完全错误的结论。统计专家会进行数据的稳健化处理，采取主观判断或用离群值检验法识别出离群值，然后将其剔除，剩余样本再用传统的正态方法处理。这种方法虽然比直接使用传统的统计方法稳健性要好些，但离群值难于判断和剔净，即使在剔除离群值之后，也很难保证剩余的数据完全符合原假定模型。稳健统计技术是当前国际上实验室能力验证中最常使用的统计方法，也是《能力验证结果的统计处理和能力评价指南》推荐的统计技术之一，是基于测试结果或数值可以根据需要经过变换后服从正态或近似正态分布的假设，是使极端结果对平均值估计的，能够适用于大部分的比对试验能力验证计划。

为了公正地评价参加实验室，以及促进实验室之间和方法之间的协调一致，应有确定的指定值。指定值的确定方法有多种，可以采用已知值作为公议值，或以参加实验室所获得结果的稳健统计的中位值作为指定值；也采用多个专家实验室协作定值，参加定值的单位一般技术水平先进，有好的质量控制工作和丰富的检测经验。指定值确定后，计算相关的统计参数对结果进行评价。可以采用 T 临界值检验法剔除离异值后，再将检测结果与标准值之差的绝对值是否超出不确定度范围进行评价。目前普遍通过稳键技术各参数的计算，以 Z 比分数来评价参加实验室的检测能力状况，$|Z| \leqslant 2$ 的结果为正常值，说明实验室目前检测能力状况为满意；$2 < |Z| < 3$ 的结果为可疑值，说明实验室目前检测能力状况有问题；$|Z| \geqslant 3$ 的结果为离群值，说明实验室目前检测能力状况不满意。如果是单一样品的结果，采用单一 Z 比分数法进行结果的统计学评价，Z 比分数的符号可以表明结果太高（正）或太低（负），但不能确定离群是由于实验室间变动还是实验室内变动，或者是由二者所造成。如果是样品对的结果，将计算两个 Z 比分数，即实验室间 Z 比分数（ZB）和实验室内 Z 比分数（ZW），只要其 ZB 或 ZW 中有一个结果 $\geqslant 3$，即判定其结果为不满意，符号可以表明结果的方向和那种变动引起的。

二、项目开展

能力验证的项目是根据能力验证目的来定。自从我国专门设立了能力验证部门开展相关工作以来，实施第一个满足国际要求的能力验证项目就是理化检测项目。为了能够全面真实有效地检测各个领域理化实验室的能力，加强实验室能力建设，积极配合国家产品质量战略和食品安全整顿工作方案，CNCA 继续在一些社会热点和重点关注的领域组织开展实验室能力验证工作，项目涵盖了各个方面。

从 2005 年到 2009 年，CNCA 组织实施的理化检测能力验证项目见表 1-1。从 1999 年到 2009 年，CNAS 组织实施的理化检测能力验证项目见表 1-2。2008 年首批开展的化学分析能力验证计划项目有：① NILPT-0164 水中镍（Ni）、镉（Cd）、铅（Pb）含量的测定；

②NILPT-0165 水中铵的测定铵氮；③NILPT-0166 水中钙(Ca)、镁(Mg)及总硬度的测定。

表1-1 2005年～2009年CNCA组织实施的理化检测能力验证项目

实施年份	计划名称
2005年	苏丹红Ⅰ号检测；食品中山梨酸、苯甲酸的检测；白酒中甲醇、杂醇油的检测；水果罐头中合成着色剂的检测；小麦粉中过氧化苯甲酰的检测；蔬菜中毒死蜱等农残检测；果汁中L-脯氨酸的检测；鳗鱼中孔雀石绿的检测
2006年	酱油中氯丙醇检测能力验证；啤酒中原麦汁浓度、双乙酰检测；高钙奶中钙的测定；葡萄酒中干浸出物和酒精度检测；紧压茶(边销茶)中氟的检测；糖中还原糖的测定；蜂蜜中果糖和葡萄糖的测定；浓缩水果汁中农药残留量测定
2007年	果汁饮料中甜蜜素的测定；禽蛋中的苏丹系列染料检测；酱油中氨基酸态氮检测；食品中氯霉素残留量检测；食用植物油中BHA/BHT检测；猪肉中硝基呋喃类代谢物呋喃它酮检测；水产品中恩诺沙星检测；营养强化剂钙粉中铅、钙检测；果汁中6种拟除虫菊酯类农药残留检测
2008年	水产品中甲醛检测；茶饮料中咖啡因的测定；花生中黄曲霉毒素检测；猪肉中恩洛沙星的检测的能力验证；生活饮用水中铁、锰检测；乳粉中硝酸盐检测；果汁中甲胺磷检测；饮料中乙酰磺胺酸(安赛蜜)检测；白砂糖中二氧化硫测定；化妆品中4-羟基苯甲酸甲酯、4-羟基苯甲酸丙酯含量的测定；麻痹性贝类毒素检测；大米中镉的测定
2009年	茶叶中毒死蜱、联苯菊酯检测等多种农药残留量测定；猪肉中莱克多巴胺残留量检测；食品中非法添加物的检测；食用植物油中脂肪酸的分析测定；饮料中胭脂红的测定；蜂蜜中羟甲基糠醛含量的测定；室内空气中的甲醛含量的测定；番茄粉中番茄红素与铜含量检测；果汁中脱氢乙酸的测定；饮料中甜味剂、防腐剂检测

表1-2 1999年～2009年CNAS组织实施的理化检测能力验证项目

实施年份	计划名称
1999年～2004年	面粉中过氧化甲酰、灰分、蛋白质检测；水中铜、铅、锌、镉、铁、锰；奶粉中蛋白质、灰分、铅、铜检测；蒸馏酒甲醇、杂醇油检测；饮料中糖精钠、苯甲酸检测；有机氯农药艾氏剂、狄氏剂、七氯残留检测；水中苯、甲苯、乙苯、对二甲苯、邻二甲苯、异丙苯和苯乙烯检测；溶液酸度(pH)检测；有机氯农药γ-666、p,p'-DDE检测；茶叶感官品质、水浸出物、铅检测；化妆品铅、汞、砷检测；空气中甲烷、异丁烷检测；食品中苯甲酸、糖精钠检测；水中氯、硝酸根、硫酸检测；工业废水中砷、铅、铬、镉检测；水中三氯甲烷、四氯化碳、三氯乙烯和四氯乙烯检测；水中砷、硒、汞、铬(4价)检测；白酒中铬、锰、甲醇、杂醇油检测；大豆中蛋白质、脂肪、膳食纤维、钙、铁、锌检测
2005年	乳粉中灰分、蛋白质、维生素B_1、维生素B_2、维生素B_3检测；水中化学需氧量、挥发酚、总磷和总氮检测；水中钙、镁、Cl^-、SO_4^{2-}检测；水中铬(3价)、铬(4价)检测；水中THg、TFe、TSn检测；海产品中有机氯农药和六氯苯、林丹、DDE、DDT、PCB28、PCB52、PCB101、PCB118、PCB138、PCB153、PCB180检测；蛋粉中胆固醇检测；饮料中柠檬黄检测；贻贝干中铅、汞、镉检测；鳗鱼中噁喹酸检测；玉米中甲萘威、克百威检测；鸡肉组织中二氯二甲吡啶酚检测

续表 1-2

实施年份	计划名称
2006 年	空气中二氧化硫(10 μmol/mL～100 μmol/mL)检测;水中氯化物、氟化物、硝酸盐、硫酸盐检测;水质总硬度;茶叶中铅、水浸出物、总灰分、粗纤维检测;室内空气中总挥发性有机化合物(TVOC)中的苯、甲苯和十一烷检测;白酒中铅、锰、甲醇、杂醇油检测;饮料中乙酰磺胺酸钾检测;禽肉中己烯雌酚检测;白砂糖中蔗糖分、还原糖分、电导灰分、色值、二氧化硫检测;食品(饼干)中日落黄、苋菜红检测;玉米中氯氰菊酯、溴氰菊酯检测;食品(牡蛎)中汞、砷、铅、镉检测;花生中黄曲霉素 B_1、B_2、G_1、G_2 检测
2007 年	原子吸收分光光度法和旋光度法测定口服补液盐Ⅱ中钾、葡萄糖;酱油中铅、砷;奶粉中蛋白质、脂肪检测
2008 年	水中铜、铅、锌、镉、镍、铬、铁、锰检测;水中 BOD 检测;水中氟化物、氯化物、硝酸盐、硫酸盐和溴酸盐检测;粮食中铅、镉检测
2009 年	化妆品中铅、砷检测;白酒中甲醇、杂醇油、铅、锰检测;水中 α-BHC、β-BHC、γ-BHC、δ-BHC、p,p′-DDE、p,p′-DDT、o,p′-DDT、p,p′-DDD 检测;水中混合烃检测;大米粉中 2,4-DDT、γ-六六六、δ-六六六、氰戊菊酯检测;茶叶中水分、总灰分、水浸出物、铅检测

参考文献

[1] 中国实验室国家认可委员会.能力验证指南.北京:中国计量出版社,2001.

[2] R. WOOD, M. THOMPSON. Proficiency testing in analytical laboratories how tomake it work. Accred Qual Assur,1996(1):49-56.

[3] 于欣.能力验证在实验室认可活动中的应用.中国药事,2005,19(12):729-731.

[4] 龚思维,楚民生,胥成民,等.浅论能力验证活动对实验室能力建设的作用和意义.第二届中国能力验证论坛文集,2010:289-295.

[5] W. GREG MILLER. The role of proficiency testing in achieving standardization and harmonization between laboratories. Clinical Biochemistry,2009(42):232-235.

[6] ROBERT REJ. Proficiency testing and external quality assurance: crossing borders and disciplines. Accred Qual Assur,2002(7):335-340.

[7] MARIO PLEBANI. External quality assessment programs: past, present and future. Jugoslov Med Biohem,2005,24(3):201-206.

[8] MARIA BELLI, BRIAN BROOKMAN, BEATRIZ DELA CALLE, et al. Proficiency testing in analytical chemistry, microbiology and laboratory medicine: working discussions on current practice and future directions. Accred Qual Assur,2009(14):507-512.

[9] WAYNE GAUNT, MATTHEW WHETTON. Regular participation in proficiency testing provides long term improvements in laboratory performance: an assessment of data over time. Accred Qual Assur,2009(14):449-454.

[10] ISO/IEC 17025:2005 General requirements for the competence of testing and cali-

bration laboratories

[11] NICK BOLEY. Uses and abuses of PT. Accred Qual Assur,2004(9):633-634.

[12] CNAS-GL02:2006 能力验证结果的统计处理和能力评价指南

[13] 朱小玲.实施能力验证计划的点滴之见.第二届中国能力验证论坛文集,2010:41-48.

[14] 张龙.实验室能力验证要求和现在问题的简要介绍.第二届中国能力验证论坛文集.2010:68-77.

[15] CNAS-RLO2:2007 能力验证规则

[16] BOLEY N. Proficiency testing as a tool for accreditationbodies and customers of laboratories. Internal VAM Rep,LGC,1999.

[17] ISO Guide 43-2:1997 Proficiency testing by interlaboratory comparisons—Part2: Selection and use of proficiency testing schemes by laboratory accreditation bodies

[18] ROB G. VISSER. Interpretation of interlaboratory comparison results to evaluate laboratory proficiency. Accred Qual Assur,2006(10):521-526.

[19] 宋桂兰.能力验证工作历史回顾.中国计量,2009(2):35-36.

[20] 罗建波,胡寒雁.国家认可实验室资格的获得与维持.华南预防医学,2008,34(1):71-74.

[21] 李文龙,郭栋.有效发挥认监委对全国实验室能力验证工作的管理职能.现代测量与实验室管理,2009(01):34-35.

[22] CNAS-GL03:2006 能力验证样品均匀性和稳定性评价指南(S)

[23] 罗建波,胡寒雁,陈文胜,等.2001-2003年广东省疾控机构卫生检验能力验证结果评价.华南预防医学,2003,29(5):23-26.

[24] 倪京平.实验室能力验证结果的分析和比较.现代测量与实验室管理,2006(02):38-39.

第二章

公共卫生实验室能力验证工作现状

公共卫生是关系到一个国家或一个地区人民大众健康的公共事业。公共卫生的具体内容包括:对重大疾病尤其是传染病(如结核、艾滋病、SARS 等)的预防、监控和医治;对食品、药品、公共环境卫生的监督管制,以及相关的卫生宣传、健康教育、免疫接种等。公共卫生实验室正是为公共卫生服务而设置的检验场所。本章主要介绍公共卫生实验室的特点、工作任务及能力建设标准要求,了解各相关专业检测能力考评的组织实施,分析目前公共卫生实验室能力验证工作的存在问题并提出相应对策。

第一节　公共卫生实验室的能力要求

一、概述

(一) 实验室的基本概念

实验室是从事科学研究、教学、检验检测等活动的工作场所。

实验室分布于各行各业,不同的试验室根据不同的试验内容,集合相应性质、相应要求和一定量的试验技术条件,由从事试验工作的各类人员有组织地进行试验活动。政府、科研机构、企业乃至个人,根据各种需要,建立了各种各样的实验室。

(二) 公共卫生实验室

公共卫生实验室是为了满足公共卫生的需要而设置,承担疾病控制、环保监测、健康危害因子监测、职业卫生监测、放射防护卫生监测、食品卫生、环境卫生、学校卫生监测等检验工作,建立了以微生物检验、理化检验、毒理检验、媒介生物、消毒检验、疾病监测等专业实验室。公共卫生实验室主要分布的行业有卫生部门(疾病预防控制中心、职防院)、科学院系统、高等院校、进出口检验检疫部门、农业部门、药检部门、环境监测等部门。

(三) 实验室分类

公共卫生实验室主要有三种分类方法:①按专业分类,②按实验室使用性能分类,③按业务指导层次分类。通过这三种分类方法,可将实验室的用途、性能及作用很明确地表示出来。

1. 按专业分类

按专业分类,可分成病原微生物实验室、微生物实验室、理化实验室、毒理实验室、消毒效果检测实验室、媒介生物实验室、寄生虫病实验室、放射辐射监测实验室、劳动职业卫生实验室和慢性非传染性疾病实验室、环境监测实验室等。

2. 按实验室使用性能分类

按使用性能分类，可分成普通（常规）实验室、洁净实验室、生物安全实验室、移动实验室、空气消毒模拟实验室等。根据试验内容和目的，采用建设的维护结构、送风排放要求、工艺流程等技术实现某种性能，达到各类实验室的功能要求。

3. 按业务指导层次分类

按业务指导层次分国家实验室和地方实验室[包括省、地（市）、县级实验室]。国家实验室以研究、培训为主，地方实验室以引进、指导和执行为主，国家、省、地（市）、县四级组成了完整的公共卫生实验室网络。

二、专业领域及特点

（一）病原微生物实验室

病原微生物实验室是指开展病原样品中微生物（病毒、细菌等）的鉴定、分类及相关遗传物质检测活动的场所。根据病原微生物的危害程度可将病原微生物分成四类，第一类、第二类病原微生物统称为高致病性病原微生物。在实验室研究不同类别的病原微生物时面临的风险是不同的，采取的防护措施也是不一样的，因此根据实验室对病原微生物的生物安全防护水平，并依照实验室生物安全国家标准的规定，将病原微生物实验室分成一级、二级、三级、四级生物安全防护实验室，三级、四级生物安全防护实验室是高级别防护的病原微生物实验室。病原微生物实验室涉及专业包括免疫学检验、细菌学检验、病毒学检验、临床检验及分子生物学技术等专业。

病原微生物实验室检测职能的实施主要围绕法定传染病开展常规和应急的检测工作，依据 2004 年 12 月 1 日实施的《中华人民共和国传染病防治法》第三条对法定报告传染病病种的规定（目前已更新到 39 种，详见表 2-1），一般涉及的病原体种类涵盖细菌、病毒、立克次体、螺旋体等。由于近年来食品安全事件频繁暴发，人们因摄入污染食物而受感染的风险剧增，因此，一些较为常见导致食源性感染的微生物因子（例如诺如病毒、非伤寒沙门氏菌、空肠弯曲菌、肠聚集性大肠杆菌 O104 血清型、单核细胞李斯特氏菌等）也是病原微生物实验室检测工作的重要范畴。此外，随着自然条件的变化以及国际交通、贸易和旅游业的发展，媒介生物（如蚊、蝇、鼠、蚤等）日益成为一个严重的生态和公共卫生安全问题，相关的病原学检测项目也将逐步发展成为实验室检验检疫工作的重要组成部分。

表 2-1 《中华人民共和国传染病防治法》规定的法定传染病类别（截至 2011 年 1 月）

类型	具体类别
甲类传染病（2 种）	鼠疫、霍乱
乙类传染病（26 种）	传染性非典型肺炎、艾滋病、病毒性肝炎、脊髓灰质炎、人感染高致病性禽流感、甲型 H1N1 流感、麻疹、流行性出血热、狂犬病、流行性乙型脑炎、登革热、炭疽、细菌性和阿米巴性痢疾、肺结核、伤寒和副伤寒、流行性脑脊髓膜炎、百日咳、白喉、新生儿破伤风、猩红热、布鲁氏菌病、淋病、梅毒、钩端螺旋体病、血吸虫病、疟疾

续表 2-1

类型	具体类别
丙类传染病(11 种)	流行性感冒、流行性腮腺炎、风疹、急性出血性结膜炎、麻风病、流行性和地方性斑疹伤寒、黑热病、包虫病、丝虫病,除霍乱、细菌性和阿米巴性痢疾、伤寒和副伤寒以外的感染性腹泻病、手足口病

(二)微生物实验室

微生物实验室是指开展食品、化妆品、空气、水、药品、土壤、环境、消毒用品及卫生用品中的指标性微生物检测的试验场所。

通过微生物实验室检测,以判断人们日常生活环境的各种物品的卫生状况,一方面可以预防致病性微生物通过生活中的媒介感染人群,引起疾病的暴发流行;另一方面也可避免不符合质量或卫生标准的食品、化妆品、卫生用品等产品流入市场,给广大消费者造成损失或带来危害。但是直接从样品中检验某种病原微生物有一定的难度,因为样品中的病原微生物数量少,种类又多,生物学性状也是多种多样的,而且检验方法也比较复杂,因此往往不是将特定的病原微生物作为检测目的,而是将环境中存在数量较多、具有一定代表性、检测方法较简单的微生物作为指标性微生物。根据这些指标性微生物的检出情况,来判断样品被污染的程度,间接地指示病原微生物存在的可能,以及对人群是否构成潜在的威胁。微生物实验室设计的技术核心就是防止样品污染,防止环境对样品的污染或者是样品与样品之间的污染,因此微生物实验室实际就是各种级别的洁净实验室。微生物实验室涉及专业主要是细菌学检验和病毒学检验。

(三)理化实验室

理化实验室是以产品(样品)或环境中的安全卫生物理和化学因子的分析为主的实验室,公共卫生理化实验室覆盖范围广,涵盖食品卫生、环境卫生、职业卫生、学校卫生、放射卫生、消毒技术等专业领域,涉及专业包括空气理化检验、食品理化检验、水质理化检验、生物材料理化检验和仪器分析等。

公共卫生理化实验室承担着食品(含保健食品、食品添加剂、食品相关产品)、水和涉水产品、化妆品、日用化学品、消杀灭(消毒、杀虫、灭鼠)药物理化指标检验,作业场所、公共场所、居住区环境及室内空气质量及有害物质(含放射性物质)的监测,以及突发公共卫生事件中有关样品和影响人群健康的生产、生活环境中有害物质的检测任务;理化实验室是疾病预防控制工作的重要技术支撑,为制定食品安全、饮水安全卫生标准以及为各级政府进行公共卫生决策提供重要的科学依据。

理化实验室主要由样品前处理室、化学室、仪器室三大部分组成。由于其涉及的分析样品复杂、项目多,实验室要具有良好的试验设施,设计方面要求功能布局科学合理。样品前处理室及化学室应具备以下两点基本要求:①有排风设施,独立排气柜,有机、无机前处理应分开;②墙、地板、实验台、试剂柜等要耐酸碱和有机溶剂腐蚀,耐热、绝缘。仪器室应符合以下两点基本要求:①温湿度符合要求,互相有干扰的仪器设备不要放在同一室,检测无机物质仪器要有排气斗、检测有机物质仪器有排风;②独立供气室,有条件设集中供气附楼。

精心设计、周密布局,营造一个设施良好、功能合理的实验室,同时,加强检测能力的建设，科学、规范进行实验室管理，才能不断提高理化实验室的管理水平和检测能力，才能确保更高效地应对不断出现的公共卫生事件。

（四）毒理实验室

毒理试验是利用实验动物从生物医学角度研究化学物质对生物机体的损害作用及其作用机制；其实验室是从事毒性鉴定、安全性评价和功能机制的检验和研究的场所。

毒理实验室涉及专业为卫生毒理学和实验动物学。毒理实验室按照动物试验的要求建立了功能完善的动物室，包括普通动物实验室和洁净动物实验室。实验室配备了先进的自动摄像系统、照相系统、图像分析系统和各种显微镜、电脑程控的病理组织制作系统，以及突变监测系统和全自动生化分析仪等设备。

公共卫生毒理实验室承担着食品、食品添加剂、化妆品、涉水产品、农药、工业化学品以及消杀用品等进行病理学鉴定和安全评价，另外还进行保健食品的功能检测、突发事件的测试等。毒理实验室的研究成果为制定卫生标准和防治措施提供了科学依据，在保障人民健康、维护生态平衡和改善环境条件等方面发挥了积极的作用。

作为公共卫生实验室的主要专业实验室，毒理实验室的职能有：

（1）负责普通和健康相关产品的毒理学、功能学试验并出具检验试验报告。

（2）负责委托检验、产品开发咨询检验、科研项目等相应的毒理试验工作。

（3）开展毒理学和功能学技术方法、标准规范等的研究、制定及有关科研工作。

（4）负责食品安全、化学品污染与中毒及其他公共卫生突发事件应急处理的毒理学检验工作。

（五）医学实验室

医学实验室（临床实验室）是以诊断、预防、治疗人体疾病或评估人体健康提供信息为目的，对来自人体的材料进行生物学、微生物学、免疫学、化学、血液学、血液免疫学、生物物理学、细胞学、病理学等检验的实验室。实验室可以提供其检查范围内的咨询性服务，包括结果解释和为进一步适当检查提供建议。以存在形式分类，我国的医学实验室主要分别为：①医院内的检验科、部分临床科室的实验室；②门诊部、诊所的实验室；③妇幼保健院（所）的实验室；④性病、结核病防治院（所）的实验室；⑤采供血机构的实验室；⑥疾病预防控制部门开展人体健康监测的实验室；⑦卫生检疫部门对出入境人员进行健康检查的实验室；⑧独立的临床检验机构；⑨疗养院等机构的实验室；⑩其他。以专业划分，医学实验室又分为：临床化学实验室、血液体液学实验室、微生物学实验室、临床免疫学实验室、临床分子生物学实验室、临床细胞学实验室等。

医学实验室的功能为在受控的情况下，以科学的方式收集、处理、分析源自患者的物质，并将检验结果信息准确提供给申请者，以便其采取进一步的措施，实验室同时提供对诊断和治疗有益的参考信息。在公共卫生领域，医学实验室为公众营养检测与评价，对受生产、生活、工作、学习环境危害人群健康的危害监测与评价，为疾病和健康相关危害因素的预防控制及卫生监督执法等提供技术支撑，为社会提供技术服务。尽管在医学实验室的定义中，医学实验室似乎不包括教学和科研的功能，但在日益增长的医疗需求的推动下，医学实验室必须学习、引进新技术、扩大新项目，扩大检验范围，而这恰恰是医学实验室科研的核心动力。同时，医学实验室作为检验医学高新技术的集中地，人才培养是提高各级实验室人员能力、提高医疗服务水平的重要平台。

医学实验室主要向医务工作者提供疾病诊断、治疗和预防的信息，其检验结果的可靠性直接关系到广大人民群众的生命健康安全。医学实验室的标本主要来源于人体，人体标本存在个体差异、不稳定、影响因素多（如饮食、药物等）且不易控制等多种特点，需对检验前、中、后三个过程进行严格的质量控制。医学实验室需为患者和负责患者医护的临床人员提供适当的解释和咨询服务。医学实验室需参照《病原微生物实验室生物安全管理条例》等有关规定进行管理，使其生物安全防护水平达到相应的生物安全防护级别。

（六）消毒效果检测实验室

消毒效果检测实验室是以某种微生物为指标，采取微生物检验技术，对各种消毒因子（消毒药械）进行消毒效果检验、鉴定及评价；或者是对经消毒灭菌处理后的环境（物品）进行微生物检验的实验室。

消毒效果检测实验室工作职能：开展消毒药械效果检验鉴定及经消毒灭菌处理的环境（物品）卫生状况检验鉴定工作；依据卫生部《消毒技术规范》开展医疗机构、托幼机构消毒质量监测；开展消毒服务工作，提供消毒技术咨询；以及开展相关科研工作等。

（七）媒介生物实验室

媒介生物实验是以卫生害虫防治为重点，主要开展媒介生物种群、生态习性、传播疾病关系以及抗药性的调查和监测，杀虫产品检验和防治方法的研究。

媒介生物实验室主要包括蚊蝇饲养室、药效测试室、模拟现场室、标本鉴定室等，实验室配备控温控湿设备，不仅能够完成防病监测任务，还能完成新技术新方法的研究。特别是新出现的虫媒传染病、媒介生物与病原体相互关系、媒介生物抗药性、人类活动和环境变化对媒介生物流行病传播的影响、重要传染病媒介的基因组学和功能基因组学研究，媒介传播疾病的监测、预警、预报系统研究等发挥重要作用。

（八）寄生虫实验室

寄生虫实验室以寄生虫病原检验为主的实验室，包括传统的粪便镜检、血液体液或组织内病原（如疟原虫、利什曼原虫、锥虫、弓形虫、巴比西虫等）瑞氏及吉氏染色镜检，还有寄生虫病的免疫抗原（体）检测等。

实验室要有完善的功能，需配备显微镜、低速高温离心机、电泳仪和基因扩增仪等仪器设备。其实验室不仅要完成疾病预防控制的监测和检验工作，还要进行寄生虫的收集、分离、长期保存和分子病原学研究，寄生虫的流行病学研究，寄生虫的病理学和寄生虫的免疫学研究，寄生虫的新药和新制剂研究，寄生虫病基因工程疫苗的研究；并且为寄生虫病发生、流行规律和特点，提出快速、实用的标准技术，提供科学的防治依据和手段。寄生虫实验室的建设上没有特殊的要求，如果进行未知的寄生虫病原试验，也要在生物安全实验室中进行。

（九）放射辐射监测实验室

放射辐射监测实验室是以放射性本底检验、核辐射检验、核设施放射检验、放射性同位素和射线装置放射检验及含放射性物质的物料放射检验为主的实验室，主要分为两个部分：一是放射化学实验室，二是放射性计量和测试实验室。

1. 放射化学实验室

放射性样品的处理一般应在放射化学实验室内进行。为得到准确的监测结果和考虑操作安全问题，该实验室内应符合以下要求：①墙壁、门窗、天花板等要涂刷耐酸油漆，电灯和电线应装在墙壁内；②有良好的通风设施，大多数处理样品操作应在通风橱内进行，通风马达应装在管道外；③地面及各种家具面要用光平材料制作，操作台面上应铺塑料布；④洗涤池最好不要有尖角，放水用足踏式龙头，下水管道尽量少用弯头和接头等。对放射源要有严格管理制度，实验室工作人员要定期进行体格检查。

2. 放射性计量和测试实验室

放射性计量和测试实验室装备有灵敏度高、选择性和稳定性好的放射性计量仪器和装置。设计实验室时，特别要考虑放射性本底问题。实验室内放射性本底来源于宇宙射线、地面和建筑材料，甚至测量用屏蔽材料中所含的微量放射性物质，以及邻近放射化学实验室的放射性玷污等。对于消除或降低本底的影响，常采用两种措施：一是根据其来源采取相应措施，使之降到最小程度；二是通过数据处理，对测量结果进行修正。此外，对实验室供电电压和频率要求十分稳定，各种电子仪器应有良好接地和进行有效的电磁屏蔽，室内最好能保持恒温。

（十）职业卫生安全实验室

职业卫生是预防医学五大卫生之一，承担着职业病危害检测和控制工作，在职业病预防控制中发挥重要的作用。《中华人民共和国职业病防治法》于 2002 年颁布以来，全国职业卫生检测工作得到普遍开展，职业卫生安全实验室利用化学、生物、毒理等相关技术，研究农药、肥料、健康相关产品及其他各种化学品的职业危害，研究及评价生产生活过程中的职业病危害因素，对职业危害场所进行现场监测，提出职业病的诊断、治疗和预防措施。

（十一）慢性非传染性疾病实验室

慢性非传染性疾病实验室以医学试验手段，研究各种慢性非传染性疾病的来源、危害、范围及预防控制方案，慢性非传染性疾病实验室涉及的专业包括医学检验、流学病学、营养学、临床医学等专业。

三、工作任务及能力建设标准要求

公共卫生实验室包括卫生部门（疾病预防控制中心、职防院）、科学院系统、高等院校、进出口检验检疫部门、农业部门、药检部门、环境监测部门、质检部门等从事公共卫生研究、监测的实验室，按职能分工和业务指导层次分成国家实验室和地方实验室（包括省、市、县级实验室）。国家实验室职能以研究和指导为主，地方实验室以引进指导和执行为主，并由国家、省、地（市）、县四级组成了完整的公共卫生实验室网络。

（一）各级实验室工作任务

每一个系统的公共卫生实验室都有国家实验室和地方实验室，疾病控制系统是公共卫生实验里的一个缩影，是公共卫生实验室的一个主要组成部分，下面以疾病预防控制系统实验室为例，介绍我国公共卫生实验室的组成及业务开展情况。

1. 国家级实验室

由中国疾病预防控制中心各业务所实验室组成了疾病预防控制专业的国家级实验室，其特点及功能为：疾病预防、控制和监测；公共卫生信息资料的收集管理及支持公共卫生计划；为特殊病原体提供鉴定和特异试验；环境卫生和保护；制定政策；应急反应；经食物传播疾病的分析；实验室发展及规划；公共卫生相关研究；为实验室人员提供培训和指导；实验室质量控制及考核；对外协作及交流等。

2. 省级实验室

疾病预防控制系统的省级实验室主要由省级疾病预防控制机构的各专业实验室组成，其特点及功能为：开展辖区内传染病监测和流行病学调查，提出预防控制措施；对传染病流行趋势进行预测、预警，组织、指导对暴发疫情进行处置；对突发公共卫生事件的发展态势进行跟踪监测；提供病因分析和针对性预防控制措施的技术支持；开展辖区内主要职业、放射、环境危害因素预防策略与控制措施的研究、实施和评价；指导职业危害、环境污染、核污染、职业中毒和放射事故的处置；开展辖区内食品危害健康因素监测和食品安全性评价；指导食源性疾病的控制、食品污染和中毒事故的处置；开展有毒有害因素以及中毒事件毒物的检测鉴定；引进推广相关的新技术、新方法，指导下级实验室加强质量控制；开展健康相关产品的安全性和功能性测定评价。

3. 地(市)级实验室

疾病预防控制系统的地(市)级实验室主要由地(市)级疾病预防控制机构的专业实验室组成，其特点及功能为：开展传染病及其流行因素监测；开展寄生虫病、地方病及其流行因素监测；开展辖区内突发公共卫生事件监测；实施监测方案；组织开展对突发事件的初步认定，开展职业、放射、环境危害因素监测和控制工作。开展、指导职业危害、环境污染、职业中毒的监测，组织开展食品危害健康因素监测和食品安全性评价工作，控制食源性疾病；开展微生物和寄生虫检验；推广应用相关的新技术、新方法，指导下级加强实验室质量控制；开展有毒有害因素以及中毒事件毒物的检测；推广应用相关的新技术、新方法，指导下级加强实验室质量控制。

4. 县级实验室

疾病预防控制系统的县级实验室主要由县级疾病预防控制机构的各专业实验室组成，其特点及功能为：开展寄生虫病、地方病及其流行因素的监测；开展职业、放射、环境危害因素监测、报告和控制工作；开展食品危害健康因素、食源性疾病的监测和报告，指导合理膳食；处置食品污染和中毒事故；按照相关标准和规程，开展常见微生物和寄生虫检验；应用相关的新技术、新方法，加强实验室质量控制执行相关标准和规程，开展食品、水和场所常见有毒有害因素及中毒事件毒物的检测。

(二) 各级实验室检测能力建设要求

每一个系统对本系统的实验室检测能力建设都有具体要求，卫生部及国家发展和改革委员会根据疾控机构的职能，出台了《省、地、县级疾病预防控制中心实验室建设指导意见》(以下简称《指导意见》)，明确了必须开展的工作项目及根据地域特点和需求应开展的工作项目，并对各级疾病预防控制机构所承担的项目作了明确规定。详见表 2-2、表 2-3。

表 2-2　各级实验室检验项目及参数要求表

性质	省级			地(市)级			县(区)级		
	项目	参数	要求率	项目	参数	要求率	项目	参数	要求率
必须开展	387	562	100%	226	330	82.91%	118	165	41.34%
建议开展	46	64		133	166		61	99	

表 2-3 省、地(市)、县级疾病预防控制机构检验能力标准

序号	检验项目	检验任务	省级		地(市)级		县级	
			A	B	A	B	A	B
1	菌落(细菌)总数	食品、水、化妆品、公共场所、医疗用品、消毒产品等检测	√		√		√	
2	大肠菌群		√		√		√	
3	粪大肠菌群		√		√		√	
4	金黄色葡萄球菌分离、鉴定	食品、化妆品、公共场所、医疗用品、卫生用品、消毒产品等检测及感染性疾病诊断	√		√		√	
5	溶血性链球菌分离、鉴定		√		√		√	
6	沙门氏菌分离、生化鉴定		√		√		√	
7	铜绿假单胞菌分离、鉴定		√		√		√	
8	霉菌和酵母菌计数		√		√		√	
9	致泻大肠埃希氏菌分离、鉴定	食品检测及感染性疾病诊断	√		√			√
10	副溶血性弧菌分离、鉴定		√		√		√	
11	副溶血性弧菌耐热溶血素测定		√			√		
12	小肠结肠炎耶尔森菌分离、鉴定		√		√			√
13	葡萄球菌肠毒素测定		√			√		
14	沙门氏菌血清分型		√		√			√
15	志贺氏菌分离、鉴定		√		√		√	
16	空肠弯曲菌分离、鉴定		√		√			√
17	小白鼠细菌毒力试验		√		√			
18	乳酸菌的计数及鉴定		√		√			√
19	双歧杆菌计数及鉴定	食品相关检测	√		√			
20	常见产毒霉菌鉴定		√			√		
21	罐头商业无菌检验		√		√		√	
22	无菌试验		√		√		√	
23	食饮具消毒效果监测		√		√		√	
24	毒蕈鉴定			√		√		
25	霍乱弧菌分离、鉴定	细菌性疾病、食源性疾病、水源性疾病相关检测	√		√		√	
26	霍乱弧菌噬菌体生物分型		√			√		
27	霍乱弧菌肠毒素基因检测			√				
28	伤寒、副伤寒沙门菌分离、鉴定		√		√		√	
29	致泻性弧菌分离、鉴定		√		√		√	
30	幽门螺杆菌分离、鉴定		√					

续表 2-3

序号	检验项目	检验任务	省级		地(市)级		县级	
			A	B	A	B	A	B
31	幽门螺杆菌感染测定			√				
32	变形杆菌分离、鉴定		√		√		√	
33	肠球菌分离、鉴定		√		√		√	
34	肉毒梭菌分离、鉴定及肉毒毒素测定		√		√			√
35	产气荚膜梭菌分离、鉴定		√		√			√
36	椰毒伯克霍尔德菌分离鉴定及米酵菌酸测定		√			√		
37	单核细胞增生李斯特氏菌分离、鉴定		√		√			√
38	腊样芽胞杆菌分离、鉴定		√		√		√	
39	鼠疫耶尔森菌分离、鉴定		√			√		√
40	鼠疫耶尔森菌血清抗体测定		√		√			√
41	鼠疫耶尔森菌分子生物学检测			√				
42	百日咳杆菌分离鉴定、血清抗体测定		√		√			√
43	白喉棒状杆菌分离鉴定、血清抗体测定		√		√			√
44	脑膜炎奈瑟氏球菌分离鉴定、血清抗体测定		√		√			√
45	淋球菌镜检、分离鉴定	细菌性疾病、食源性疾病、水源性疾病相关检测	√		√		√	
46	布鲁氏杆菌分离鉴定、血清学试验		√			√		√
47	炭疽芽胞杆菌镜检		√			√		√
48	炭疽芽胞杆菌分离鉴定、血清抗体测定		√			√		√
49	结核分枝杆菌镜检、OT 试验		√		√		√	
50	结核分枝杆菌分离鉴定、血清抗体测定		√			√		√
51	结核分枝杆菌菌型鉴定、卡介苗活菌计数		√			√		
52	破伤风杆菌分离鉴定、血清抗体测定		√			√		
53	麻风分枝杆菌镜检		√		√		√	
54	麻风分枝杆菌分离鉴定		√			√		
55	细菌 L 型检验		√		√			√
56	肺炎克雷伯菌分离、鉴定		√		√			√
57	军团菌属细菌分离鉴定		√		√			√
58	不动杆菌属细菌分离鉴定		√		√			√
59	粪产碱杆菌属细菌分离鉴定		√		√			√
60	气单胞菌属细菌分离鉴定		√		√			√

续表 2-3

序号	检验项目	检验任务	省级		地(市)级		县级	
			A	B	A	B	A	B
61	邻单胞菌属细菌分离鉴定	细菌性疾病、食源性疾病、水源性疾病相关检测	√		√			√
62	链球菌属细菌分离鉴定		√		√			√
63	药物敏感试验		√		√		√	
64	流行性出血热病毒分离鉴定、抗原检测	病毒、支原体、衣原体等相关检测	√					
65	流行性出血热病毒抗体检测		√		√		√	
66	流行性出血热病毒基因检测及分型			√				
67	流行性出血热病毒血清学分型			√				
68	狂犬病病毒抗体检测		√		√			√
69	艾滋病病毒抗体初筛试验		√		√			√
70	艾滋病病毒抗体确认试验		√					
71	艾滋病病毒载量检测及 CD3、CD4、CD8 测定			√		√		
72	流感病毒分离与分型、血清 HI 抗体测定		√			√		
73	脊髓灰质炎病毒分离与定型		√					
74	脊髓灰质炎病毒中和抗体试验		√			√		
75	脊髓灰质炎、麻疹疫苗效价测定		√			√		
76	麻疹、风疹病毒分离		√					
77	麻疹、风疹病毒 IgM、IgG 或 HI 抗体测定		√		√		√	
78	乙型脑炎病毒分离、鉴定		√					
79	乙型脑炎病毒血清抗体测定		√		√		√	
80	登革热病毒分离、鉴定		√					
81	登革热病毒血清抗体测定		√			√		√
82	森林脑炎病毒血清抗体测定			√				
83	SARS 冠状病毒核酸检测		√					
84	SARS 冠状病毒血清抗体测定		√			√		
85	轮状病毒基因检测		√					
86	轮状病毒抗原检测		√		√			
87	甲肝病毒分离		√					
88	甲肝病毒 IgG、IgM 抗体测定		√		√		√	
89	乙肝病毒表面抗原、抗体，e 抗原、抗体，核心抗体测定		√		√		√	

续表 2-3

序号	检验项目	检验任务	省级		地(市)级		县级	
			A	B	A	B	A	B
90	乙肝病毒 DNA 测定	病毒、支原体、衣原体等相关检测	√		√			
91	丙、丁、戊、庚肝病毒抗体及丁肝抗原测定		√		√		√	
92	肠道病毒分离、鉴定		√					
93	口蹄疫病毒检测		√			√		
94	沙眼衣原体分离与鉴定		√		√			
95	伯氏疏螺旋体鉴定		√			√		
96	肺炎衣原体、支原体鉴定		√		√			
97	梅毒螺旋体血清抗体测定		√		√		√	
98	普氏、莫氏立克次体鉴定		√		√			
99	钩端螺旋体分离培养与血清抗体测定		√		√		√	
100	钩端螺旋体鉴定		√		√			
101	恙虫病抗体检测		√			√		
102	阴道毛滴虫检验(悬滴法)	寄生虫病检测	√		√		√	
103	溶组织内阿米巴检验(直接涂片法)		√		√		√	
104	疟原虫检验		√		√		√	
105	血吸虫检验、皮内、环卵试验、血清抗体测定		√		√		√	
106	弓形虫血清抗体测定		√		√			√
107	肺吸虫虫卵检查		√		√		√	
108	肺吸虫血清抗体测定		√		√			√
109	华支睾吸虫虫卵检查、血清抗体测定		√		√		√	
110	姜片虫检验(加藤氏法)		√		√		√	
111	牛、猪肉绦虫检验(虫卵及孕节检查)		√		√		√	
112	丝虫检验(厚血片法)		√		√		√	
113	钩虫加藤氏法检验、幼虫培养		√		√		√	
114	蛔虫检验(加藤氏法)		√		√		√	
115	蛲虫检验		√		√		√	
116	鞭虫检验(加藤氏法)		√		√		√	
117	旋毛虫压片法检查包囊		√		√		√	
118	疥螨检查(皮肤标本检查成螨及虫卵)		√		√		√	
119	其他螨类检查(镜检并分类鉴定)		√		√		√	

续表 2-3

序号	检验项目	检验任务	省级		地(市)级		县级	
			A	B	A	B	A	B
120	广州管圆线虫脑脊液幼虫及尸体虫体检查	寄生虫病检测	√		√			
121	常见病原体基因诊断	基因诊断	√					

注:A:必须开展的工作项目。B:根据地域特点和需求应开展的工作项目。

《指导意见》详细列出了各级疾病预防控制机构应承担的检测项目,要求各级疾病预防控制机构结合实际情况开展相关检验检测工作。

《指导意见》规定了各级疾病预防控制机构仪器设备的装备标准,要求各级实验室以《指导意见》为依据,结合实验室的工作任务和实验室的发展,进行合理的配备,保证设备的使用达到高效率和高利用率。详见表 2-4。

表 2-4 省、地(市)、县级疾病预防控制机构实验室主要仪器装备标准

序号	仪器设备名称(类别)	省			地(市)			县		
		A	B	C	A	B	C	A	B	C
1	微生物鉴定系统			2			1			
2	微生物鉴定及药敏测试系统	1	2				1			
3	微生物过滤检测系统	1	1			1				1
4	微型全自动荧光酶标鉴定仪			2			1			
5	放射免疫分析仪		1			1				
6	PCR 扩增仪(实时、荧光)		2				1			
7	PCR 扩增仪	2	6		1	3			1	
8	电泳系统	2	6		1	3			1	
9	脉冲凝胶电泳仪		1							
10	微生物基因指纹鉴定系统			1						
11	酶标仪	3	6		2	4		1	2	
12	自动洗板机	3	6		2	4		1	2	
13	多头移液器(套)	10	60		5	30		3	5	
14	空气微生物采样器	2	4		1	2		1	2	
15	水中微生物膜过滤装置	1	2			1			1	
16	超净工作台	10	20		4	6		2	3	
17	生物安全柜	10	15		3	5		1	2	
18	生物显微镜	8	25		5	15		2	5	
19	生物解剖镜	2	4		1	2			1	

续表 2-4

序号	仪器设备名称(类别)	省			地(市)			县		
		A	B	C	A	B	C	A	B	C
20	倒置显微镜	2	8				2			1
21	荧光显微镜	2	5		1	3			1	
22	暗视野显微镜	1	2		1	1			1	
23	电子显微镜			1						
24	超薄切片机		1	1						
25	核酸蛋白转膜仪		3				1			
26	紫外核酸蛋白测定仪		1				1			
27	杂交炉		2				1			
28	自动凝胶成像仪	1	4			1				
29	核酸冷冻离心干燥仪		1				1			
30	病毒载量测定装置		1							
31	DNA 测序仪			1						
32	DNA 转导仪			1						
33	层析纯化装置			1						
34	流式细胞仪			1			1			
35	低温高速离心机	3	8		1	3				1
36	普通离心机	6	10		4	8		3	6	
37	真空冷冻干燥机	1	2							
38	高压灭菌器	4	15		3	10		2	4	
39	干烤灭菌器	5	15		3	10		2	6	
40	高精度恒温恒湿箱	1	4				2			1
41	恒温培养箱	10	40		6	25		5	10	
42	生化培养箱	4	15		2	5		1	2	
43	霉菌培养箱	1	3			1				1
44	二氧化碳(CO_2)培养箱	1	8			2				1
45	厌氧培养箱	1	2				1			1
46	厌氧工作站			1						
47	恒温水浴箱	10	20		5	10		4	5	
48	恒温摇床培养箱	4	8		3	5			1	
49	低温冰箱(－20 ℃)	15	25		6	10		3	5	
50	低温冰箱(－40 ℃)			4			2			
51	低温冰箱(－85 ℃)	3	5			1				1

续表 2-4

序号	仪器设备名称(类别)	省			地(市)			县		
		A	B	C	A	B	C	A	B	C
52	超低温冰箱(－140 ℃)			1						
53	组织切片制作系统	1	1							
54	冰冻切片机(套)	1	1				1			
55	液氮罐	3	10		2	3		1	2	
56	程序降温仪			1						
57	人工气候箱			1						
58	PEET 柜			1						
59	超低容量喷雾机		1			1				1
60	吸入染毒系统		1				1			
61	均质器	6	12		3	5		2	2	
62	全自动血球记数器			2						
63	图像分析系统			1						
64	超声波清洗器	1	3			1				
65	制冰机		3			1				
66	血乳酸仪			1						
67	多导生理记录仪			1						
68	尿分析仪			1						
69	水迷宫仪			1						
70	穿梭箱			1						
71	微量振荡器	4	10		3	5		1	2	
72	样品粉碎机	2	3		1	2		1	1	
73	微波消解器	2	4		1	2		1	1	
74	超声波细胞粉碎仪	1	2							

注：A：完成常规工作所需的仪器设备。B：按照基本功能必须装备的基本仪器设备。
C：根据地域特点、工作需求应装备的基本仪器设备。

第二节　各相关专业检测能力考评

一、食品安全监测

2009 年《中华人民共和国食品安全法》颁布实施以来，我国建立了一套食品安全法律制度体系，包括食品安全风险监测制度、食品安全监督检查制度、食品安全召回制度、食品安全风险评估制度、食品安全标准制度、食品安全信息发布制度等。并出台了相应的实施细则《中华人民共和国食品安全法实施条例》,同时就食品安全风险监测工作制定了《食品安全风险监测管理规定》。所谓食品安全风险监测工作是指通过系统和持续地收集食源性疾病、食品污染以及食品中有害因素的监测数据及相关信息,并进行综合分析和及时通报的活动,目的是掌握食品安全现状,为食品风险评估、食品安全标准和食品安全监管提供技术基础。

食品安全监测实验室就是针对当前食品安全问题,进行食品安全风险监测、食品污染物监测、食品添加剂和食品中非法添加物检测的公共卫生领域实验室,其工作的主要依据卫生部、国家标准化管理委员会发布的 GB 4789 系列标准(食品微生物检验标准)、GB 5009 系列标准(食品理化检测标准)、GB 5413 系列标准(乳制品检测标准)以及一些产品标准(乳及乳制品产品标准等)以及农药残留量测定方法,放射性物质的检验方法及卫生部颁布的《保健食品功效成分及卫生指标检验规范》和其他与食品卫生检验有关的非卫生部门发布的标准方法进行检验工作。

为在食品安全方面为社会提供准确、可靠的检测数据,加强食品安全突发事件应急检测能力,及时向公众提供清晰、明确、全面的食品安全监测信息服务,及时预警食品安全事件,并得到国际或地区的相互承认,以及顺应我国《中华人民共和国食品安全法》的实施要求,食品安全监测实验室必须努力加强自身能力建设,并对自身提出更高的要求。

食品安全监测实验室的能力考核根据组织者和考核目的不同有以下几种途径,一是由能力验证提供机构组织开展的能力验证活动,这些机构包括国际实验室认可合作组织(ILAC)、亚太实验室认可合作组织(APLAC)、世界卫生组织[WHO,包括全球食源性感染网络(GFN)和外部质量保证系统(EQAS)]、英国农业部(FAPAS)、中国合格评定国家认可委员会(CNAS)、中国国家认证认可监督管理委员会(CNCA)以及 CNAS 互认的认可机构的能力验证计划提供者等;二是由国际国内的权威认可机构派出评审员依据 ISO/IEC 17025 和(或)我国相关认证认可规定(如《实验室资质认定》、《食品检验机构资质认定》等)的要求,在对实验室进行现场评审的过程中实施的现场试验的考核;三是由上级实验室(如中国疾病预防控制中心)组织实施的对食品安全监测相关实验室进行的质量控制考核或质量控制活动;四是由同级实验室之间自发组织的实验室间比对;五是由本检测机构质量控制管理部门在组织质量体系内部审核活动中,进行的现场试验的考核。相对于实验室内部质量控制而言,以上五种途径均是利用外部措施进行的质量控制活动,彼此之间互为补充,相互促进。特别是认证认可、监督评审和资质认定现场评审中的现场试验考核,评审专家依据现场的观察和考证,对试验结果能够做出更客观、更全面、更准确的评价。而且在现场试验考核过程中可以运用的考核方式也灵活多样,不仅是盲样考核,还包括人员比对、留样复测、实际操作等。因此也更能全面考察实验室的检测技术能力。这些考核广义上说均是能力考核。通过这些能力的考核,食品安全监测实验室的水平能得到不断提高,能力得以维持。

能力验证也称为实验室水平测试,顾名思义,它是检查实验室能力和水平的一项活动,是确定实验室进行某些特定检测或测量的能力,以及监督控制实验室持续能力的重要工具。我国实验室能力验证方面的组织者主要是 CNCA 和 CNAS 以及 CNAS 互认的认可机构的能力验证计划提供者,相关标准和法规有:GB/T 15483—1999《利用实验室间比对的能力验证》、《实验室能力验证实施办法》(认监委 2006 年公告第 9 号)、CNAS-PD22《测量审核程序》、CNAS-PD21《能力验证工作程序 A1》、CNAS-RL02：2007《能力验证规则》、CNAS-GL02：2006《能力验证结果的统计处理和能力评价指南》、CNAS-GL03：2006《能力验证样品均匀性和稳定性评价指南》、CNAS-CL03：2006《能力验证计划提供者认可准则》、CNAS-WT21-01-01A1《能力验证计划设计方案》等。

据统计，CNAS已累计开展了四百多项能力验证计划，其中包括30余项国际计划，有近万个国内实验室和来自五十多个经济体的六百多家实验室参加了能力验证活动。其中有针对一些重大食品安全突发事件，如“三聚氰胺”事件；组织的乳制品中“三聚氰胺”检测能力验证等。为了增强我国相关部门应对突发公共卫生事件的能力，提高食品安全监测实验室的检测能力和水平，CNAS会继续在食品安全、社会热点和重点关注领域组织和开展实验室能力验证活动。

2005年到2009年，由CNCA组织实施的与食品有关的能力验证约60余次，检测项目见表1-1；1999年到2009年，由CNAS组织实施的与食品有关的能力验证近40次，检测项目见表1-2。

根据相关法律、法规和规定，卫生部指定中国疾病预防控制中心营养与食品安全所作为国家级食品安全风险监测技术机构，负责国家食品风险监测工作的技术管理和技术指导工作，负责组织省级监测技术机构的质量控制和质量评价，并参与国际权威机构的实验室间比对。省级疾病预防控制中心作为省级食品安全风险监测技术机构，负责本行政区域监测技术机构的技术核查和技术指导工作，负责组织本行政区域监测技术机构的质量控制和质量评价，并参与国家级监测技术机构组织的外部质量控制包括质量控制考核、督查、质量评价等。地市或区县级疾病预防控制中心是具体从事监测技术工作的操作部门，是监测工作的主体，必须参加国家或省级监测技术机构组织的外部质量控制活动。

国家或省级疾病预防控制中心组织的质量控制和质量评价活动主要有以下三个方面：①对食品安全风险监测技术机构的质控品考核；②对高含量或阳性、限量标准含量和未检出或阴性样品的留样比对测试；③对监测技术机构内部质量控制措施实施情况的督导、检查和质量评价。

2006年～2011年由中国疾病预防控制中心营养与食品安全所组织实施的与食品相关的部分质量控制考核项目见表2-5。

表2-5　2006年～2011年中国疾病预防控制中心营养与食品安全所组织的与食品检测相关的部分质量控制考核项目

实施年份	项目名称（含检测项目）
2006年	国家健康相关产品卫生监督抽检工作铅、砷质量控制
	国家健康相关产品卫生监督抽检工作常见致病菌质量控制
	国家食品卫生监督抽检工作——食品中维生素A含量分析质量控制
2007年	国家食品卫生监督抽检工作——食品中色素和二氧化硫分析质量控制考核
	食品中致病菌分析质量控制（食源性致病菌）
2008年	食品中镉含量分析质量控制

续表 2-5

实施年份	项目名称(含检测项目)
2009 年	农药残留分析质量控制(燕麦粉、大米粉中三唑磷、二嗪农、氯菊酯、毒死蜱、仲丁威)
2010 年	食源性致病菌监测工作质量控制考核(沙门氏菌、金黄色葡萄球菌、大肠菌群)
2011 年	食品安全风险监测——粮食和蔬菜粉中农药残留分析质量控制考核
	食源性致病菌监测工作质量控制考核
注:以上考核项目为广东省疾病预防控制中心参加的考核项目。	

2006 年～2011 年,同级实验室之间自发组织的与食品检测相关的部分实验室间比对项目见表 2-6。

表 2-6 2006 年～2011 年公共卫生实验室开展的部分实验室比对项目

实施年份	项目名称(含检测项目)
2006 年	保健食品中安全性、功效性指标(铅、六六六、滴滴涕、总皂苷、红景天苷、维生素 E)检测
	食品中致病菌、蛋白质、山梨酸、钙、镁、钠、锰、铅、镉、铜、砷、胭脂红、柠檬黄、维生素 E
	食品中胭脂红、柠檬黄检测
2007 年	食品中肠道致病菌、山梨酸钾、苯甲酸钠、总酸、氨基酸态氮、氯化钠、苏丹红I号等项目检测
	食品中汞含量质量控制考核
2008 年	食品中肠道致病菌、甲胺磷、久效磷、氯氰菊酯、毒鼠强、敌鼠钠盐、砷、铅、镉、蛋白质含量检测
2009 年	食品中副溶血性弧菌检验
2010 年	食品中副溶血性弧菌、氨基酸态氮、氯化钠、苯甲酸、柠檬黄、胭脂红、糖精钠、安赛蜜、阿斯巴甜检测
2011 年	食品中碘检测,蔬菜粉中铅、镉检测
注:以上比对项目为广东省疾病预防控制中心参加或组织实施的与食品相关的比对项目。	

作为食品安全风险监测工作的质量控制措施,对以上考核结果的利用也是非常重要的,对在质控考核、留样比对中的确定问题数据,其机构出具的相关项目的数据不列入统计分析,有数据准确性问题的相关机构暂停相关项目监测工作,采取纠正措施,寻找原因,进行再次比对,合格后方可继续进行监测工作,内部质量控制评价不合格的机构出具的相关项目数据也不列入统计分析。

综上所述,食品安全监测实验室能力考核根据其目的不同有多种方式,实验室应依据法律法规和规定的要求选择需参加的项目,应将之视为检验日常工作的一种手段和提高检测水平的一种途径,变被动为主动,正确对待考核结果,对于不满意的结果,应全面衡量各种不确定因素,总结经验,寻找差距,努力改进。一次不成功的表现,并不代表实验室不具备这方面的能力,凡是孤立地看待一次考核结果的做法均是不可取的,因此正确客观地评价实验室的检测能力,是实验室本身和组织实施方均要深入思考的问题。

二、化妆品安全性检测

化妆品已成为日常生活的必需品，人们对化妆品使用安全期望值不断提高，对化妆品质量提出了更高的要求。化妆品添加的化学物质越来越复杂，在给人们带美丽的同时也带来了健康上的危机。化妆品有害物质、过敏原等对人体的危害等问题受到人们的关注。如护肤产品中汞含量严重超标，育发剂中加入了致癌性和刺激性的禁用物质氮芥，染发剂和洗发液中检出可致癌的禁用物质邻苯二胺等使消费者健康受到危害。我国《化妆品卫生规范》(2007 年版)规定，化妆品中的禁用物质多达一千八百多种，限用物质也有四百多种。尽管早在 1987 年就推出了我国首批化妆品卫生标准及检验方法(GB 7916—1987《化妆品卫生标准》、GB 7917.1～7917.4—1987《化妆品卫生化学材料检验方法》、GB 7918.1～7918.5—1987《化妆品微生物标准检验方法》和 GB 7919—1987《化妆品安全性评价程序和方法》，但也仅仅涉及铅、砷、汞和甲醇等少数的安全指标。《化妆品卫生规范》也只有铅、砷、汞、防晒剂、染料中间体等数十种物质的检测方法。与我国化妆品产业的飞速发展极不相称，化妆品标准检验方法研制严重滞后，不能适应国家对化妆品产品质量的检测要求。

1994 年郑星泉等主编的《化妆品卫生检验》成为我国第一部化妆品检验专著，该书介绍了适合我国现状的化妆品卫生化学检验方法和微生物检验方法，检测项目包括化妆品中一些的禁用和限用物质，原料及成品、生产环境中的卫生指标等。但该书没有提及化妆品检测质量控制内容。张桂霞等简要综述了 1998 年前国内外化妆品卫生检验现状，我国化妆品检验方法正在研究或申报的标准 11 项涉及 19 项化学指标，1988 年～1993 年的 5 年内仅发表化妆品检验论文 8 篇。1999 年版《化妆品卫生规范》参照欧盟化妆品规程列出了 494 种禁用物质、144 种限用物质和 157 种限用着色剂。对样品前处理方法，以及汞、铅、砷、甲醇、防晒剂、防腐剂(8 种)、激素、氢醌、苯酚等化学指标检验方法进行简要的综述。朱英等分析化妆品检验方法的发展，根据中国期刊全文数据库索引，1994 年～2004 年的 10 年发表并被该数据库收入的国内有关化妆品检验的论文共 130 篇，其中 67 篇为无机成分的分析，63 篇为有机成分分析。首次出现了 α-羟基酸、染料中间体(16 种)、二噁烷、酞酸酯、斑蝥素、抗氧化剂、苯、二硫化碳和氯代烃、甲醛或过氧化氢、辅酶 Q10、维生素 E、尿囊素和泛醇、苯二酚、脂肪酸聚乙二醇、巯基乙酸或甲酸、熊果苷、曲酸、抗坏血酸磷酸酯镁、L-抗坏血酸棕榈酸酯等化学成分的检测方法，防腐剂中能检测 18 种。检测方法不限于光谱法、液相色谱、气相色谱法等常见仪器检测方法，还使用了毛细管电泳法、离子色谱法，以及液相色谱-质谱联用、气相色谱-质谱联用等方法。如用电感耦合等离子体质谱检测化妆品中多种有害金属和无机色素；用气相色谱-质谱鉴定化妆品中对人体有害和造成环境污染的挥发性有机物；用薄层色谱法鉴定染发剂、防腐剂、着色剂等限用物质；用气相色谱-质谱或液相色谱-质谱进行抗生素、激素、禁用色素等重点禁用物质的检测，确定潜在有害物质种类。这些技术的应用，大大提高了化妆品的检测能力，拓宽了化妆品检测范围，全面提高了化妆品的技术评审质量和卫生监督水平，有效地制止化妆品的造假行为，引导化妆品行业的健康发展，保护消费者健康和安全。

2005 年～2010 年的 5 年间发表并被中国期刊全文数据库收入的国内有关化妆品检验的论文共 155 篇，其中 4 篇为化妆品质量控制论文、119 篇化学成分分析、8 篇毒理学检测、

7篇微生物检测、17篇综合论文。比以往新增加化学检测项目包括苏丹红、对位红、辣椒红等色素；镉、锑、铬、稀土元素等有害金属；甲硝唑、地塞米松等禁用药物；以及2-氯乙酰胺、丙烯酰胺、烷基胺、乙醇胺、*N*-亚硝基二乙醇胺、苯并芘、双酚A、乙二醛、有毒挥发性有机溶剂、石棉等有害有机化合物等。化妆品检测能力有了较大的提高，尤其对化妆品禁用物质检测方法的研究得到深入开展，为化妆品卫生安全检测提供多种方法和技术。

我国化妆品管理实行卫生许可制，化妆品实行卫生许可检验。1999年前，化妆品检验机构主要集中在卫生防疫系统、质量技术监督和检验检疫系统等。尚未开展化妆品检测能力验证，卫生防疫系统曾经组织了化妆品铅、砷、汞和甲醇检测的实验室比对，仅限于部分省级防疫站实验室参加，规模较小，代表性不强。目的是了解卫生系统省级检验机构化妆品的检测能力，提高卫生系统的化妆品检测质量。2000年后，我国化妆品检验进步开放，检验机构数量明显的增加，但检测项目还局限于铅、砷、汞和甲醇等常规项目。2003年，厦门出入境检验检疫局根据中国实验室国家认可委员会(CNAL)2003年度能力验证计划工作的安排，成功组织了化妆品铅、汞、砷含量检测能力验证测试计划，这是中国实验室国家认可委员会组织的首次化妆品铅、汞、砷检测能力验证，目的是评估和验证各参加实验室对化妆品中铅、汞、砷含量的检测能力。能力验证计划实施方案依据《能力验证指南》和CNAL-PD18《能力验证组织和运作程序》设计。对乳液类化妆品设计了分割水平样品对，根据CNAL/AG04-02《能力验证样品均匀性评价指南》和CNAL/AG03-02《能力验证结果统计处理和能力评价指南》的要求检验样品的均匀性和稳定性。采用稳健(robust)统计技术处理参加实验室的测试结果，评价实验室的检测能力。全国共有45个实验室参加了铅的能力验证，其中4个实验室结果可疑、1个实验室测定结果离群；44个实验室参加了砷检测，2个实验室结果可疑、9个实验室测定结果离群；41个实验室参加了汞检测，2个实验室结果可疑、6个实验室测定结果离群。

2007年～2008年卫生部曾对全国化妆品进行卫生监督抽检，为保证化妆品卫生监督抽检检测质量，中国疾病预防控制中心先后两次对29家参加监督抽检的疾病预防控制中心进行化妆品质量控制考核。考核样品为膏霜类化妆品，同时检测铅、汞和砷。质量控制样品分为6个批次，各批次铅、汞、砷3种元素的含量不同。制备质量控制样品的所有原料均使用化妆品级原料，制备工艺包括加热、搅拌、均质、保温搅拌、降温出料、灌装、贴标签、成品检验。按照JJG 1006—1994《一级标准物质技术规范》的要求检验样品的均匀性和稳定性。

样品测试结果采用稳健统计技术分析，利用SPSS12.0统计分析软件计算结果数(N)、中位值(XM)、下四分位值(Q1)、上四分位值(Q3)、四分位距(IQR)、标准化四分位距(Norm IQR)、极小值、极大值、变动范围(range)等统计参数值，以各参加实验室检测结果的*Z*比分数评价检测质量。2007年、2008年全部反馈结果为174个、172个。其中2007年*Z*比分数满意值结果占总数的80.5%，可疑值占9.2%，离群值占10.3%；2008年结果分别为84.3%、8.1%和7.6%。

虽然我国化妆品检测机构对化妆品检测已有二十多年的历史，但化妆品检测范围过于狭小，绝大多数化妆品限用和禁用成分均没有标准检测方法，化妆品检测实验室的检测能力有待提高。化妆品能力验证滞后于化妆品检测需求的发展，2003年前，开展的是一些非正式的能力验证，准确地说应该称为实验室考核或质量控制。近几年来才正式开展化妆品能力验证计划，但也仅限于铅、砷、甲醇等检测项目。为评价实验室的检测能力，提高我国化妆品实验室检测技术水平，确保化妆品检测质量，更好地保护消费者的身体健康及权益，有必要加强组织实施化妆品能力验证计划。中国合格评定国家认可委员会（CNAS）自 2009 年起，连续 3 年委托广东省疾病预防控制中心组织实施了 CNAS T0419《化妆品中铅砷检测》、CNAS T0513《化妆品中铅砷检测》、CNAS T0580《化妆品中铅砷检测》和 CNAS T0581《化妆品中甲醇检测》。参加实验室覆盖全国及香港地区，有效评估我国化妆品检测机构的检测能力，推动化妆品产业发展的发展，为客户提供准确可靠的实验结果。

在这些能力验证计划中，组织者依据 CNAS-PD21《能力验证工作程序 A1》、CNAS-RL02 2007《能力验证规则》、CNAS-WT21-01-01A1《能力验证计划设计方案》设计能力验证计划，并成功组织实施。依据 CNAS-GL03：2006《能力验证样品均匀性和稳定性评价指南》制备满足能力验证要求的样品，测试结果依据 CNAS-GL02：2006《能力验证结果的统计处理和能力评价指南》评价。

三、涉水产品安全性检测

据世界权威机构调查，在发展中国家，各类疾病中有 8%是因为饮用了不卫生的水而传播的，每年因饮用不卫生水至少造成全球二千万人死亡，水污染被称作“世界头号杀手”。人们一直认为自来水是卫生、安全的，但是随着水污染的严重，如今的自来水已不能算是卫生的了。多年来，我国水资源质量不断下降，水环境持续恶化，由于污染所导致的缺水和事故不断发生，不仅使工厂停产、农业减产甚至颗粒无收，而且造成了不良的社会影响和重大的经济损失，严重地威胁了社会的可持续发展，甚至威胁到人类的生存。从自来水的饮用标准看，我国饮用水质量不高，自来水处理仅能采用沉淀、过滤、加氯消毒等方法，将江河水或地下水简单加工成可饮用水。我国主要大城市只有 23%的居民饮用水符合卫生标准，小城镇和农村饮用水合格率更低。

我国已提出社会经济可持续发展和保护人民的身体健康的战略，对整治水域污染采取了一系列强有力的措施。早在 1984 年就颁布了《中华人民共和国水污染防治法》，不能再走先污染后治理的老路，为了拥有洁净的水环境，加强水资源保护研究和水质监管。国家从持续发展的眼光考虑保护水资源，在“十一五”期间，设立了“城市水污染控制”和“饮用水安全保障”两个水科研专项，研究“从源头到龙头”全流程的饮用水安全保障技术和水质质量监控管理技术。“十二五”期间，水专项将突出地方政府在当地专项组织实施中的主导地位，同时将培育战略新兴产业，促进重点流域城市水环境根本改善。

长久以来，我国水质质量控制一直融汇于常规的检测和监测工作中。卫生系统监管饮用水安全，很早就开展了饮用水检测，水质质量控制工作也走在全国前列。1983 年为了解我国人民饮水水质的基本情况，配合“国际饮水供应和卫生十年”的活动，用三年的时间组织全国卫生防疫站完成全国饮水水质调查工作。在这次全国范围的大规模水质调查中，首次试用了分析质量控制程序，以保证调查数据的质量。20 世纪末至今，全国各省卫生系统对辖区内的水质检测实验室进行不定期的质量控制工作，提高水质检测能力，保证检测质量。为了评估和确定全疆不同领域检测实验室对水中硫酸盐、氯化物、铅、铜、三氯甲烷、四氯化碳的检测能力,2006 年 8 月由新疆维吾尔自治区技术监督局组织、乌鲁木齐市疾病预防控制中心负责实施能力验证活动,全疆环境监测、水务、疾病控制中心、药检、地质、饲料六大系统的 89 家检测实验室分别进行了 2 个～6 个项目的比对。采用四分位稳健统计技术统计分析,Z 比分数评价实验室能力。主要统计参数包括:结果数(N)、中位值(M)、标准四分位间距(NIQR)、稳健变异系数(CV)、最小值、最大值、变动范围(R)。并通过 Excel 的计算功能实现中位值、第一四分位(Q1)、第三四分位(Q3)、最大值、最小值等的计算。为保证农村饮水安全工程水质卫生监测数据的可靠性和可比性,应加强对实验室水质检验进行的质量控制。2008 年安徽省对农村饮水安全有监测任务的实验室进行了质量控制。通过对参加实验室能力验证水平的分析评价,不仅客观评估全省农村饮水监测实验室的检测能力水平,还促进了实验室对内部质量控制存在问题的查找及纠正,进一步提高实验室及检验人员的整体水平。这次能力验证采用 Z 值评估法分别对实验室单一项目测试水平及多项目测试水平进行综合评价。2008 年甘肃省疾病预防控制中心对全省 16 个实验室进行了水质砷检验质量控制考核,以提高农村饮水卫生监测水平。考核样品来自甘肃省环境监测中心站标准室,样品已通过均匀性与稳定性检验。用 Z 比分数评价和分析检测结果,结果上报检测数据 16 个,满意结果 14 个,不满意结果 2 个。

农村饮水安全是卫生部门监管的重点工作之一,自 20 世纪中后期开始一直注重加强农村饮水实验室的技术指导,提高检测能力,加强质量控制工作,保证检测结果准确可靠。近年来,加大对农村和城市饮水检测质量的管理,每年进行质量考核或质量控制工作。2010 年中国疾病预防控制中心要求全国省级疾病预防控制中心对本省农村饮水实验室进行氟化物、砷、氯化物、硝酸盐等项目的质量控制考核工作。广东省疾病预防控制中心对全省 90 个监测实验室进行质量控制。考核样品为从国家环境保护部标准样品研究所购买的有证标准物质,保证样品的均匀性、稳定性和可溯源性。用 Z 比分数评价和分析检测结果,在 90 个反馈结果的试验结果中,氟化物、砷、氯化物结果满意率范围分别为 82%～93%、82%～84%、78%～86%。一些实验室能力验证结果的满意率较低,少数实验室出现 3 个考核项目均不满意,全省农村饮水监测实验室的技术水平有待提高。通过这次全国农村饮水实验室质量控制发现,基层实验室条件有待改善,检测技术有待提高,为改进农村饮水监测工作提出要求。

地方性氟、砷中毒检测是卫生部地方性氟、砷中毒防治的重要工作。国家成立了地方病防治中心,开展地方病研究与防治等工作。1991 年,我国开始进行地方性氟中毒重点监测,统一了样品测定方法,开展了监测样品的实验室质量,控制工作。在二十多年监测过程中各实验室都进行了认真、细致的质量控制,使监测数据的准确性和可比性有了很大提高,但一直没有合适的标准物质或质量控制样品。于光前等根据我国地方性氟中毒监测过程中检测样品氟含量质量控制的要求和工作需要,研制了水、尿、玉米三个基质,两个浓度氟的质量控制样品。按照质量控制样品的基体组成和参数量值应尽量接近实际被监测样品基体组成和参数量值的原则,采燃煤污染型地方性氟中毒病区煤烟烘烤过的玉米作为高氟玉米样品,采市售非煤烟污染的玉米作为低氟玉米样品。水样采自居民区自来水管的生活饮用水。尿样采自幼儿园 7 岁以下儿童。玉米样品送回实验室后,剔除杂质,60 ℃～70 ℃烘干,反复粉碎,过 60 目筛,收集过筛后的样品于清洁的大塑料容器中,充分搅拌、混匀,于烘箱内 80 ℃

干燥至恒重。水、尿样采集后，均分装于两个清洁的大塑料容器中，分别加入不同量高浓度氟化钠溶液，充分混匀，制成浓缩的高、低两种浓度的质控样。根据标准物质均匀性检验取样数量的要求，从制备的不同物质、不同浓度总体样品中随机抽取 3×31/3 个样本检测样品的均匀性。在 95%置信水平下，经 F 和 t 检验制备的均匀性。间隔一定时间测定制备的各种质控样品氟含量检验其稳定性。中国地方病预防控制中心每年对全国地方病监测点实验室及省级地方病防治实验室根据监测工作要求进行水样氟、尿氟、水砷、尿砷质量控制考核，保证了氟、砷检测质量，进一步提高全国地方性氟、砷中毒监测实验室质量控制的效率和水平。

质量控制被应用在卫生系统水质检测和地方病检测实验室已有较长的历史，并不断深入，配合各项监测任务顺利开展，较好地促进水质检测工作的。由于合适的质量控制样品制备有较大的困难，商品化、合适的质量控制样品难以购买，往往仅对重点工作范围内的检测项目进行质量控制，多种原因限制了水质检测实验室全面开展能力验证工作。

铁、锰是地壳中最丰富的金属元素之一，是生活饮用水的感官性状指标，其含量过高会影响水的感官性状和色度。实验室铁、锰检测能力在日常水质监测、评价、公共卫生安全预警等方面有着重要意义。在各级政府制定的公共卫生突发事件应急预案中，饮用水中铁、锰检测都是其中重要内容。为了解我国水质检测实验室的能力状况，2008 年国家认证认可监督管理委员会组织实施了生活饮用水中铁、锰检测能力验证活动。全国 30 个省、市自治区的 180 个实验室参加了本次能力验证，推荐的测试方法为 GB/T 5750—2006《生活饮用水标准检验方法》中的方法。采用稳健统计技术对结果进行统计分析。结果共收回 180 个实验室的两个浓度铁的 180 份测试结果，两个浓度锰的 179 份测试结果。获得满意结果的实验室 127 家，占参加单位的 70.6%；结果可疑的 16 家，占参加单位的 8.8%；结果不满意的 37 家，占参加单位的 20.6%。

中国合格评定国家认可委员会结合国家对饮水安全的重视，积极组织实施水质检测能力验证计划，提高我国水质检测实验室的检测能力，以适应社会发展的要求，保障人民饮水健康。近几年来，中国合格评定国家认可委员会批准实施的水质能力验证计划见表 2-7。可见，已开展的能力验证项目有较大的局限性，与生活饮用水 106 项检测指标相比，占的比例还较低。由于各种原因，许多项目不能制备合格的能力验证样品，限制了水质能力验证范围的拓展。有必要加快发展与国家饮水安全要求相适应的能力验证计划，全面提升我国水质实验室的检测技术水平，满足社会发展需要。

表 2-7 CNAS 批准实施的水质检测能力验证计划

年份	能力验证计划编号	名称	检测项目
2004 年及以前	CNACL T040	水的检测	铜、铅、铁、镉、锰、锌
	CNAL T0085	水中苯系物的检测	苯、甲苯、乙苯、对二甲苯、邻二甲苯、异丙苯和苯乙烯
	CCIBLAC T020-01	有机氯农药残留	艾氏剂、狄氏剂、七氯
	CNAL T0087	有机氯农药检测	γ-666、p,p'-DDE
	CNAL T0131	水中无机阴离子检测	水中氯、硝酸根、硫酸根

续表 2-7

年份	能力验证计划编号	名称	检测项目
2004 年及以前	CNAL T0162	水中微量卤代烃的检测	三氯甲烷、四氯化碳、三氯乙烯和四氯乙烯
	CNAL T0163	水中微量元素的检测	砷、硒、汞和六价铬
2005 年	CNAL T0215	水中化学需氧量、挥发酚、总磷和总氮检测	化学需氧量、挥发酚、总磷和总氮
	CNAL T0231	水的硬度及阴离子分析	钙、镁、Cl^-、SO_4^{2-}
	CNAL T0232	水中铬的形态分析	铬(3 价)、铬(4 价)
	CNAL T0233	水中痕量汞铁锡的分析	THg、TFe、TSn
2006 年	CNAL T0269	水中无机盐成分的检测	氯化物、氟化物、硝酸盐、硫酸盐
	CNAL T0270	水质总硬度的检测	总硬度
2008 年	CNAS T0395	水中重金属元素检测	铜、铅、锌、镉、镍、铬、铁、锰
	CNAS T0396	水中生化需氧量检测	BOD
	CNAS T0397	水中 5 种无机盐检测	氟化物、氯化物、硝酸盐、硫酸盐和溴酸盐
	CNCA2008A09	水中铁、锰检测	铁、锰
2009 年	CNAS T0423	水中 8 种有机氯农药检测	α-BHC、β-BHC、γ-BHC、δ-BHC、p,p'-DDE、p,p'-DDT、o,p'-DDT、p,p'-DDD
	CNAS T0424	水中石油类检测	混合烃
2010 年	NILPT-0248	水中钙,镁含量的测定	钙、镁
	NILPT-0249	水中苯胺含量的测定	苯胺
	NILPT-0250	水中甲醛含量的测定	甲醛
	NILPT-0251	水中氨氮含量的测定	氨氮
	IERM T11-01	水中铜、锌、铅、镉、镍、铬检测	铜、锌、铅、镉、镍、铬
	IERM T11-02	水中总磷检测	总磷
	IERM T11-03	水中砷、汞检测	砷和汞
	IERM T11-04	水中无机盐检测	氟、氯、硫酸根、硝酸根
	IERM T11-05	水中阳离子检测	钾、钠、钙、镁
	IERM T11-06	水中氨氮检测	氨氮
	IERM T11-07	水中 22 种 VOCs 检测	1,1-二氯乙烯、二氯甲烷、反-1,2-二氯乙烯、顺-1,2-二氯乙烯、三氯甲烷、四氯化碳、1,2-二氯乙烷、苯、三氯乙烯、甲苯、四氯乙烯、氯苯、乙苯、对二甲苯+间二甲苯、邻二甲苯、苯乙烯、三溴甲烷、异丙苯、1,4-二氯苯、1,2-二氯苯、六氯-1,3-丁二烯

续表 2-7

年份	能力验证计划编号	名称	检测项目
2010 年	IERM T11-08	水中生化需氧量检测	生化需氧量
	IERM T11-09	水中挥发酚检测	挥发酚
	IERM T11-10	水中六价铬检测	六价铬
	IERM T11-12	水中总氮检测	总氮

四、消杀产品检测

公共卫生领域消毒效果检测实验室和媒介生物实验室的工作职能是对消毒、杀虫相关产品效果及其相关健康危害因素进行监测，通过相关卫生学的监测，掌握产品效果的动态变化情况、影响产品效果的危险因素和环节的变化情况，提出消除危险因素的措施和建议。消杀实验室涉及微生物检验、理化检验、毒理试验、动物学、昆虫学等专业，消杀实验室的具体工作内容包括消毒、灭菌、杀虫等相关产品效果及相关健康危害因素监测，产品有效成分含量(强度)测定，理化性能、安全性能等内容测试评价。

消毒效果检测实验室和媒介生物实验室的业务指导及管理分别由中国疾病预防控制中心和农业部相关部门负责，采取逐级管理方式；这两个实验室检测能力考核覆盖的内容还是比较多的，包括消杀效果检测能力、有效成分含量检测能力、消杀产品毒理学试验能力等方面的考核。中国疾病预防控制中心环境与健康相关产品安全所消毒中心定期组织全国省级实验室检测能力考核，主要是消杀效果检测能力方面的考核，在探讨消毒效果检测实验室和媒介生物实验室质量控制评估工作方面发挥了积极的作用，对深化消毒效果检测实验室室间质评工作有着极为重要的借鉴作用。现以中国疾病预防控制中心组织的消毒效果检测能力考核为实例介绍实施过程的一些关键技术。

(一) 考核样品与检测要求

组织方在制作样品时需先进行样品的选择和分组，应选择有效成分在室温条件下稳定性较好的消杀药品作为考核样品；同时要进行防串通的设计，研制不同浓度的样品，对参加单位进行分组，不同浓度样品发给不同组别的参加单位，每一组内单位的代码不应是相邻的数字。

1. 碘伏消毒剂杀菌效果检测(2008 年组织实施)

(1) 该样品为碘伏消毒剂，主要成分为有效碘，考核项目为消毒剂对铜绿假单胞菌(ATCC 15442)的杀灭效果，分成两个浓度组，每一单位检测一个样品。

(2) 按卫生部《消毒技术规范》(2002 版)中的载体浸泡定量杀菌试验进行(包括中和剂鉴定试验)，按卫生部《消毒产品检验规定》报告格式和实际杀灭对数值报告结果。

①消毒剂作用浓度为 1∶66.7、1∶100 和 1∶200 的稀释液；②回收菌数要求为 1×10^7 CFU/mL～5×10^7 CFU/mL(对数值为 7.0～7.7)；③使用 10 mm×10 mm 布片作为载体；④消毒作用时间，三个浓度均为 0.5、1.0、1.5 min；⑤试验作用温度为 20 ℃±1 ℃；⑥有机物干扰物为 3%(质量浓度)的牛血清白蛋白；⑦试验重复三次。

2. 复合季铵盐消毒剂杀菌效果检测(2009年组织实施)

(1) 该样品为复合季铵盐消毒剂,主要成分为复合季铵盐,考核项目为消毒剂对金黄色葡萄球菌(ATCC 6538)的杀灭效果,分成两个浓度组,每一单位检测一个样品。

(2) 按卫生部《消毒技术规范》(2002版)中的载体浸泡定量杀菌试验进行(包括中和剂鉴定试验),按卫生部《消毒产品检验规定》报告格式和实际杀灭对数值报告结果。

①消毒剂作用浓度为原液、50%和25%的稀释液;②回收菌数要求为 1×10^6 CFU/片～5×10^6 CFU/片;③使用10 mm×10 mm布片作为载体;④消毒作用时间,三个浓度均为1、3、5、7 min;⑤试验作用温度为20 ℃±1 ℃;⑥有机物干扰物为3%(质量浓度)的牛血清白蛋白;⑦试验重复三次。

(二) 统计分析设计

根据CNAS-GL02《能力验证结果的统计处理和能力评价指南》,消毒效果检测实验室间比对质量控制计划采用稳健统计技术对检测结果进行统计处理。对每一个测定项目将计算下列统计量,包括结果数(N)、中位数(M)、标准四分位数间距(标准IQR)、稳健的变异系数(CV)、最小值(Min)、最大值(Max)、极差(R),然后计算能力统计量 Z 比分数,最后对各参加实验室进行综合能力评估。公式见式(2-1):

$$Z=\frac{x-M}{0.17413\times IQR} \qquad (2\text{-}1)$$

式中:

x——检测值;

M——中位数;

IQR——四分位间距。

(三) 评价标准

以 Z 比分数评估各实验室检测结果,Z 比分数的符号表明结果偏高或偏低,"+"表示偏高,"−"表示偏低,Z 比分数的大小表明结果偏离的程度。评估标准为:

$|Z|\leqslant2$ 为满意结果;$2<|Z|<3$ 为存在问题或可疑的结果,实验室应周密地进行复查;$|Z|\geqslant3$ 为不满意或离群结果。

根据各实验室的检测结果,计算出 Z 比分数,依次评价每个参加实验室的检测能力,并通过计算全部满意结果及结果全部满意实验室的比例,对全国实验室检测能力进行综合评估。

五、公共场所现场检测

现代化学物质、材料不断进入人们的生活,应用越来越来广泛,在带来方便、经济的同时,也给人们带来了环境污染和健康危害。继"煤烟型污染"和"光化学烟雾型污染"后,"室内空气污染"正成为备受人们关注的第三大污染类型。建筑、装修材料的多样化使得室内空气污染物的种类繁多,污染程度加重。办公室装修的密闭化和空调的广泛使用使得室内空气交换率低下,污染物不易扩散出去,使得室内污染更加严重,引起工作人员"不良建筑物综合征(sick building syndrome,SBS)"和"与建筑物有关的疾病(sick house syndrome,SHS)",成为全社会广泛关注的室内环境问题。20世纪80年代,国外许多国首先报道节能楼房居住者和办公室工作人员出现头晕、头痛、咳嗽、平衡感觉失调、流泪、眼、鼻、咽喉等不适和病痛，以及频发的粘膜、皮肤和呼吸系统多种临床症状。室内装修在我国正形成一种时尚，人们70%时间在室内度过，而大量新型建筑、涂装材料的应用，以及杀虫剂、芳香剂等化学物质使用，释放的挥发性有机化学物质污染室内空气，成为危害人类健康的重要因素。

（一）室内环境空气主要污染物

室内环境空气污染是指建材中残留的化学物质（如甲醛、甲苯、二甲苯、苯、氡和氨气等）、淋浴或加湿空气产生的卤化烃等化学物、生产作业中产生的二氧化硫、一氧化碳、二氧化碳等化学污染物以及空气中滋生的病原微生物等。

1. 室内环境空气污染物来源

室内环境空气污染物主要来源可归纳为：①建筑物结构中各种建材、人造板材（含“复合地板”）、作为铺垫用的泡沫塑料、室内装饰物（如墙纸、地毯）、隔热材料、涂料、油漆，以及现代家具释放的甲醛、苯、甲苯、二甲苯等有害物，这是室内空气污染主要来源；②室内燃料的燃烧，烹饪产生的废气与烟雾；③与人在室内一切活动有关的人为排放源（如化学试验、吸烟、杀虫剂、空气清新剂、衣着、化妆品等）；④室外大气污染物通过空气对流、扩散进入室内；⑤人体自身的排泄呼吸、出汗、打喷嚏、咳嗽、消化系统与泌尿系统的排泄物等。

2. 主要污染物

主要室内环境空气污染物有如下几种：①一氧化碳和二氧化碳，由生活燃料燃煤、城市管道煤气、天然气的不完全燃烧所产生的；②颗粒物，部分随空气流动由室外进人室内的颗粒物、室内燃料不完全燃烧生成的颗粒物、抽烟和人为活动产生的颗粒物；③NO_x，室内煤气、天然气燃料燃烧是室内的重要来源，其次是室外汽车尾气等污染的空气扩散；④二氧化硫，燃煤及室外大气环境的扩散；⑤甲醛、VOC_S（包括苯系物、烃类、醋类和酮类以及甲苯二异氰酸醋、氯乙烯和苯乙烯单体等）、室内装饰修物、人造板材家具、涂料、复合地板、纤维板、泡沫塑料、墙壁、天花板、墙纸、化纤地毯、窗帘、各种人造皮沙发、免洗型衣服，以及有室内空调机中制冷剂的泄漏及各种印刷品油墨的释放；⑥氨，房屋建造时水泥中防冻剂氨加量过多，会影响人体的健康，氨污染通常在北方较严重；⑦氡，主要来源于建筑材料中的各种砖和天然石材，并与建筑物下方地质环境、土壤有关。

通过我国9个城市住宅室内空气中23种挥发性有机污染物和TVOC监测，主要污染物为苯系物（苯、甲苯、二甲苯）、TVOC。其中4个城市监测结果表明，甲醛超标严重，是室内装修的首要污染物。26个主要城市室内氡浓度略高于40 Bq/m^3的世界典型值，而低于北欧和法国的水平。

（二）室内空气污染对人体健康的影响

世界各国致力于治理大气污染和研究大气污染所造成的健康效应问题，随着大气污染的有效治理，发达国家环境和卫生学家相继开始研究室内空气污染及由此引起的健康效应问题。开始重视室内空气污染的监测，并取得大量数据，发现某些室内污染物的浓度比室外还高。如美国宾夕法尼亚州调查表明，15%的住房内空气中氛的浓度超过740 Bq/m^3。我国自20世纪70年代末开始室内空气污染与健康的研究，80年代主要研究室内燃料煤所致环境和人体健康的问题，90年代中后期至今，室内空气污染与健康之间的关系已成为学术界关注和研究的重要课题。我国的大气污染属煤烟型，约50%人口仍在室内燃煤和生物质燃料，许多污染物(如CO、SO_2、NO_x、PM、F等)的浓度室内远高于室外。由于中国人饮食习惯的特殊性，每天要起油锅，煎、炸、煮、炒造成的室内空气污染相当普遍。主要污染物除了VOC_S外，还包括油脂的裂解产物[如多环芳烃(PHAS)]，以及油脂(主要为直链烷烃、脂肪酸、脂肪醇类)。随着建筑、建材、化工、日化、装饰、装修及房地产行业得到了蓬勃发展。室内建筑和装饰、装修材料的大量使用，导致有毒有害污染物的释放不断增加，装修后因室内空气污染引发的健康问题已日益突出。

1. 燃烧产物的影响

有关住户燃料对人群健康的影响报道很多，国内外做了很多这方面的研究工作。结果表明，某些污染物室内、室外浓度差异很大。在我国，室内燃煤污染引起人群呼吸系统症状和疾病增加，冬季里可吸入颗粒物、一氧化碳、二氧化硫、氟化物和砷等浓度通常超过大气卫生标准的限值。鉴于我国燃煤的特点，国内不少学者仍在进行燃煤污染对人体健康影响的流行病调查和毒理学试验。如燃煤所造成的室内污染对儿童呼吸系统、居民的慢性支气管炎患病的影响；空气污染和肺癌的关系，国内外作了大量研究。我国云南、四川、贵州、河南、河北、山西、陕西、甘肃、青海等农村因燃烧含氟高的煤，导致空气和食物氟污染，引起氟骨症；而燃烧含砷高的煤，在我国一些省份引起砷慢性中毒。国家进行了全面的改炉改灶措施，较好地控制了燃烧产物的污染危害。

2. 被动吸烟的影响

在公共场所吸烟，烟雾的浓度高，对吸烟者危害的同时还使不吸烟者暴露在烟雾里而成了间接吸烟者，其受到的危害更大。烟草在燃烧过程中会产生多环芳烃、亚硝酸按、醛类、酮类、尼古丁等致癌物。

在天津的病例对照研究结果表明，女性被动吸烟患肺癌的相对危险较高。丈夫为吸烟者的不吸烟妇女中，患肺癌危险性随与吸烟丈夫居住年限的延长呈上升趋势。被动吸烟对婴儿和儿童的危害几乎为各国学者所公认。吸烟家庭中婴儿和儿童与不吸烟家庭的婴儿和儿童相比，被动吸烟的健康危害表现为：①出生后第一年内的婴儿支气管疾患和肺部疾患住院率高；②一岁婴儿呼吸系统患病率高；③慢性咳嗽和咳痰者多；④肺功能受损、中耳炎患病率高等。

3. 室内建筑材料、装饰修材料等释放的挥发性有害物的影响

涂料、油漆释放出的有机物经呼吸道能引起人眩晕、头痛、恶心、胃胀、胃痛、皮肤出现丘疹等症状；对眼鼻有刺激作用，严重时可引起气喘、神志不清、晕厥、呕吐及支气管炎等，对过敏体质人群出现症状更明显，即使低浓度时也会反应，浓度高时甚至危及生命。长期低浓度接触也会使人体产生全身变态反应，如皮肤疹痒、关节酸痛、低烧、出鼻血、免疫力下降等，严重时甚至会导致居室人员患上癌症。许多国内的流行病学调查资料初步得出结论，刚装修的房屋室内污染严重，婴幼儿童患白血病及淋巴瘤的发生率相当高。室内装修和油漆家具产生的甲醛、苯、二甲苯等是室内空气中的常见挥发性有机物。装演时居室空气中甲醛、苯、二甲苯均严重超标，通常几个月后甲醛浓度仍然超标。由于污染物释放有很长的残留期，因而对室内居住人员，特别是对成长发育中儿童的健康易产生影响。室内氡气污染主要来源于各种人造石材(如磁砖、地砖、墙砖、玻化砖)及天然石材、石膏制品、水泥制品等。建筑材

料中放射性主要是由^{226}Ra、^{232}Th、^{39}K放射性核素在衰变中产生的放射性物质。其衰变物质含量过大，对人体健康危害也随之增加。居室内的放射性主要来自地面、墙体等建筑物所用的建材装饰物中所含有的天然放射性同位素，这些核素在衰变过程中不仅发射γ射线，还产生氡放射性气体。氡及其子体作为室内空气中的主要污染物之一，已引起各国学者的重视。^{222}Rn的短半衰期子代产物又称子体皆为固体，可吸附于尘粒上而被吸入呼吸道，其中^{218}Po、^{214}Po和^{210}Po(其中^{210}Po的半衰期最长，毒性最强)在衰变时可放射出α粒子，作用于局部肺组织细胞。氡对人体健康的早期危害不易察觉，但长期接触可以致癌。国际癌症研究机构(IARC)确认氡及其子体对人有致癌性的物质。据报道，在美国人的肺癌原因中，氡仅次于吸烟，名列第二。早在20世纪90年代初美国环境保护局在一项科技报告中将氡列为最危险的环境致癌因子。

4. 室内微生物的影响

室内污染空气存在一些病原体，有时可导致流感、麻疹、结核、流脑、猩红热、白喉、百日咳、军团病等疾病传播。铺地毯的室内环境，空气中的尘螨较多。由于室内缺少阳光，螨虫和其他霉菌的滋生难以避免。尤其南方雨季特别是气压低和湿度大的日子里，在中央空调系统、分体式空调中还会滋生军团菌。螨非常适合人类居住的室内环境，其分泌物有致过敏作用。螨的主要寄生场所为床上用品和椅套、沙发等。

5. 致病建筑物综合征

我国办公室大楼的高层建筑几乎都采用全封闭式结构，完全利用中央空调系统调节室内的空气环境。不少人在此种封闭办公楼内工作后会出现眼喉刺激、鼻塞、头痛、头晕、恶心、胸闷、乏力、皮肤干燥、嗜睡、烦躁等症状，有的甚至出现低烧，统称为SBS。WHO根据文献估计，世界上将近30%的新建和装修的建筑物受到SBS影响，大约有20%～30%办公室工作人员经常被SBS症状所困扰，从而降低了工作效率。

(三) 室内空气污染物检测

以往室内空气污染物检测能力验证工作较少开展，主要是由于我国室内空气污染研究起步较晚，检验范围较小。近十几年来，随着人们对室内空气污染问题的日益关注，该领域能力验证逐步开展。据中国室内环境监测工作委员会调查统计，我国新装修家庭甲醛超标60%以上。由于装修污染带来的疾病和对健康的伤害，使得装修污染问题受到了全社会的关注，特别是由于建筑、装饰装修和家具造成的室内环境中的甲醛污染问题成为消费者关心的话题。为了有效控制室内环境甲醛污染，保护消费者的身体健康，从2001年开始国家质量监督检验检疫总局和国家标准化管理委员会先后发布了GB 50325—2010《民用建筑工程室内环境污染控制规范》，GB 6566、18580～18588—2001《室内装饰装修材料有害物质限量标准》和GB/T 18883—2002《室内空气质量标准》。根据国家标准的要求进行室内空气质量检测，对保护消费者的身体健康具有非常重要的意义。

从事室内空气质量检测的单位众多，全国共有300多家，水平良莠不齐；同时，参与单位众多，涉及质量监督、卫生系统、环保监测、建筑工程质量验收和装饰装修工程质量验收等，依据的标准不同。这些问题的存在影响到检测结果的科学性和公正性。为考查、规范北京地区室内空气质量的检测工作，保证检测结果的准确性和公正性，北京市质量技术监督局和北京市建设委员会首次联合组织2004年度北京地区室内空气质量检测机构进行实验室比对。北京市疾病预防控制中心作为比对工作的主导实验室，负责制定实验室比对工作方案、比对全过程的组织与协调、参比作业指导书及考核组现场检查程序和现场检查登记表的编制、比对结果的汇总、统计分析和比对工作结果报告的撰写。整个比对工作从前期的总体方案设计、进行预试验、编制参比作业指导书，到样品随机抽取和双盲发放、正式比对试验、结果数据统计分析，都经过认真、科学的设计和周密的准备与实施。组织实施时间为 2004 年 8 月 4 日～2004 年 9 月 6 日，由 8 个考核专家组对 53 家室内空气质量检测实验室实施现场比对考核。比对试验所用甲醛和苯样品购自国家环境保护总局标准样品研究所，均为有证标准物质。采用 En 值评价参加实验室甲醛和苯的检测能力。这次比对采用有证标准物质，简化了样品制备的技术难点，有利于工作的开展。

六、医学检验

医学检验是现代科学实验技术与生物医学相互结合，在我国近二十年内形成和发展迅速的一门多学科交叉的医学应用技术学科。它涉及临床医学、基础医学、医学物理学、化学、生物学、管理学、经济学、经营学等多学科内容。它的目标和任务是：为疾病的诊断、疗效及病程的监测和预后判断提供准确、及时的试验数据和检测手段，并能结合临床提供咨询和对数据的综合分析与评价，使之转化为临床诊断信息。医学检验除了服务于临床外，其在公共卫生领域同样应用广泛。公共卫生实验室承担卫生防病、卫生监督执法、疾病监测、突发公共卫生事件处置以及健康相关产品卫生质量检测和评价等工作，在疾病生物标志物定量分析，实验动物毒性反应和靶器官定位等方面，常使用医学检验方法。

医学检验的科学性和技术性很强，它是以体液、分泌物和排泄物为标本，为病因探查、病情分析和治疗观察提供判断依据。检验质量是医学检验的生命，准确的结果是正确诊断治疗必不可少的客观依据。近几年随着医学的发展，质量控制管理体系逐渐趋于完善。医学检验质量管理体系强调医学检验的分析前、中、后全过程管理。适当的标本收集与运送以保证分析前质量控制；运行有效的室内质量控制和检测能力的维持是分析过程中质量控制的重点；如何从临床获得患者资料、病情变化、治疗方案，保证分析后的质量评估，并对临床的诊治工作提出建议是检验医学的重要内容。针对医学检验三个环节的质量控制可以保证结果的准确性和可比性。尽管我国医学检验的质量管理工作起步较晚，但是经过多年的发展，目前已建立国家实验室标准化委员会，积极在全国范围内推行 ISO 15189《医学实验室质量和能力的专用要求》医学实验室认可，从技术方面和管理方面提高实验室质量管理水平。各省相应建立临床检验中心，通过定期举行的室间质量评价活动，加大医学试验项目的质量管理力度和范围，以确保不同实验室结果间的准确性和可比性。

公共卫生实验室中疾病监测和毒理学检验主要涉及常规化学、全血细胞计数、尿液化学分析和尿沉渣形态学检查、凝血试验和病理学检查。这些方面常用的试验项目的能力验证可通过参加卫生部或各省市临检中心组织的室间质评活动得以实现。

（一）能力考核的类型

1. 定期发放质控物调查

定期发放质控物调查是我国各省市临床检验中心至今采用的方法。临床检验中心定期向所有参加室间质评的实验室定期发放质控物，各实验室在接到质控物后，在规定的时间内按常规检测程序检测。将测定结果上传至检验医学信息网 http://www.clinet.com.cn(传统投递手工填写的统计结果报表将逐步取消,2010 年起已经实现在室间质评网络化用户中实现)。临检中心整理各实验室返回的结果,统计分析,评定结果,观察各项结果与靶值的偏离程度,然后将室间质评结果回报给实验室。这种方法的优点是省时、省力、节约和覆盖范围广;但缺点是参评实验室不按常规程序检测,往往不能反映其真实情况。

2. 分割标本实验室间比对

将新鲜标本分成两份或多份,每个实验室分析其中一份。比对项目可根据组织方实验室实际需求而定。该方法主要用于少量几个实验室之间的比对,或同一实验室内不同检测系统间的比对,常常使用精密度和一致性等指标。这种方法的优点在于可以根据实验室的需求和承受能力小范围组织实施,其目的性强于一般常规的大范围室间比活动。如作为实验动物使用单位的毒理学实验室与实验动物生产单位的实验动物中心间进行常规化学、全血细胞计数等方面的比对工作,这样既有利于提高彼此之间实验室检测能力的一致性,又有利于提高实验动物质量控制的工作成效。

3. 实验室实地考核

毒理实验室会在所属机构接受外部评审时接受实地考核方式的检查,如 CNAS 组织的实验室能力验证、SFDA 组织的食品检验机构资质认定等现场评审活动。借助外部评审时进行的能力验证活动,考核实验室是否具有与之能力相适应的物质、环境和信息资源,以及人员、技术和专业知识。对实验室能力评审可以包括实验室间比对、外部质量评价计划或检验程序验证试验的结果,如盲样急性毒性试验、样品复测试验、精子畸形涂片的人员比对、实验动物大体解剖操作、实验动物采血操作、化妆品眼刺激试验等。通过外部评审的现场考核,可验证毒理实验室认可项目范围内的检测能力。

(二) 毒理实验室室间质评方法

由于常规化学、临床血液学等专业不同,其室间评分方法有所不同,但在各参评项目总体评价方法上基本相同。具体各专业的评价评分方法详述如下。

1. 常规化学

卫生部临床检验中心采用百分偏差法评价常规化学室间质评。统计评价方法包括:①按仪器类型去定实验室分组。②先计算出各组的均值 x 和标准差 s。③删除 $3s$ 以外的数据,分别重新计算各组的均值 x 和标准差 s。④重复②和③的过程,直至所有数据都在 $3s$ 范围内的均值 x 和标准差 s 分别成为加权 X 和加权 S。⑤分别用各组的加权 X 作为靶值,计算参评实验室各批号质控物测定结果与靶值的偏差。评价标准见表 2-8 临床化学实验室室间质评评价标准。

表 2-8 临床化学实验室室间质评评价标准

项目	评价标准
丙氨酸氨基转移酶	靶值±20%
白蛋白	靶值±10%
碱性磷酸酶	靶值±30%
淀粉酶	靶值±30%

续表 2-8

项目	评价标准
天门冬氨酸氨基转移酶	靶值±20%
胆红素	靶值±6.84 mmol/L(0.4 mg/dL)或±20%(取大者)
总钙	靶值±0.250 mmol/L(1.0 mg/dL)
氯	靶值±5%
胆固醇	靶值±10%
高密度脂蛋白胆固醇	靶值±30%
肌酸激酶	靶值±30%
肌酐	靶值±26.5 μmol/L(0.3 mg/dL)或±15%(取大者)
葡萄糖	靶值±0.33 mmol/L(6 mg/dL)或±10%(取大者)
铁	靶值±20%
乳酸脱氢酶	靶值±20%
镁	靶值±25%
钾	靶值±0.5 mmol/L
钠	靶值±4 mmol/L
总蛋白	靶值±10%
甘油三酯	靶值±25%
尿素氮	靶值±0.71 mmol/L 尿素(2 mg/dL 尿素)或±9%(取大者)
尿酸	靶值±17%
磷	靶值±0.097 mmol/L 或靶值±10.7%(取大者)
γ-谷氨酰基转肽酶	靶值±20%
低密度脂蛋白胆固醇	靶值±30%
脂蛋白(a)	靶值±30%
载脂蛋白 A1	靶值±30%
载脂蛋白 B	靶值±30%
肌酸激酶-MB	靶值±30%
肌红蛋白	靶值±30%
肌钙蛋白 I	靶值±30%
肌钙蛋白 T	靶值±30%

每一项目每一批号质控物的结果在允许范围内时，结果为合格，得分 100%，若在允许范围外则不合格，得分为 0，各单项得分为：该项合格结果数×100%÷该项目总的测定样本数。单项得分≥80%为合格，<80%为不合格。参评实验室申报的项目的总分计算公式为：申报

项目合格结果总数×100%÷申报项目总的测定样本数。申报项目的总分≥80%为合格，<80% 为不合格。

2. 全血细胞计数

卫生部临床检验中心采用百分偏差法评价全血细胞计数室间质评。统计方法与常规化学相似。评价标准见表 2-9 临床细胞学实验室室间质评评价标准。

表 2-9 临床血液实验室室间质评评价标准

项目	评价标准	项目	评价标准
白细胞计数	靶值±15%	血红蛋白测定	靶值±7%
红细胞计数	靶值±6%	血小板计数	靶值±25%
红细胞比容	靶值±6%		

上述 5 个测定项目的总分计算公式为：5 个项目合格结果总数×100%÷5 个项目总的测定样本数。5 个项目的总分≥80%为合格，<80%为不合格。

3. 尿液化学分析

全国尿液化学分析实验室间质评采用百分偏差法，方法为：①按使用的试剂和仪器的类型将参评实验室分组。②参照质控物供应商提供的数据，分别用各组报告最多量级作为靶值。③在允许范围内得分 100%，超过允许范围得分为 0。评价标准见表 2-10。

表 2-10 临床体液实验室尿液检验室间质评评价标准

项目	评价标准
相对密度	靶值±1 等级
pH	靶值±1 等级
蛋白、葡萄糖、胆红素、酮体、红细胞亚硝酸盐、尿胆原、白细胞	阳性时：靶值±1 等级

4. 凝血试验

全国凝血试验实验室间质评采用百分偏差法，方法如下：①按使用的试剂和仪器的类型将参评实验室分组统计，计算各组的加权 X 和加权 S。②分别用各组的加权 X 作为靶值。③分别计算参评实验室各批号质控物测定结果与靶值的偏差，计算公式：偏差=(参评实验室结果－本组靶值)÷本组靶值×100%。评价标准见表 2-11。

表 2-11 凝血试验实验室间质评评价标准

项目	评价标准	项目	评价标准
纤维蛋白原测定	靶值±20%	凝血酶原时间测定	靶值±15%
激活部分凝血活酶时间测定	靶值±15%		

七、病原微生物检测

病原微生物是指可以侵犯人体，引起感染甚至传染病的微生物，包括朊毒体、寄生虫(原虫、蠕虫、医学昆虫）、真菌、细菌、螺旋体、支原体、立克次氏体、衣原体、病毒等，其中以细菌和病毒的危害性最大。病原微生物引起的传染病在历史上曾经给人类造成重大灾难，目前，经典病原微生物引起的传染病还没完全解决，一些过去已经基本得到控制的病原性微生物又重新抬头，同时新的病原性微生物不断出现。人类和病原性微生物的较量进入了一个新的阶段。微生物的进化或变异是微生物种群的特征，是导致新病原体出现的内在因素。近30年来新发现的病原体已多达30余种，而新发传染病较已知的传染病具有更大的危害性。

我国通过组织各类病原微生物检测能力考评，以判定实验室的技术能力，为实验室提供有效的外部质量控制，从而提高实验室的检测能力及质量管理水平。这里主要介绍艾滋病（HIV）检测能力考评、脊灰病毒检测能力考评及流感监测能力考评。

（一）艾滋病（HIV）检测能力考评

艾滋病（HIV）检测实验室涉及医学检验、免疫学检验、分子生物学检验、病原微生物检验等专业，我国对艾滋病检测实验室实行分类管理，按照实验室的职能、开展检测工作的性质及范围共分三类实验室，分别是艾滋病参比实验室、艾滋病检测确证实验室、艾滋病检测筛查实验室。

艾滋病参比实验室设在中国疾病预防控制中心，其职能包括承担全国艾滋病检测实验室网络建设的业务技术指导和评价工作；建立全国艾滋病检测质量保证及质量控制体系，组织国家级实验室能力验证和艾滋病诊断试剂临床质量评估等。

艾滋病检测确证实验室包括艾滋病确证中心实验室和艾滋病确证实验室。艾滋病确证中心实验室设在省级疾病预防控制中心。艾滋病确证实验室可设在疾病预防控制机构、医疗机构、血液中心、计划生育技术服务机构等。艾滋病确证中心实验室职能包括负责职责范围内艾滋病检测实验室网络建设的业务技术指导和评价，建立艾滋病检测实验室质量控制体系，组织省级实验室能力验证和艾滋病诊断试剂的临床质量评估，承担省级卫生行政部门指定区域内的艾滋病病毒抗体确证、抗体筛查和其他艾滋病检测工作等。

艾滋病检测筛查实验室包括艾滋病筛查中心实验室、艾滋病筛查实验室和艾滋病检测点。艾滋病筛查中心实验室设在地（市）级疾病预防控制中心；艾滋病筛查实验室和艾滋病检测点可设在疾病预防控制机构、医疗机构、采供血机构、计划生育技术服务机构等。

艾滋病参比实验室负责全国艾滋病检测实验室的检测质量管理，艾滋病确证中心实验室负责职责范围内的艾滋病检测实验室的检测质量管理；艾滋病检测筛查实验室必须参加省级以上实验室能力验证，艾滋病检测确证实验室必须参加中国疾病预防控制中心组织的实验室能力验证。能力验证内容包括 HIV、HCV 和梅毒抗体检测，CD4＋T 淋巴细胞测定，HIV、HCV 病毒学测定等。

1. 分级组织实施

参比实验室负责组织确证中心及确证实验室的 HIV、HCV 和梅毒抗体检测，CD4＋T 淋巴细胞测定，HIV、HCV 病毒学测定及其他新开展项目的能力验证考核。各艾滋病确证中心实验室负责辖区内所有艾滋病筛查实验室的 HIV、HCV 和梅毒抗体检测能力验证考核，鼓励有条件的确证中心实验室组织本区域 CD4＋T 淋巴测定的能力验证考核。

2. 开展频率

抗体检测能力验证考核国家级每年3次，省级每年至少1次，有条件的省可根据需要每年组织 2 次～3 次。CD4＋T 淋巴细胞检测：国家级每年 2 次～3 次，省级每年 1 次～2 次。病毒学检测：国家级每年 1 次～2 次。其他新项目的能力验证可根据需要定期开展。

3. 样品来源及构成

可由国家参比实验室或确证中心实验室提供，或购置商用质控品。根据需要，抗体检测能力验证考核盘可由 5 份～10 份样品组成，包括强阳性、弱阳性和阴性样品。CD4＋T 淋巴细胞检测能力验证考核盘可由 2 份～3 份样品组成，应含有不同 CD4＋T 淋巴细胞数目的样品。病毒学定量检测考核盘可由 5 份～10 份样品构成，包括阴性和不同量值的阳性样品；定性检测考核盘可由 3 份～5 份样品构成，由阴性样品和不同强度的阳性样品构成。

4. 评价标准

(1) 抗体检测

实验室检验结果评价采用能力验证得分，每份样品检测结果与预期结果一致，判定为满分，不一致为零分。计算公式见式(2-2)：

$$X=\frac{n}{m}\times 100\% \quad \cdots\cdots (2\text{-}2)$$

式中：

X——实验室能力验证得分；

n——该项目检测结果可接受样品数；

m——该项目总的检测样品数。

(2) CD4 细胞测定

以标准差指数(SDI)值作为判定标准，当 SDI 值在±1.5 以内时系统运行正常，判为通过；当 SDI 值超出±1.5 时系统处于警告状态，判为通过，但应引起留意；当 SDI 值超出±2.0 时整个系统处于失控状态，提示存在较大的题目，检验结果无效，判为未通过。计算公式见式(2-3)：

$$SDI=\frac{x-\bar{x}}{SD}=\frac{R}{SD} \quad \cdots\cdots (2\text{-}3)$$

式中：

SDI——标准差指数；

x——某实验室试验结果；

$\bar{x}$——所有参比实验室试验结果的均值；

SD——标准差；

R——残差。

(3) 病毒载量测定

未出现下述 A 条款和 B 条款中的任何题目，判为优秀；出现下述 A 条款中的任何一条，判为良好；出现下述 A 条款中的两条及以上或 B 条款中的一条及以上，判为分歧格。

A 条款：一个样品结果在±1.5S～2.0S 内；一个假阳性；一个无效结果；一个抄写错误。

B 条款：两个样品结果超过±2.0S；两个及以上假阳性；两个及以上无效结果；两个及以上抄写错误。

(二) 脊灰病毒检测能力考评

脊灰实验室涉及病毒学检验、免疫学检验、微生物检验等专业，中国疾病预防控制中心脊灰实验室作为全球脊灰实验室网络的正式成员，同时又是WHO西太平洋地区脊灰参比实验室，该实验室承担着我国脊灰实验室网络送检脊灰阳性毒株的型内鉴定、序列测定和分析工作。对全国31个省级实验室进行试验技术培训、质量控制及对部分省级实验室的新人进行手把手的技术培训，并组织对全国31个省级脊髓灰质炎实验室职能考核和对省级实验室现场认证工作，及时监测可能出现的VDPV或脊灰野病毒输入，并防止其在中国的扩散与流行。

按照规定，WHO每两年一次(有时为一年或三年一次)组织国内外专家对我国31个省级疾病预防控制中心脊灰实验室进行现场认证考核，从12个大的方面进行严格的认证考核，其中实验室检测能力考核为盲样考核，通常每年一次。

1. 考核样品

脊灰实验室年度职能考核盲样标本由WHO制备，再由国家脊灰实验室转发到各省级实验室。年度考核项目为脊髓灰质炎病毒分离与鉴定，样品为粪便混悬液，通常每单位发5管样品，每管样品约0.5 mL，5管样品的预期结果不完全一样，一些样品含脊灰病毒，有的样品为阴性样品，还有的样品可能是脊灰和非脊灰肠道病毒混合的标本，而且每一个参加单位的5管样品的排列顺序是不完全一致的，要求各参加单位对每一管样品进行脊髓灰质炎病毒分离与鉴定，报告每一管样品的检测结果。

2. 评价方法

考核组织方(WHO)要求各实验室收样品后28 d内完成病毒分离和鉴定工作，要求实验室递交检验报告及原始记录。组织方根据以下评分标准对各实验室的检验结果进行评价：

(1) 每份样品检测正确且检验流程符合标准要求，得20分，总分100分，80分为通过；

(2) 对于单个血清型(无论脊灰还是非脊灰肠道病毒)的标本，每错1份，扣除20分；

(3) 对于混合脊灰血清型的样品，每少鉴定1种血清型，扣除10分；

(4) 对于脊灰和非脊灰肠道病毒混合的标本，脊灰病毒鉴定错误，扣除15分，非脊灰肠道病毒鉴定错误，扣除5分；

(5) 阴性标本鉴定为脊灰病毒的(假阳性)，扣除10分，含有脊灰病毒的标本鉴定为阴性的(假阴性)，扣除15分。

(三) 流感监测能力考评

流行性感冒病毒简称流感病毒，可引起急性呼吸道传染病-流行性感冒(流感)。流感病毒易变异，可引起流感暴发流行，并在动物中引起流感流行和大量动物死亡。为了做好预防控制工作，疾控机构定期开展流感监测工作，目的是为了掌握流感疫情的动态、规律、分布以及发展趋势；及时发现流感病毒新型别毒株及其抗原变异程度，掌握和预测流行趋势规模，为应急防治措施的制定和部署(包括人力、物力、药物等的准备工作)提供科学依据。

流感的实验室诊断可用多种方法进行检测，包括病毒分离、鉴定，血清抗体水平测定，核酸检测等。中国疾病预防控制中心为了提高流感网络实验室流感疫情监控检测能力，根据流感疫情规律，由国家流感中心每年在全国范围内组织流感病毒核酸检测考核。现将国家流感中心2009年～2011年组织的考核活动介绍如下。

1. 考核范围

考核对象为全国流感监测网络实验室，分布在全国各省（市）疾病预防控制中心，2009 年、2010 年、2011 年接受考核的实验室数分别为 84 家、411 家、411 家。

2. 考核标本

（1）每家实验室考核 10 份样品（每份约 100 μL），标本均为灭活的病毒培养液，病毒浓度可进行梯度及不同的排序设计；病毒浓度均在可检出的范围内，可设计为高、中、低及临界值浓度；每个单位 10 个样品的排序是不完全一致的，组织方应先设计好排序表，按排序表进行样品编号及包装。

（2）样品制备好后，经质量鉴定无误后方可发放，发放给各实验室的样品应为同一批次的样品，考核样品由速递公司统一用干冰运至各省疾病预防控制中心流感网络实验室，再由省级疾病预防控制中心分发至辖区内各流感网络实验室。

（3）考核均不提供任何试剂，要求各实验室完成对考核标本型别和亚型的检测；型别包括季节性流感 H1、H3 亚型，甲型 H1N1 流感，B 型流感及禽流感 H5N1、H9N2、H3N2 等。

（4）考核标本编号由 3 位至 5 位数字组成，如 101，其中后两位数字表示考核标本的流水号，流水号之前的数字代表实验室的编号。

3. 考核要求

在进行核酸提取时，要求先加入裂解液，按照试剂盒说明书的操作要求，在生物安全柜内进行核酸提取。

4. 结果评价

检测结果与预期结果一致的，评价为正确；10 个样品检测结果均为正确且检测程序符合要求的评为“满意”。

八、地方病监测

地方病实验室是承担碘缺乏病、地方性氟中毒、地方性砷中毒、大骨节病、克山病、土源性线虫病、疟疾、丝虫病、血吸虫病等主要地方病监测的实验室，地方病实验室涉及理化检验、医学检验等专业。通过实验室的监测开展相关地方病的防治工作，为地方病的防治提供科学依据。中国疾病预防控制中心地病中心、国家碘缺乏病参照实验室负责全国各级地方病实验室检测质量考评工作，每年常规开展的项目有水氟、尿氟、水砷、尿砷、盐碘、尿碘等项目。

（一）氟、砷检测能力考评

1. 考核样品

考核样品由中国疾病预防控制中心地病中心制备，一般发放 2 种～3 种浓度的含氟水样、含氟尿样；2 种～3 种浓度的含砷水样、含砷尿样；尿样可采取冻干样品。

2. 数据统计分析

采用 Grubbs 法检验异常值，用 Cochran 法检验方差齐性；用双样品 Youden 图法评价实验室间是否存在系统误差。以全部没有异常值和方差齐性的实验室测定结果，计算总平均值和总标准差。以所有实验室的结果进行稳健统计，计算各实验室的 Z 比分数。

3. 评价方法

采用 Z 比分值(ZB 和 ZW)法来评价每个参加考核实验室的能力。

(二)盐碘、尿碘检测能力考评

1. 盐碘检测能力考核

(1) 考核样品

考核样品由国家碘缺乏病参照实验室(NRL)按照食用盐中碘成分分析国家一级标准物质规程制备,样品进行了均匀性、稳定性试验,使样品对实验室间比对结果的影响降至最低。每个参加考核的实验室在两个不同的工作日检测两份考核样。为使质量控制考核结果更真实可靠,考核样品采用流水编号,4 个浓度高低组合,随机发放,即在同一个省内各实验室会接到不同组合的样品。

(2) 评价方法

用参考值±不确定度的方法对参加考核实验室的检测结果进行评价,两个考核样品检测结果均合格的实验室为合格实验室,其中有一个不合格的实验室为不合格实验室。

2. 尿碘检测能力考核

(1) 考核样品

NRL 负责发放考核样品,一般每个实验室检测高低两种浓度冻干尿碘考核样品。

(2) 评价方法

采用 Z 比评分法进行检测结果的统计学评价,采取参加实验室的检测结果中位值为指定值。实验室间 Z 分值主要表示实验室间系统误差的大小,被考核实验室的 Z 分值越接近于零表明其与参加实验室总体结果越接近,检测的系统误差小,反之,则表明该实验室的检测结果离群,系统误差较大。

采用标准参考值和不确定度方法作为辅助评价方法,标准参考值和不确定度等同于采用冻干人尿中碘成分分析国家一级标准物质的标准参考值和不确定度。

九、职业卫生监测

职业卫生是预防医学五大卫生之一,承担着职业病危害检测和控制工作,在职业病预防控制中发挥重要的作用。目前我国已经制定了工作场所职业病危害因素职业接触限值 339 种化合物,物理因素 12 种,职业接触生物限值 17 种,职业卫生检测分为化学因素、物理因素和生物因素,检测介质主要是空气、固体吸附材料和生物材料,需检测参数 352 项。《中华人民共和国职业病防治法》于 2002 年颁布以来,全国职业卫生检测工作得到普遍开展,因此为提高职业卫生检测结果的溯源性和检测质量,增强实验室检测结果的可比性,开展职业卫生检测工作的质量和职业卫生领域标准物质资源状况调查。

(一)标准物质生产供应情况

美国国家标准技术研究院(NIST,www. nist. gov/srm)是标准物质的主要生产和供应单位,标准物质涉及的领域主要有健康与临床、工程材料、高纯品、食品与卫生、环境、工业卫生、物性、放射分析以及工业应用十大类别,约 1100 个品目。职业卫生领域的标准物质主要集中在工业卫生类,无机元素标准溶液和有机标准溶液划分在其他类别中,具体如下:①9 种生物材料中金属元素分析标准物质:人血清中钙、镁等(1 种)、冻干牛血中 13 种无机元素(1 种)、冻干牛血中铅(2 种)、冻干牛血中有毒金属元素(1 种)、冻干尿中 14 种元素(1 种)、尿氟(1 种)、尿汞(1 种)以及骨头中多种元素(1 种)。②160 多种无机或有机标准溶液:甲醇中苯等有机标准溶液 31 种、水中铅等无机标准溶液 74 种、带不同基质的有机标准样 29 种、带不同基质的无机标准样 20 中以及部分有机金属标准物质。③44 种标准气体:氮气中非甲烷气 3 种、氮气中硫化氢 2 种、空气中甲烷 5 种、氮气中氮氧化物(以一氧化氮计)12 种、氮气中氧气 3 种、空气中丙烷 11 种、空气中氮氧化物(以二氧化氮计)1 种以及氮气中二氧化硫 7 种。④48 种粉尘相关测定标准物质:滤膜上颗粒物测定用 4 种、呼尘测定用 19 种、石棉测定用 4 种、沸石分析用 3 种、游离二氧化硅分析用 18 种。

欧盟委员会 DG 联合研究中心参考材料和测量研究所(IRMM,www. irmm. jrc. be)的标准物质,分为环境分析、食品与饲料检验、工业卫生、临床化学、物性鉴定、工业应用以及同位素测量六大类,约 550 品目。标准按研制单位不同分别以 IRMM、BCR、ERM 编号。欧盟的标准物质大部分均在相应的基质中,可能适用于职业卫生领域的有两部分:①环境分析中近 70 种有机标准物质,多数为纯度高于 99%的纯品,包括多环芳烃类化合物约 45 种、含硝基或含氧的多环芳烃类化合物约 45 种以及氯联苯等,其中的部分标准物质可为职业卫生空气监测标准。②临床化学中 11 种生物材料中金属元素标准物质,其中 ERM 的冻干牛血中铅镉(3 种),BCR 的冻干人血中铅镉(3 种),BCR 的冻干人血清中钙、锂、镁(1 种),BCR 的人血清中铝、硒、锌(3 种),以及 BCR 的人发中砷等多种元素(1 种)。

英国 LGC 作为英国法定的政府化学实验室,其标准物质资源丰富,约 25 000 品目,因其具有全球范围内的合作机制(如 NIST、IRMM、NMIA),使其进一步扩大了数量和种类。LGC 的标准物质涉及环境、食品、工业、污染物、同位素标记、物理性参数、职业卫生、临床、法学、兴奋剂等众多分析领域。涉及职业卫生检测领域的标准物质分为三类:①高纯物质类,包括碳酸钠等容量分析标准物质,丙酮、乙腈和二硫化碳等高纯试剂,痕量分析用高纯硝酸以及污染物分析中的杀虫剂等有机标准品。②用于临床检验的 23 种生物材料中金属元素标准物质,包括血清中多种微量元素(6 种,不同元素种类及浓度)、全血中微量元素(9 种,不同元素种类及浓度)、尿中多种微量元素(7 种,不同元素种类及浓度)以及头发和骨头中微量元素。③空气质量测定滤膜共 5 种,大多来源于 NIST,涉及滤膜上多种金属元素测定、粉尘中不同含量石英分析以及相应的空白。

市面上好多化学试剂公司均有适用于职业卫生化学分析的无机元素、有机化合物、农药等多种标准物质,这类标准物质具有检测证书的一般采用归一化法或溯源至 NIST 的标准物质的方法进行定量。

我国标准物质划分体系中没有职业卫生标准领域,职业卫生检测标准物质划归在到冶金标准物质、化工标准物质、环境标准物质、临床检测标准物质等多个方面。我国标准物质即具有中国计量科学院授权的编号为 GBW 系列的标准物质,又有标准计量协会授权编号为 GSB 系列的标准物质。标准物质生产的单位较多,各单位主要集中在相应的专业方面的标准物质,在供应上还没有形成统一的畅通渠道。

中国计量科学研究院国家标准物质研究中心是我国标准物质生产和供应的主要单位,数量约为 3 500 种。与职业卫生检测相关的各类标准物质情况如下:①无机溶液标准物质:包括 57 种单元素金属标准溶液、6 种多元素金素标准溶液和 35 种非金属元素标准溶液。

②有机溶液标准物质：苯系物 9 种，介质为甲醇；卤代烃 18 种，介质为甲醇；酚类 8 种，其中 7 种介质为甲醇；硝基苯 8 种，其中 7 种介质为甲醇；氯苯 11 种，介质为异辛烷；多环芳烃 12 种，介质为甲醇；多氯及多溴联苯 6 种，介质为异辛烷；其他 4 种。③生物材料中标准物质：包括牛血清成分分析、冻干人尿中碘等标准物质 4 种。

中国疾病预防控制中心职业卫生与中毒控制所生产和供应的标准物质主要是介质类标准物质，主要有滤膜镉、锰、铅、锌标准物质，活性炭管中苯、甲苯、二甲苯标准物质，冻干牛血铅、镉标准物质，冻干人尿铅标准物质，冻干人尿氟标准物质，冻干牛血硒标准物质，血中原卟啉标准物质，冻干人尿碘标准物质共 8 种。

国家环境保护总局标准样品研究所（IERM），主要是提供以环境检测为主的编号为 GSB 标准物质，与职业卫生检测相关的标准物质情况如下：①气体标准样品：包括氮气中二氧化硫等标准气 15 种。②液体标准样品：包括空气中二氧化硫等监测标样 3 种、甲醇中苯等有机物监测标样 64 种（含部分农药）。③标准溶液：包括铅、硝酸盐等无机标液 39 种，溶剂为水或 1%硝酸；苯、甲苯等有机标液 85 种（含部分农药），溶剂多为甲醇或水。

农业部环境保护科研监测所主要是以农药为主的标准物质单位，编号为 GSBG 23001—92～23082—94 和 GSB 05—1836-05～1893—05 系列的六六六、滴滴涕等 133 种农药残留分析专用国家标准样品。

国防科学技术工业委员会化学计量一级站（全国化工标准物质委员会标准物质研究开发中心）、国家钢铁材料测试中心和国家有色金属及电子材料分析测试中心（国家有色金属研究总院），主要是以提供包括无水碳酸钠等 17 种纯度标准物质、盐酸溶液等 7 种容量分析用标准溶液、单元素标准溶液、多元素标准溶液和阴阳离子等单标标准溶液为主要产品。

（二）实验室间比对情况

实验室比对作为实验室间质量控制的常用方法已在多个领域得到广泛应用。职业卫生检测实验室是为职业卫生与职业病防治工作服务的，为了解我国职业卫生检测水平，提高实验室检测质量，加强职业病防治工作能力，2004 年～2011 年中国疾病预防控制中心职业卫生与中毒控制所作为中心实验室组织了 8 次全国职业卫生检测实验室比对。每次比对工作预先确定若干项检测项目供各相关单位选择参加。各参加单位根据自身实验室情况自愿按时报名。中心实验室按报名情况采用快递方式统一时间发放比对盲样，发出的每份盲样包括两个特定量值一致的平行样。比对工作均规定了时限，一般要求在一个月内反馈盲样检测报告（正本）及原始记录（复印件）。在各单位提交报告后，中心实验室统一对检测结果进行统计分析，确定盲样检测的参考值范围，之后将结果满意情况反馈给各参加实验室。

历年进行实验室比对的项目中，2004 年职业卫生检测中常见的检测项目 19 项，其中空气监测 15 项、生物监测 4 项；2005 年比对项目为血铅和尿铅；2006 年比对项目为尿砷、尿汞、活性炭管中四氯乙烯、吸收液中二氧化硫和滤膜中镉；2007 年比对项目为血铅、血汞、活性炭管中苯乙烯、吸收液中二氧化氮和滤膜中钠；2008 年比对项目为尿中镉、滤膜中锡和硅胶管中甲醇；2009 年比对项目为血铅、滤膜中锰、活性炭管中三氯乙烯和粉尘中游离二氧化硅；2010 年比对项目为血铅、活性炭管种有机化合物定性、滤膜锡、硅胶管甲醇和粉尘中游离二氧化硅；2011 年比对项目为血铅、尿镉、炭管中甲基异甲基丙酮、炭管中四氢呋喃和粉尘中游离二氧化硅。

第三节　存在的问题及对策

近几年来通过不断完善和规范能力验证，使我国公共卫生领域实验室的检测能力和管理水平得到有效的提高，帮助实验室发现存在问题并促进其改进，更有效发挥作为一种实验室能力考核和监督的手段，能力验证活动在发展的过程中，由于各种原因，使其在政策文件、实施方法、应用范围、应用的领域和使用的适应性还存在争论与不足的地方。而实验室也是为了满足社会经济的发展和客户的要求，必须变得更现代和仪器更新更多，测试的数量要稳步增长和更加符合客户的需求。能力验证同样要与实验室同步发展和相适应，因此能力验证活动从组织实施方面和参加实验室方面，存在相关的问题。

一、存在的问题

1. 部分应用领域的计划缺失

由于技术、需求、成本等各种各样的原因，在分析无机成分、重金属、碳氢化合物、农药、霉菌毒素、二噁英等在食品、水、棉花和原材料方面的特别计划仍然缺失。而在法医学鉴定，纳米技术，生物技术，应用于相关的生物标志物监测糖尿病、心血管疾病，药物残留、激素和兴奋剂物质的分析，污染物的分析等领域的实施是很难的，而且没有很好的措施保证这些计划的可行性，因此这方面的计划同样缺失。

2. 对于计划的选择是否合适以及参加能力验证的频率存在疑问

纵观国际上各部门、各相关指导文件和标准，并没有充分的信息来说明实验室该如何选择合适的计划，也没有建议如何选择已经提供的计划。对于计划的选择是否合适是存在疑问的，在参加能力验证计划的频率应该多少合适也存在争议。

3. 在新领域开展新计划需要时间和资源研究发展，成本高昂

在新领域开展新计划因为其政策指导文件，相关制备样品、保存样品、统计评价等关键技术的缺失甚至是空白，要实施这样的计划没有任何经验和资源支持而使开展新计划需要时间和资源研究发展，成本高昂，如果感兴趣的实验室数量少、研究要求的水平高，需要时间长和资源多，那发展任何新计划都没有很大市场，从而导致开展新项目的研发滞后。

4. 对于能力验证测试项目，现有的指导协调文件不一定足够

目前虽然各国已经建立了适应其本国或区域、国际的能力验证实施指导文件，但无论是较之实验室质量保证的需求、政府对实验室监督管理的需求、职业化能力验证提供者的需求，还是对于新领域检测技术的需求都还有一定的距离。

5. 实验室所使用的检测方法的理解错误或本身存在缺陷

每次的能力验证活动，提供者通常会要求参加实验室采用日常检测使用的检测方法，以求能客观地反映参加实验室的实际检测能力。由于实验室检测方法或者检测设备比较落后，难以准确检测能力验证样品。或实验室检测方法本身有问题，即使规定某个检测方法，由于实验室从来没操作过，不能很准确地理解和掌握检测方法，往往导致不满意结果的分析。或实验室检测方法本身有问题，跟计划的选择不相适应。

6. 样品制备存在着一定的难度和风险

在样品选择上，分发给各个参加者测试的样品是相同的，所有参加者所检测样品的“真值”相同，在上报结果的客观性和由此产生的评价结论公正性上存在风险；组织者需要自己组织样品，除增加了工作量之外，还要承担样品稳定性、均匀性及参考值权威性等方面的风险。如在制作微生物样品时，由于菌种的选用、制备工艺问题或其他原因（微生物种群间的竞争现象），使制备微生物能力验证样品具有较大的难度，故一直以来微生物能力验证未有高可性度、有规模的样品。

7. 统计方面本身存在的限制和缺陷导致统计评价方法的应用存在争议

在数据处理中，参加实验室结果的统计分布会影响能力验证结果的评价，常用四分位稳健统计方法适合正态或近似正态分布的数据，采用现行的统计评价方法可能会使某些参加实验室在不同的计划中的能力验证结果不一样。这会引起部分参加实验室对结果的争议。而且从有些反馈的信息知道，采用稳健统计评价法时，即使参加实验室的结果处于试验方法允许误差范围内，但在结果评价当中可以导致实验室 Z 分数相当大，处于离群值。这会引起部分参加实验室对结果的争议。Z 分数不能较好地反映真实情况，只能反映某实验室在本次能力验证计划中检测数据与整体水平的接近程度和重复性，换句话说，该参数的测定值不能准确溯源到国家标准。

8. 运作方面

我国能力验证起步比较晚，检测实验室的总体覆盖率低，开展领域和项目也不全面，不能满足实验室的需要。我国经过 CNAS 认可的能力验证提供者中多数为非职业能力验证提供者，技术水平不成熟，市场竞争力有限，无法长效地提供能力验证，其水平有待提高。

9. 实验室对计划的认识不充分，实验室参加能力验证计划的主动性有待提高

开展能力验证活动的一个基本目的是为了对参加实验室的实际能力客观地进行评价，并通过能力验证结果持续改进实验室管理体系。参加能力验证应属于实验室特别是已获认可实验室的自觉自愿的行动。但在实际运作中，许多参加实验室可能只是迫于 CNAS 认可或监督评审的要求，而非出自其自身质量管理的需要，把参加能力验证作为一项负担，草率应对。实验室由于对能力验证活动的不重视以及对 CNAS 文件的不了解，复评审时才发现能力验证活动没能覆盖主要的子领域，这一点在校准实验室表现得比较突出。

10. 参加实验室过分重视结果

一些参加实验室无论出于什么样的目的和需要，均对能力验证样品的检测结果过分重视，通常会安排不同的人、不同的检测仪器和不同的检测方法对能力验证样品反复进行检测，导致检测结果并不是实验室的真实反映。

11. 实验室存在串通结果的情况

往往在一轮能力验证计划中，一些参加实验室会怀疑他们的结果，为了避免要实施纠正措施、实验室管理者的惩罚或是想对外（客户、认可部门、监督部门）宣称自己能提供可靠的数据等，迫使他们不得不尝试在结果报告之前通常会与同行业的实验室之间交换相关信息，从其他参加实验室获得结果作为自己实验室的报告结果，来保证其结果的可靠性。如果发生串通，客户、管理部门、认可组织会受到欺骗，使得整个计划的能力验证结果难以客观反映参加实验室的实际能力。

12. 通常孤立使用能力验证结果

某一次能力验证成功的结果只能代表本次活动的能力，而不能反映出持续进行的能力。同样，在某一次计划中的不成功表现，也许反映的是实验室偶然地偏离了正常的能力状态。正因为如此，判断其能力不应基于一次纯粹的测试结果上。

孤立使用能力验证结果是不合理的，在认可过程中实验室认可机构不能孤立地使用能力验证结果。

13. 参加能力验证费用较高，使部分实验室无法负担

目前，开展的能力验证计划大部分以自愿原则参加，所以参加能力验证计划的所有成本(包括样品费、运输费和其他相关费用)都是由参加实验室分摊来承担，即使强制性的也是。如果该计划本身的技术研究费用高，且参加数量少的话，那么参加实验室所承担的费用就更高，这就会影响实验室的主动性。

14. 多地点实验室不能满足能力验证规则的要求

按规则的要求，实验室的每个分地点均应独立参加能力验证活动，有些多地点的实验室在体系运行中往往忽略了对分地点参加能力验证活动的识别与管理。

二、对策

针对以上所列的存在的不足，主要有以下一些相应的对策可参考：

1. 加强和提高当地相关部门和客户对能力验证的认识，增加其他组织或客户的了解并让他们认识到能力验证的巨大作用，鼓励他们给予支持和帮助。发展国家给予经验、技术、资金、文件指导上的帮助，以促进其良性发展。增大能力验证缺失领域这方面项目的研发，完善相关检测方法和技术，增加其资金的投入。进一步完善能力验证管理体制，建立权威的能力验证信息平台，加强对能力验证技术的研究和开发。

2. 应该提供更多不同的能力验证计划并及时向社会各界通告，以及加快相关计划的数据更新的频率，让参加实验室对相关信息有充分的认识，以便于其根据自己的实际情况来选择计划。同样，专家们应加强这方面内容的研究和分析，总结经验，为应用者提供指导，认可机构应制定能力验证政策(如每个实验室参加能力验证的最小覆盖面和频率，并定期审查参加能力验证的需求；认可中如何评价实验室参加情况和能力验证结果，在认可中使用该信息等)，以减少在选择计划和参加频率上的争议。

3. 在指导文件上，尽快发展新的国际协调程序，包括充足的经费和适宜的计划。能力验证国际标准 ISO/IEC 17043:2010《合格评定　利用实验室间比的能力验证》，经过来自于世界各国的能力验证工作者开展研讨会后，使之更完善，使能力验证更好地发展，更有效地发挥其作用，满足实验室质量保证的需求以及政府对实验室监督管理的需求。

4. 在设计计划时，组织者应仔细考虑参加实验室的仪器和人员的水平并针对检验结果的精确度来确定检测方法。提供者应对方法进行相关的说明和注明具体操作要求和注意事项，尽可能采用易于理解和掌握的方法。样品制定的浓度水平应普遍适用于参加实验室的检测准确度和灵敏度。

5. 针对能力验证结果分析使用的四分位稳健统计方法存在不同批次结果评价不一致的现象，建议在确定指定值上要做充分的考虑，单纯的以批次中位值作为指定值，评价结果

就受总体结果趋势的影响。除采用单纯四分位稳健统计方法外可综合其他统计方法，极差范围，以及检测方法允许的误差范围等多方法对结果进行评价。

6. 对公共卫生实验室工作来说，固体测试样的制备和检测不但技术要求高而且操作复杂，无论对能力验证提供者还是参加实验室，一直以来都是巨大的挑战。然而固体样品是实验室日常工作的主要对象，而目前能力验证提供的大部分考核样都是液态。为了更真实地反映实验室的实际检测能力，建议能力验证提供者多提供固体样的考核及开展交流和研讨活动，从实践过程和学习过程中找方法以解决相关技术难题。可以借鉴国外机构的经验，完善微生物检验的能力验证，建立适合我国的微生物检验能力验证体系，加强微生物能力验证样品的研制，以适应未来更广泛、要求更高的能力验证需求，增加在分子水平检测领域开展的能力验证，以适应各卫生检验实验室的发展。

7. 应对能力验证组织和提供者进行培训，鼓励能力验证提供者多参加国际开展的能力验证活动，鼓励有能力的提供者多开展相关活动，从工作中积累经验，以促进其快速发展。

8. 将能力验证的目的和意义进行良性的引导和宣传，正确认识能力验证的作用，使参加者转变观念，将被动接受考核转变为主动积极参加，并将其结果和经验纳入日常工作中，使对待能力验证考核和日常检测保持一致的心态。

9. 加强防止实验室间串通结果的相关样品设计手段，如采用多个分割水平样，进行多个随机组合，参加实验室要进行随机编码，同一区域的实验室代码不能相连等，从技术层面保障能力验证的有效性。同时也要进行相应的指导，让参加实验室认识到有义务去防止串通行为的发生。

10. 适当增加能力验证的频次，从不同的时期和不同的层次上了解实验室的日常检测能力水平。同时加大能力验证实施的范围和扩大能力验证检测项目的开展，满足实验室需求。

11. 评审时应按照实验室不同地点分别识别和填写，并应分别评价每个地点对能力验证规则的符合性。另外，同一实验室分地点之间的比对，在一定程度上不能作为有效的实验室外部质量控制的依据。

经过近10年的努力，公共卫生实验室能力验证工作有了很大的发展，已经制定了能力验证的相关管理和技术文件，开展的项目也不断扩大和深入，积累了丰富的工作经验。同时积极配合响应质量安全活动和食品安全卫生工作，配合《中华人民共和国食品安全法》的实施，重视民生重点关注的卫生事件，不断加大实验室在应对重大突发事件的能力验证考核力度。通过能力验证活动，实验室的检测能力和质量管理水平也得到了长足的进步，为社会稳定、国民经济又快又好发展、维护人民群众利益提供了必要的技术支持和保障。但无论是较之实验室质量保证的需求、政府对实验室监督管理的需求、职业化能力验证提供者的需求，还是对于新领域检测技术的需求都还有一定的距离。需要进一步完善能力验证管理体制，建立权威的能力验证信息平台，加强对能力验证技术的研究和开发。如近年来生活饮用水质检测项目的扩展，新的食品添加剂的应用等这些领域的能力验证还有很多没有开展。因此，理化检测能力验证在很多方面还有待深入研究和实践，不断补充和完善，以更好地促进我国实验室检测能力水平的提高，与国际接轨，实现我国经济和社会又快又好发展。

参考文献

[1] 罗建波.公共卫生实验室质量技术与安全.广州:中山大学出版社,2004.

[2] 王陇德.实验室建设与管理.北京:人民卫生出版社,2005.

[3] 和彦苓.实验室管理.北京:人民卫生出版社,2008.

[4] DUERDEN B. Twenty-first-century medical microbiology services in the UK. Nature Reviews Microbiology,2005(3):979-983.

[5] GB/T 27406—2008 实验室质量控制规范 食品毒理学检测.

[6] 丛玉隆.临床实验室管理.北京:中国医药科技出版社,2004.

[7] 李萍.临床实验室管理学.北京:高等教育出版社,2006.

[8] GB 15193.1~15193.21—2003 食品安全性毒理学评价程序和方法

[9] 张桥.卫生毒理学基础.3版.北京:人民卫生出版社,2000.

[10] 刘毓谷.卫生毒理学基础.2版.北京:人民卫生出版社,1996.

[11] 鄂学礼.全国饮水水质调查分析质量控制程序.环境与健康杂志,1984,1(4):35-36.

[12] 冯新昌.2008年水中砷质控结果分析.医药卫生,2009,38(3):210.

[13] 钟志雄,刘礼平,朱炳辉,等.广东省农村饮用水监测实验室水质砷化物和氟化物及氯化物检测能力评估.中国地方病杂志,2011,30(4):453-455.

[14] 冯新昌.甘肃省农村饮用水卫生检测质量控制考核.中国卫生检验杂志.2010,20(3):659-660.

[15] 于光前,万桂敏,石玉霞,等.地方性氟中毒监测样品氟成分质控样品的研制.中国地方病防治杂志,2002,17(2):87-89.

[16] 付松波,万桂敏,徐春蓓,等.2001年全国地方性氟中毒重点监测实验室间质量控制评价.中国地方病防治杂志,2001,22(4):367-369.

[17] 赵素娟,项新华,田佩瑶,等.生活饮用水中铁、锰含量检测能力验证.卫生研究,2010(39):778-780.

[18] GODISH T. Sick buildings definition, diagnosis and mitigation. Florida: CRC Press,1996.

[19] IKEDA K. Sick house syndrome. Seikatsu to Kankyo,1998(43):24-33.

[20] MATSUMURA T. The indoor air contamination by chemicals: VOC and formaldehyde. J. Soc. Atmos. Environ,1996(31):154-164.

[21] DAI H,ASAKAWA F,SUNA S,et al. The VOCs concentration in the living environment and individual exposure in university. J. Shikoku Public Health Soc,2000,45(1):75-78.

[22] 马效东,原福胜,白剑英,等.办公室装修后的空气污染及其健康危害.环境与健康杂志,2006,23(5):398-401.

[23] 钱华,戴海夏.室内空气污染与人体健康的关系.环境与职业医学.2007,24(4):426-430.

[24] 刘洪亮,韩树青,薛志明,等.装修所致室内空气污染对健康的影响.卫生研究,2005,

34(5):521-523.

[25] 徐国锋,侯书芬,李凤苏.装修所致室内空气污染状况调查.环境与职业医学,2008,25(1):76-78.

[26] 徐东群,尚兵,曹兆进.中国部分城市住宅室内空气中重要污染物的调查研究.卫生研究,2007:473-476.

[27] 高翔,白志鹏,游燕,等.不同室内环境空气中挥发性有机物的暴露水平及其对健康的影响.环境与健康杂志,2006,23(4):300-303.

[28] 秦任慧.室内空气污染的研究.环境与健康杂志,1991,8(3):100-101.

[29] MUMFORD J. L. ,CHAPMAN R. S. ,HARRIS D. B. ,et al. Indoor air exposure to coal and wood combustion emission associated with a high lung cancer rate in Xuan Wei in China. Environ. Intern. ,1989,15(1-6):315-320.

[30] 李启东,汤鸿.室内空气质量研究进展.上海环境科学,2001(20):463-466.

[31] 犹学�,顾祖维.国际癌症研究中心最新公布的对人体致癌性总评价表.劳动医学,1999,16(3):196.

[32] 朱志超,余怡.装修工程室内空气污染成因及方针对策.北京:中国环境科学出版社,2002:263-270.

[33] 李曙光,刘亚平,林丽鹤,等.家庭装修室内空气污染对居民健康影响.中国公共卫生,2007,23(4):400-401.

[34] 王建军,田金池.室内建筑装修材料放射性水平调查.北京:中国环境科学出版社,2000:312-320.

[35] 张晓鸣,涂晓明,于慧芳,等.2004 年度北京地区室内空气质量检测机构实验室比对实验与结果分析.中国卫生检验杂志,2005,15(12):1496-1498.

第三章 

国内外能力验证机构及提供者

在国际上，自 ISO/CASCO(国际标准化组织/合格评定委员会)于 1997 年对 ISO/IEC 导则 43:1984《利用实验室间比对的能力验证》(现行有效版本为 ISO/IEC 17043:2010《合格评定 能力验证通用要求》)进行修订之后，国际上的其他组织也制定了许多能力验证的规范性文件，其中最重要的有亚太实验室人可合作组织(APLAC)制定的《互认评审 APLAC 能力验证的要求》和国际实验室认可合作组织(ILAC)制定的文件。

在能力验证政策上我国一直没有形成规范的体系。1998 年为了实现加入 APLAC-MPA 的目标，将 ISO/IEC 指南 43《利用实验室间比对的能力验证》转化成我国国家标准 GB/T 15483—1999《利用实验室间比对的能力验证》，使我国能力验证工作上有了法规层面上的依据。为了满足国际国内要求，我国相关部门不断加大推动能力验证工作的力度，不断补充和完善能力验证活动的法规，为能力验证工作提供依据。

第一节　国际组织的能力验证法规文件

一、亚太实验室认可合作组织(APLAC)

亚太实验室认可合作组织(Asia Pacific Laboratory Accreditation Cooperation，APLAC)为了建立和保持国家间校准和测试服务的相互信任，使这些认可机构的运作和经他们签发的证书达成等效互认，消除贸易中的技术壁垒，已经制定了相关参考文件和指南，APLAC 文件类型有：

① MR 系列——同行评审的重要依据；

② TC 系列——认可准则的解释和应用指南；

③ PT 系列——能力验证(PT)活动要求；

④ TR 系列——规范 APLAC 培训活动；

⑤ PR 系列——宣传 APLAC 及互认；

⑥ SEC 系列——规范秘书处活动。

而 PT 活动系列文件主要有：

① APLAC PT001《校准实验室间比对》(Calibration interlaboratory comparisons)；

② APLAC PT002《检测实验室间比对》(Testing interlaboratory comparisons)；

③ APLAC PT003《能力验证项目目录》(APLAC proficiency testing directory)；

④ APLAC PT004《测量审核》(APLAC measurement audits)；

⑤ APLAC PT005《测量审核测试品》(Artefacts for measurement audits)；

⑥ APLAC PT006《参加能力验证项目频次要求》(Proficiency testing frequency benchmarks)；

⑦ APLAC MR001《建立和保持认可机构间多边互认协议》。

APLAC MR001 中规定，签署互认协议认可机构能力验证工作必须符合 ILAC-P9 的要求，同时，也要求认可机构符合相应的能力验证要求。

APLAC-PT001 等系列文件，既有修订的也有新制定的。这些国际要求构成了 APLAC 能力验证的政策内容。

二、国际实验室认可合作组织(ILAC)

1. 国际实验室认可合作组织制定的主要法规指南

国际实验室认可合作组织(International Laboratory Accreditation Cooperation，ILAC)制定的主要法规指南有：

① ILAC-P9：2005《ILAC 参加国家和国际能力验证活动的政策》(ILAC policy for participation in national and international proficiency testing activities)；

② ILAC-P10：2002《ILAC 能力验证结果处置的政策》(ILAC policy on traceability of measurement results)；

③ ILAC-P13：10/2010《运用 ISO/IEC 17011 对能力验证提供者实施的评审》(Application of ISO/IEC 17011 for the accreditation of proficiency testing providers)；

④ ILAC G13：2000《能力验证计划提供者认可准则》(Guidelines for the requirements for the competence of providers of proficiency testing schemes)；

⑤ ILAC G22：2004《应用能力验证作为对检测能力认可的手段》(Use of proficiency testing as a tool for accreditation in testing)。

已上升为国际标准的文件：

① ISO/IEC 17043：2010《合格评定　能力验证通用要求》；

② ISO/IEC 17011：2004《合格评定　认可机构通用要求》；

③ ISO 13528：2005《利用实验室间比对的能力验证中的统计方法》。

ILAC 要求各成员在两年内完成对能力验证运作和能力验证提供者认可依据的转换，转换期完成后，ILAC G13 和 ISO/IEC 指南 43 停止使用。

2. ILAC-P9：11/2010 的主要内容

目前 ILAC 针对能力验证活动所存在的问题以及不足，正在修订 ILAC P9《ILAC 参加国家和国际能力验证活动的政策》，以更好地满足能力验证组织实施部门和客户的需求。这个文件主要内容包括：①强调能力验证结果是体现实验室技术能力的重要指标；②认可机构应制定能力验证政策(每个实验室参加能力验证的最小覆盖面和频率，并定期审查参加能力验证的需求)；③认可中如何评价实验室参加情况和能力验证结果，在认可中使用该信息；④实验室对不满意结果的措施，是否需要通知认可机构；⑤能力验证结果对监督或复评审周期的影响)；⑥实验室应根据自己的检测、校准活动范围制定参与能力验证计划(定期评价,考虑实验室变化,如人员、设备和方法的变化等);⑦纳入风险管理,输入管理评审;⑧对于没有能力验证领域,实验室有何替代方法确保能力,实验室对此应有文件规定;⑨认可机构自己制定能力验证频次要求。

除了APLAC和ILAC还有很多组织能力验证活动的权威部门,如欧洲认可合作组织(EA)、国际计量委员会(CIPM)、亚太计量规划组织(APMP),它们也根据自身区域或国际的特点以及需求,制定了符合其需要的能力验证相关规范或指南。国际上部分权威部门主要的现行有效的指导文件见表3-1。而由ISO/IEC正在制定的能力验证国际标准ISO/IEC 17043,经过来自于世界各国的能力验证工作者开展研讨会后,会使文件内容更完善,使能力验证更好地发展,更有效发挥其作用。

表3-1　国际上部分权威部门主要现行有效的能力验证指导文件

制定组织	国际标准或国内标准(指南)编号及名称
ISO/IEC	ISO/IEC 17025:2005《检测和校准实验室能力通用要求》(General requirements for the competence of testing and calibration laboratories)
	ISO Guide 43:1997《利用实验室间比对的能力验证》(Proficiency testing by interlaboratory comparisons)
	ISO 13528:2005《实验室间比对和能力验证统计方法》(Statistical methods for use in proficiency testing by interlaboratory comparisons)
	ISO/IEC 17043:2010《能力验证通用要求》(General requirements for proficiency testing)
澳大利亚检测协会(NATA)	Policy Circular 2:2009《能力验证政策》(Proficiency testing policy)
	Technical Circular 6《能力验证政策在化学领域的应用》(Proficiency testing policy for the field of chemical testing)
	Technical Circular 7:2008《能力验证政策在测量技术领域的应用》(Proficiency testing policy for the field of measurement science and technology)
	Technical Circular 8《能力验证政策在建材领域的应用》(Assuring the quality of tests and proficiency testing policy for the field of construction materials testing)
	NATA Information Paper 4《能力验证程序细则》(Needs and specifications for proficiency testing programs)
欧洲实验室联盟(EUROLAB)	EA -03/04:2001《能力验证结果在认可测试中的利用》(Use of proficiency testing as a tool for accreditation in testing)
	EA-2/10:2001《欧盟的参加国家和国际能力验证活动政策》(EA policy for participation in national and international proficiency testing activities)
	EA-2/09:2000《欧盟的参加国家和国际能力验证活动政策》(EA policy on the accreditation of providers of proficiency testing schemes)
	《能力验证结果数据的取舍和解析指南》[Guide selection, use and interpretation of PT data(2000)]
	《能力验证计划的选用》[Selection, use and interpretation of proficiency testing (PT) schemes by laboratories(2000)]

续表 3-1

制定组织	国际标准或国内标准(指南)编号及名称
加拿大标准协会(SCC)	CAN-P-1593《能力验证计划确认指引》(Guidelines for the recognition of proficiency testing schemes)
	CAN-P-1594《能力验证计划确认核查表》(Checklist for the recognition of proficiency testing proficiency)
	CAN-P-1624《能力验证结果在认可测试中利用的政策》(Policy on use of proficiency testing as a tool for accreditation in testing)
英国皇家认可委员(UKAS)	TPS 47《能力验证政策》(UKAS policy on participation in proficiency testing)
新加坡认可机构(SAC)	Technical Notes PROF-001《能力验证政策》(Polocies on proficiency testing)
美国实验室认可协会(A2LA)	《检测和校准实验室能力验证政策》[Proficiency testing requirements for accredited testing and calibration laboratories(2001)]
	F104(2010)《能力验证结果数据》(Proficiency testing data submission form)
	R103a(2010)《适用于 ISO/IEC 17025 实验室的能力验证》(Annex: proficiency testing for ISO/IEC 17025 laboratories)
	R302(2010)《能力验证提供者认可通用要求》(General requirements: accreditation of ISO/IEC 17043 proficiency testing providers)
	F302(2010)《能力验证提供者认可应用说明》(Application for accreditation: ISO/IEC 17043 proficiency testing providers)
	C106(2009)《ISO/IEC 17025 实验室能力验证符合性核查表》(General checklist: proficiency testing for ISO/IEC 17025 laboratories)
	R103(2009)《ISO/IEC 17025 实验室能力验证通用要求》(General requirements: proficiency testing for ISO/IEC 17025 laboratories)
	G105(2007)《能力验证计划实施的质量控制》(Quality control and proficiency testing plan)
	A316(2005)《能力验证计划实施报告》(Guidance for review of proficiency testing reports)
欧洲能力验证信息系统(EPTIS)	《能力验证内部数据库》(Internet database on available PTS)
美国材料试验学会(ASTM)	E1301(2003)《利用实验室间比对的能力验证标准指南》(Standard guide for proficiency testing by interlaboratory comparisons)
	《能力验证计划的理解与操作》(Understanding and acting on scores obtained in proficiency testing schemes)
IUPAC 国际理论化学和应用化学联合会	《分析化学实验室能力验证政策》(IUPAC the international harmonized protocol for the proficiency testing of analytical chemistry laboratories)

三、澳大利亚国家检测机构协会(NATA)

澳大利亚国家检测机构协会(National Association of Testing Authorities,NATA)制定的主要法规指南包括:

① 能力验证程序[Information paper 4(February 2011),Needs and specifications for proficiency testing programs];

② 能力验证政策[Policy circular 2(February 2011),Proficiency testing policy];

③ 能力验证政策在化学领域的应用[Proficiency testing guide for the facilities,Technical circular 6(February 2011),Proficiency testing policy in the field of chemical testing];

④ 能力验证政策在生物领域的应用[Technical circular 16(November 2010),Proficiency testing policy in the field of biological testing]。

第二节　我国的能力验证法规文件

目前我国能力验证的法规主要有中国合格评定国家认可委员会(CNAS)、中国国家认证认可监督管理委员会(CNCA)的有关文件,包括 GB/T 15483《利用实验室间比对的能力验证》;《实验室能力验证实施办法》(认监委 2006 年公告第 9 号);CNAS-PD22《测量审核程序》;CNAS-PD21《能力验证工作程序 A1》;CNAS-RL02《能力验证规则》;CNAS-GL02《能力验证结果的统计处理和能力评价指南》;CNAS-GL03《能力验证样品均匀性和稳定性评价指南》;CNAS-CL03《能力验证计划提供者认可准则》;CNAS-WT21-01-01A1《能力验证计划设计方案》等。

一、CNAS 制定的主要法规

中国合格评定国家认可委员会(CNAS)实施与国际接轨的能力验证政策规则,已形成一套较完整的能力验证法规及工作体系,主要文件有 CNAS-RL02《能力验证规则》、CNAS-CL03《能力验证计划提供者认可准则》、CNAS-GL02《能力验证结果的统计处理和能力评价指南》、CNAS-GL03《能力验证样品均匀性和稳定性评价指南》等。

(一) CNAS-RL02《能力验证规则》的主要内容

CNAS-RL02《能力验证规则》包括目的和范围、引用文件、术语和定义、要求、CNAS 承认的外部能力验证和实验室间比对、费用和附则七部分。

1. 目的和范围

说明了能力验证是确保认可机构符合国际要求、维持国际互认的基础之一,是评价合格评定机构能力,保证认可工作的质量和有效性的重要手段;通过能力验证可识别申请认可机构的能力、监督获认可机构能力维持状况、要求实验室满足认可机构的要求,反映评审的质量,反映评审员工作和水平。适用于检测、校准、检查和测量工作,既是对 CNAS 能力验证运作、外部计划的利用政策的要求,也是对合格评定机构参加能力验证和结果利用(含整改)的要求。

能力验证还是实验室自身进行质量控制、向客户证实具有技术能力的一种手段。

2. 引用文件

ISO/IEC 17011:2004《合格评定　认可机构通用要求》、ISO/IEC 指南 43《利用实验室间比对的能力验证》(GB/T 15483,IDT)、ISO/IEC 17043《合格评定 能力验证通用要求》、ISO 13528:2005《利用实验室间比对的能力验证中的统计方法》、ISO/IEC 17025:2005《检测和校准实验室能力的通用要求》(CNAS-CL01,IDT)、ILAC-P9:2005《参加国家和国际能力验证活动的政策》;ILAC-G13《能力验证计划提供者的能力要求指南》(CNAS-CL03,IDT);ILAC-G22:2004《应用能力验证作为对检测能力认可的手段》;APLAC MR001《建立和保持APLAC 多边互认协议的程序要求》;CNAS-RP01《能力验证计划提供者认可规则》;CNAS-RR01《标准物质/标准样品生产者认可规则》。

3. 术语和定义

包括:

(1) 能力验证活动:由认可机构用于评审实验室和检查机构能力的一些活动,包括由合作组织、认可机构、商业组织或其他提供者运作的能力验证和测量审核。

(2) 能力验证:利用实验室比对确定实验室的检测或校准能力、检查机构的检测能力。

(3) 实验室间比对:按照预先规定的条件,由两个或多个实验室对相同或类似样品进行检测或校准的组织、实施和评价。

(4) 能力验证计划:为确定实验室在特定领域的检测、测量和校准能力而设计和运作的实验室间比对。

(5) 测量审核:实验室对被测物品(材料或制品)进行实际测试,将测试结果与参考值进行比较的活动。

(6) 不满意结果:通过能力验证活动,利用统计技术或专家公议等技术手段,判定参加者的能力为不满意的结果。

(7) 可疑结果:通过能力验证活动,利用统计技术或专家公议等技术手段,判定参加者的能力可能出现问题的结果。

释义:专家公议的途径,主要是针对检查领域能力验证而制定。

4. CNAS 能力验证政策的依据

(1) ISO/IEC 17025:2005《检测和校准实验室能力的通用要求》的依据如下:

> **5.9**　实验室应有监控检测和校准有效性质量控制程序。这种监控必须有计划并加以和评审,可以包括但不限于参加实验室间比对或能力验证计划。

(2) ISO/IEC 17011:2004《合格评定　认可机构通用要求》的依据如下:

> **7.15.2**　认可机构应保持适当的能力验证计划和其他比对计划清单。
> **7.15.3**　认可机构应确保其认可实验室参加可获得的并且适合的能力验证计划,必要时采取纠正措施。

(3) APLAC MR001《建立和保持认可机构间多边互认协议》的依据如下:

3.31　申请互认的机构应该满足 ILAC P9 要求。

4.1　寻求和维持签署 ILAC 多边承认协议地位的认可机构，必须证明其认可的校准和检测实验室的技术能力。获认可的校准和检测实验室证明技术能力的基础之一是通过参加 PT 活动。

(4) CNAS-RL02 相关的具体条款如下：

4.1.8　CNAS 应要求其评审组在现场评审中评审合格评定机构对本规则规定的领域和频次要求的满足情况，以及合格评定机构参加能力验证的结果，并将评审结论报告 CNAS。

4.2.6　对于多场所合格评定机构，在申请认可时，每一个场所均应满足 4.2.3 要求；在获得认可之后，其每一个场所均应满足 4.2.4 的要求。

4.2.7　纠正措施及其验证记录、认可标识使用记录(对获认可机构)应完整，以备评审组评审。上述记录应同时报 CNAS 备案。当合格评定机构的纠正措施及验证活动超过 180 天时，应向 CNAS 提交延期说明或者申请注销相应项目认可资格。

4.2.10　承担了 CNAS 组织的能力验证计划中样品均匀性检验和结果评价等技术工作的合格评定机构，在相应子领域视同参加了本次计划且为满意结果。

4.2.11　即使合格评定机构已满足子领域和频次要求，仍需接受 CNAS 指定参加国际能力验证计划或 CNAS 专项能力验证计划。

5. 领域和频次要求

CNAS-RL02 相关的具体条款如下：

4.5　申请认可和获准认可的实验室和检查机构必须通过参加相关的 PT 活动证明其技术能力。

4.5.1　只要存在可获得的 PT 活动，凡申请 CNAS 认可的实验室和检查机构，在获得认可之前，至少有一个主要检测子领域参加过一次 PT 活动。

4.5.2　只要存在可获得的 PT 活动，已获准认可的实验室和检查机构，其认可范围内的每一个主要检测子领域至少在每个认可周期内参加一次能力验证活动。该周期不超过四年，当不同认可领域有特定要求时，执行特定要求。

CNAS-RL02 中有关实验室和检查机构参加能力验证活动的频次要求见表 3-2。

表 3-2　实验室和检查机构参加能力验证活动的频次要求

行业或领域	子领域	最低参加频次
化妆品	化学分析	1 次/1 年
食品	营养成分	1 次/1 年
	重金属	1 次/1 年
	添加剂	1 次/1 年

续表 3-2

行业或领域	子领域	最低参加频次
食品	药物残留	1 次/1 年
	毒素	1 次/2 年
	微生物	1 次/1 年
	转基因	1 次/2 年
公共卫生和医疗保健	艾滋病检测	1 次/1 年
	梅毒检测	1 次/1 年
	乙型肝炎检测	1 次/1 年
	丙型肝炎检测	1 次/1 年
	血液分析	1 次/1 年
	体液分析	1 次/1 年
	生化分析	1 次/1 年

6. 对能力验证活动中不满意结果实验室的要求

CNAS-RL02 相关的具体条款如下：

4.8　实验室和检查机构在参加能力验证中出项不满意结果时，CNAS 将暂停其相关项目认可资格。按其体系文件规定的程序实施有效的纠正措施。

4.8.1　纠正措施记录和其有效性证明材料在规定的期限内报 CNAS 确认。

7. CNAS 承认的能力验证活动

CNAS-RL02 相关的具体条款如下：

5.1　CNAS 现已承认的能力验证和比对计划包括：

实验室认可的国际合作组织，如：亚太实验室认可合作组织（APLAC）、欧洲认可合作组织（EA）等开展的能力验证活动；

国际和区域性计量组织，如国际计量委员会（CIPM）、亚太计量规划组织（APMP）等开展的国际比对活动；

国际权威组织实施的行业国际性比对活动；

CNAS 认可的能力验证计划提供者提供的能力验证计划；

与 CNAS 签署互认协议的认可机构组织的能力验证计划；

在 CNAS 备案的、与 CNAS 签署互认协议的认可机构认可的能力验证计划提供者组织的能力验证计划。

5.2　对于我国政府部门、行业组织运作的能力验证活动，只要能证明其运作符合 ISO/IEC 指南 43-1 或 ILAC-G13 要求，CNAS 也予以承认。

8. CNAS 提供的能力验证活动信息

CNAS 每年不定期在 CNAS 网站上公布计划，包括：

① 获 CNAS 认可的能力验证提供者组织的计划(目前 13 家);

② 在 CNAS 备案的能力验证提供者组织的计划;

③ APLAC 的能力验证计划;

④ 其他:在 CNAS 备案参比机构的测量审核或比对活动。

(二) CNAS-CL03《能力验证计划提供者认可准则》的主要内容

CNAS-CL03 是能力验证计划提供者应遵循的文件。开展能力验证计划的注意事项:

① 应满足 ISO/IEC 指南 43,或 ILAC G13 的技术要求;

② 在质量保证方面,应能满足 ILAC G13 的管理要求;

③ 在人力资源上,应保证每项计划都是由具有足够技术经验、统计经验和管理经验的专家参与完成,其中负责样品制备和结果统计的人员必须具有足够的相关数理统计知识;

④ 项目的策划非常重要,是保证运作成功的第一步,策划时应严格执行 ISO/IEC 指南 43 中的相关要求;

⑤ 应把运作程序、样品制备和结果统计方法等形成规范,这些程序和方法应按照 ISO/IEC 指南 43、ISO 5725 和(或)ISO 13528 为依据;

⑥ 严格按照规范和方案开展工作。

(三) CNAS-GL02《能力验证结果的统计处理和能力评价指南》的主要内容

该指南主要明确能力验证结果的统计处理技术和能力评价方法。

1. 统计量

统计量包括 Z 比分数和 En 值。

(1) 稳健统计 Z 比分数

$|Z|\leqslant 2$——满意结果;

$2<|Z|<3$——有问题或可疑结果;

$|Z|\geqslant 3$——不满意或离群结果。

(2) En 值

$En\leqslant 1$——满意结果;

$En>1$——不满意或离群结果。

有关 ZB、ZW 的意义:

① 单一水平:

ZB 表示实验室间的变动(系统误差);

ZW 表示实验室内的变动(随机误差)。

② 分割水平:

$|ZW|$ 主要反映实验室内的变动;

$|ZB|$ 主要反映实验室间的变动。

$|ZW|\geqslant 3$,表明实验室内结果的一致性差,即重复性较差,其原因很大程上表明实验室内可能存在较大的随机误差。

$|ZB|\geqslant 3$,表明实验室之间结果的一致性差,即再现性(复现性)较差,其原因很大程度上表明实验室可能存在系统误差。

测量审核结果的评定方式：

① 按 En 值评定；

② 按临界值（CD 值）评定；

③ 按专业标准方法规定评定。

能力评价方式：

① 稳健统计 Z 比分数；

② En 值；

③ CD 值（临界值）；

④ 相关标准规定。

2. 评价能力

（1）稳健统计 Z 比分数

$|Z|\leqslant 2$——满意结果；

$2<|Z|<3$——有问题或可疑结果；

$|Z|\geqslant 3$——不满意或离群结果。

（2）En 值

$En\leqslant 1$——满意结果；

$En>1$——不满意或离群结果。

（3）CD 值

$|x\text{-}X|\leqslant CD$ 值——满意结果；

$|x\text{-}X|>CD$ 值——不满意或离群结果。

（4）相关标准规定

符合标准规定——满意结果；

不符合标准规定——不满意或离群结果。

（四）CNAS-GL03《能力验证样品均匀性和稳定性评价指南》的主要内容

该指南主要明确和指导对能力验证样品均匀性和稳定性的评价判断。

1. 关于样品均匀性检验要求：

（1）样品选择：随机选择≥10 个样品。

（2）测试方法和测试方式：

① 测试方法：灵敏度和精密度；

② 测试方式：重复性条件，随机测试两次。

（3）测试样品量：不大于计划预定方法的取样量。

（4）特征量的选择。

与样品的类型、性状和含量水平有关。

（5）样品均匀性检验在制备成实验室样品之后，分发样品之前进行。样品均匀性检验方法可使用 F 检验法。

2. 关于样品稳定性检验要求：

（1）稳定性检验的测试方法精密度和灵敏度不应低于能力验证计划预定使用的测试方法，且有很好的重复性。

(2) 传递样品，在计划始末或期间应进行稳定性检验。

(3) 对易变化的特性量，应在计划实施前对其进行稳定性检验(环境条件、时间等)。

(五) CNAS 在 2010 年～2011 年的文件变更

修订 CNAS-RL02，制定转换政策，主要变化在框架结构、对申请认可机构的要求、对不满意结果纠正措施的要求和认可标识使用等。制定能力验证提供者认可规则和指南；修订 CNAS-CL03 以及申请和评审文件；

修订 CNAS-GL02 和 CNAS-GL03 文件。在认可政策上，以满足 ISO/IEC 17011、APLAC-MR001、ILAC P9 的要求为核心，同时增加了其他的相关要求；在能力验证计划的运作和结果利用上，以 ISO/IEC 指南 43 为依据；在能力验证计划提供者认可上，以 ILAC G13 为准则。

二、CNCA 制定的主要法规

CNCA 制定的主要法规有 2006 年第 9 号公告《实验室能力验证实施办法》，《实验室能力验证实施办法》共 22 条，主要规定和明确相关政策、工作依据、能力验证的组织者和提供者的条件和要求、能力验证结果的判定和利用，以及对各相关方(组织者、提供者和参加者)行为规范的要求(见附录一)。

第三节 CNAS 能力验证要求

一、对合格评定机构的要求

CNAS-RL02《能力验证规则》中的相关要求如下：

4.2 对于实验室和检查机构，能力验证是一种有效的外部质量保证活动，也是内部质量控制程序的补充——对认可准则中相关要求的落实；认可机构应根据认可情况制定合格评定机构参加能力验证的要求，包括频次和领域要求。

4.4 能力验证结果是 CNAS 判定申请认可实验室/检查机构和获准认可实验室/检查机构维持其技术能力的重要依据之一。CNAS 的能力验证政策遵守实验室认可国际合作组织的要求(包括互认要求)，能力验证活动的开展符合相应的国际标准和指南。

4.5 CNAS 要求申请认可和获准认可的实验室必须通过参加相关的能力验证活动(包括 CNAS 组织实施或承认的能力验证计划、实验室间比对和测量审核)证明其技术能力……

4.7 CNAS 根据 ISO/IEC 指南 43-2 建立能力验证结果利用程序，以确保在评审过程和作出认可决定时考虑实验室参加能力验证的情况及其在能力验证中的表现。对参加了 CNAS 组织及其承认的能力验证活动且有稳定满意表现的实验室，在 CNAS 的各类评审中评审组可适当考虑简化相关项目的能力确认过程。

释义：来自 APLAC MR001、ISO/IEC 指南 43-2 和 ILAC G22。4.7 的内容取代了“四年之内免除现场实验”的政策。

4.8 实验室在参加能力验证中出现不满意结果时，CNAS 要求其立即停止在相关项目的证书/报告中使用 CNAS 的认可标识，并按其体系文件规定的程序实施有效的纠正措施。

释义：来自 ISO/IEC 指南 43-2 和 APLAC MR001。这是个不言而喻的要求，但应注意规则中更强调了与被 ISO/IEC 17025 标准的衔接，这是因为从当前实验室报告的纠正措施看，普遍不能满足 ISO/IEC 17025 中的相关要求。

4.8.1 实验室只有将实施纠正措施的记录以及纠正措施有效性证明材料在规定的期限内报 CNAS 确认后，方可恢复使用认可标识。纠正措施有效性的证明包括：再次参加能力验证计划、与 CNAS 指定的参考实验室进行比对，以及申请 CNAS 的测量审核或专家现场评审等活动的材料。对于逾期未提交纠正措施记录和纠正措施有效性证明的实验室，CNAS 可撤销其认可资格。

释义：CNAS 给出了纠正措施有效性的验证途径，实验室应注意按期提交整改报告＋验证证明。

4.8.2 如果实验室的结果虽为不满意，但仍符合认可项目依据标准所规定的判定要求，实验室可向 CNAS 提出，经 CNAS 确认后，恢复使用认可标识，但实验室仍需采取相关改进措施；对于出现可疑结果的机构，CNAS 将建议其采取相应的自查措施。

释义：注意在能力验证中“不满意”和“不合格”是两个概念。

4.9 对于出现不满意结果的实验室，CNAS 可以怀疑与不满意结果相关项目的检测能力（例如使用同类设备/仪器的项目），并告知实验室，要求实验室在规定时间内向 CNAS 提交相关项目的检测、校准或检查的原因分析和可消除怀疑的证明材料。对于在规定期限内未提交证明材料的实验室，CNAS 可撤销其被列入怀疑范围内相关项目的认可资格。

释义：鉴于当前科技的发展，设备越来越系统化和集成化，因此，有必要做出该规定。也是对 APLAC MR001 中“相关能力”的具体化实施。

4.10 CNAS 要求申请认可实验室的质量管理体系文件中有参加能力验证的书面程序，其内容应包括定期参加能力验证的工作计划安排、如何利用能力验证的结果来证明实验室的能力，以及发现不满意结果时应开展的纠正措施等。实验室应保存参加能力验证的记录，包括对出现不满意结果时的调查结论及其后续开展的纠正措施和预防措施。

释义：实验室应有相应的程序文件或作业指导书，明细规定 4.10 条款内容的做法，要有可行性和可操作性。

二、现场评审中的有关事项

1. 评审策划

关注 CNAS-AL01 的表 5-1、表 5-2《参加能力验证对比一览表》以及项目负责人的指令(前提是了解能力验证规则中承认的能力验证范围),据此决定现场考核的侧重;适当时,了解实验室的持续改进过程,策划实施测量审核。

关注 CNAS-AL01 的表 8《参加能力验证活动的计划表》与 CNAS 能力验证的频次要求的符合性,与 CNAS 能力验证子领域要求的符合性。

2. 检查合格评定机构的程序

CNAS 要求申请认可实验室的质量管理体系文件中有参加能力验证的书面程序,其内容应包括定期参加能力验证的工作计划安排、如何利用能力验证的结果来证明实验室的能力,以及发现不满意结果时应开展的纠正措施等。实验室应保存参加能力验证的记录,包括对出现不满意结果时的调查结论及其后续开展的纠正措施和预防措施。检查依据:被评审方文件。

检查是否制定了利用能力验证作为外部质量评价的程序,包括如何参加能力验证、将能力验证与其相关质量控制体系要素结合(如 CNAS-CL01 的 5.9)的情况,以及出现不满意结果时纠正措施是否与其质量改进要素(s)(如 ISO/IEC 17025 的 4.9～4.15)结合;纠正措施有效性验证是否满足 CNAS 要求的途径。

3. 评审合格评定机构的工作计划

评审依据:CNAS-RL02 的附录、申请书中的能力验证计划安排、合格评定机构落实申请书中能力验证计划安排的工作计划。首先应比照着 CNAS 子领域和频次要求,评审合格评定机构制定的计划(申请书附表 8)是否能够满足要求。

对应申请书附表 8,检查合格评定机构的工作计划,是否按照申请书中的计划来制定。

检查实施情况:

① 初评:更关注工作计划的制定。

② 监督:更关注计划的实施情况。对于不能满足子领域和频次(一定时期)要求的,不能在评审报告中提出"建议积极参加某领域能力验证",而应开具不符合项;不符合的关闭可为被评审方提交的到下次评审前须参加能力验证活动的计划方案;CNAS 跟踪其方案的落实,或在下次评审中检查。

③ 复评:应评价计划的实施、合格评定机构满足子领域和频次的情况,合格评定机构满足能力验证领域和频次要求的结论,应仅统计其获得满意结果或整改后满意的项目。

4. 评审合格评定机构参加能力验证计划的表现

评审依据:合格评定机构参加能力验证的记录,可从项目负责人处获得信息(CNAS 内部管理系统中)。

对于结果满意的,可直接确认,注意结合简化评审过程的政策。如何简化?由评审员根据现场中对实验室该项目能力的信心而定,可以是从不利用直至免于现场试验。

对于结果不满意的,重点查合格评定机构的纠正措施及其验证活动、认可标识使用(监督和复评)情况,此外在推荐认可时还需关注其参加能力验证的检测方法或领域相关性,不是简单就一参数论参数。

专家现场评价是被评审方能力验证不满意结果纠正措施的一种有效验证方式，但应注意评价的有效性。对于不满意结果且未完成整改的，不宜推荐相关领域的认可。

对于有问题结果，CNAS不要求合格评定机构整改，而是建议其整改，评审中也应检查合格评定机构采取的相关措施。该结果是应为合格评定机构预防措施的一个输入。CNAS不以该类结果作为受理申请和作出认可结论的依据，而是只接受满意结果。

应注意"满意"和"合格"的区别。在能力验证中，以"满意"、"不满意"以及"有问题"来表述能力验证结果，但在实际操作中，还应充分考虑结合专业要求来判断。

"满意"不等于"合格"（评审员应更关注这点）。

"不满意"不等于"不合格"（合格评定机构应更关注）。

这是由于统计意义和专业判断之间的差异所致，但理论上和正常情况下应该一致。出现差异时应以专业判定为依据。

5．对合格评定机构参加的能力验证计划是否可获得承认的评价

依据：CNAS网站的能力验证提供清单和测量审核/参考比对机构清单，个别情况下也包括CNAS对行业组织的计划的单项确认结果：

参加了CNAS的计划——在评审中不是问题；

参加了PTP（能力验证提供者）的计划——列入CNAS承认清单的均有效；

PTP自己运作的计划也可从CNAS网站查询到；

参加了行业或政府部门的计划——仅在可获得CNAS的确认结果后方有效；

参加了测量审核/参考比对——提供比对和判定结果的机构需列入CNAS的指定机构清单。

三、对结果报告的解读和评价

能力验证的结果报告一般应包含以下内容：

（1）计划的目的与特点；

（2）专家组的组成；

（3）计划运作的大致日程；

（4）参加者的整体情况概述；

（5）样品的选择和制备情况，包括均检稳检原始数据；

（6）对于参加者所用方法的说明；

（7）统计方法说明，尤其是指定值及其不确定度、"判据"是关键统计量；

（8）参加者的数据及相关统计图表；

（9）参加者结果，技术评议；

（10）报告的批准发布机构。

四、收费

CNAS的能力验证计划为非营利性活动，但能力验证提供者一般是商业运作的，参加者需承担相应的成本费。能力验证提供者应在计划开始前将费用情况告知参加实验室。

第四节 能力验证提供者

一、英国政府化学家实验室(LGC)

英国政府化学家实验室(Laboratory of the Government Chemist,LGC)成立于1842年,迄今已有近170年的历史。自1870年以来,LGC即为法定的英国政府化学实验室,是食品安全领域政府和业界纠纷案件的法定仲裁者。与此同时,LGC还承担英国国立化学和生化计量研究院的职能,并为欧盟认定的英国动物化学残量标准实验室。

LGC集团总部设在英国伦敦附近的米德尔塞克斯郡特丁顿(Teddington,Middlesex)。历经170年,LGC有限公司现已发展成为由以下四个分支机构组成的集团公司:LGC标准品,LGC司法鉴定刑侦科学,LGC基因组学以及LGC科学技术部。涉及技术范围涵盖:研发及质量控制领域,食物链,消费者安全及环境监督领域,生命科学基因组学、蛋白质组学研究,法医刑侦科学领域,医药及生物技术研究领域。LGC有限公司集实验室服务、测量标准、标准物质及实验室能力验证方面于一体,在欧洲各地和印度设有21家实验机构与研究中心,其整套研究方法全面达到ISO/IEC 17025国际标准。在全球开展业务的同时,也在政府及工业部门中提高测试标准、改进测试能力的项目中发挥核心作用。

LGC的技术和研发部兼具英国国家计量院职能,已通过标准物质生产ISO Guide 34认证(标准物质生产者综合能力要求)。在分析方法的建立和验证方面所具有的悠久历史,融合LGC的标准物质生产设施为此专业技术体系提供了强有力的保障。LGC通过参与国际计量局(International Weights and Measures Organization,BIPM)下属国际物质量咨询委员会(Consultative Committee for the Amount of Substance,CCQM)组织的关键比对测试来验证其生产有证标准物质的计量能力。在国际互认协议条件下,这些证书也为其他国际计量机构所认可。同时,LGC与国际标准组织(International Organization for Standardization,ISO)的标准物质委员会(Committee for Reference Materials,REMCO)合作,该委员会鼓励全球资源致力于有证标准物质(CRMs)的统一、生产和应用。

LGC标准品公司是LGC有限公司重要组成部分,也是欧洲最综合全面的标准物质提供者。LGC与全球领先的生产单位紧密合作,为世界各地的试验机构购买标准物质提供更加便捷的通道,所提供的标准物质也覆盖越来越多的领域。LGC标准品公司在欧洲各国、美国、中国及印度均设有分支机构。结合丰富的标准物质销售与专业技术经验,LGC为客户提供标准物质的同时,也提供与进出口法规相关的技术咨询。LGC提供的标准物质涵盖食品、环境、工业、临床及医药等各行业。以下分别介绍其提供的主要标准物质和实验室能力验证服务。

1. 食品、环境、工业界分析标准物质

LGC提供的综合类分析标准品逾80 000多种。“分析标准物质”目录集中了环境[水体、土壤、植物等基质标准品;二噁英、溴代阻燃剂、多氯联苯(PCB)、多环芳烃(PAH);EPA方法系列标准品]、食品(乳制品、鱼肉、蔬菜、谷物、酒类、动物饲料、食品添加剂、生物毒素、烟草、农药残留等标准品)和工业(陶瓷、玻璃、塑料、石油化工等)的标准物质。LGC提供的分析标准物质集中了不同标准物质生产者的产品，其中包括来自国家级测量机构的有证标准物质以及来自其他生产者的标准物质。尽管证书的格式和版本随着生产者不同而有所差异，大多数产品附有分析证书。LGC与全球标准物质的生产者紧密合作，主要合作方如下：

标准物质与测量研究所（The Institute for Reference Materials and Measurements，IRMM）是欧盟委员会联合研究中心（Joint Research Centre，JRC）七家研究所之一。JRC为欧盟指导委员会（Directorate-General of the European Commission，EC）的指导性机构。作为世界领先的标准物质生产者，IRMM已通过ISO Guide 34标准物质生产者认证。BCR®和IRMM标准物质（BCR®是JRC-EC-IRMM的注册商标）是欧盟研究资助项目下的产品，目的在于开发新型或改进计量检测方法。这些项目旨在欧盟改进、统一及标准化计量和测试方法。作为BCR®和IRMM标准物质的官方指定代理单位，LGC标准品公司在精心控制和严格监测条件下，目前保存了超过五千个BCR®和IRMM标准品。

德国联邦材料研究与测量研究所（The Federal Institute for Materials Research and Testing，BAM）在生产有证标准物质方面具有悠久的历史。自1912年测试碳的标准钢起，BAM对新型有证标准物质的开发持续增加。一年后，即生产出八种不同碳含量的钢样品。自1957年以来，随着各地区德国材料研究与测试研究所和企业的参与，研发得到不断的发展。1968年，按照欧洲规范（EURONORM）框架，欧洲钢铁领域的第一批有证标准物质被制定出来。目前，BAM不仅提供大量黑色及有色金属的有证标准物质，也提供环境、工程材料等方面的有证标准物质。

欧洲参考物质研究所（European Reference Materials，ERM®）系列标准物质制定于2004年5月，它是三方主要标准物质生产单位合作的结果，即英国LGC、比利时IRMM和德国BAM。合作方致力于应用最先进的方法生产有证标准物质。证书中提供的标准物质特性量值具有可溯源性，并通过参加BIPM下属CCQM的关键比对验证而得到国际认可。所有ERM®系列标准物质经过严格的均一及稳定性测试，保证每份标准物质在其有效期内均具有证书提供的量值。

剑桥同位素实验室（Cambridge Isotope Laboratories，CIL）在同位素分离领域居世界领先地位，每年生产120 kg的^{13}C和250 kg的^{18}O同位素。二十多年来，CIL积累了研发，生产和销售稳定性（非放射性）同位素及稳定同位素标记化合物的专业经验，成为当今主要的同位素标记化合物的生产商。CIL提供稳定同位素标记的环境污染物标准品，用于高精度的同位素稀释质谱技术（isotope dilution mass spectrometry，IDMS）。

ULTRA Scientific总部设在美国，是全球化学分析标准品的行业领先者。LGC标准品公司与ULTRA紧密合作，以满足各地试验机构对高品质环境标准品的需求。ULTRA公司生产的一系列有机、无机分析校准物质广泛应用于饮用水、污水、土壤、食品、化妆品等项目的检测。通过LGC标准品公司，ULTRA公司在合理的时间与价格范围为用户定制标准品。作为另一家通过ISO Guide 34认证的标准物质生产者，ULTRA Scientific的生产、质量控制及产品运输体系依从ISO 9001国际标准，其质量控制实验室已通过ISO/IEC 17025的认证，并正在进行ISO 13485的认证。自2005年，LGC标准品公司成为ULTRA产品欧洲区的独家代理。2010年LGC北京代表处成为Ultra Scientific在中国的独家代理。

有机化学工业研究所(Institute of Industrial Organic Chemistry,IPO)是波兰化学工业主要的研究和开发中心,已有二十多年生产农药标准物质纯品的历史。IPO 产品或是高纯有机化合物或是定量组成的混合物,随产品提供分析证书或纯度证明。IPO 的分析部门实行质量管理体系来生产有机化合物的分析标准。该体系符合 PN-EN ISO 9001:2001 标准(与 ISO 9001:2000 标准一致),并于 2002 年经 IQNET 和 PCBC(波兰测试和认证中心)认证。

2. 医药标准物质

LGC 医药杂质标准物质的研发和生产基地位于德国柏林附近的卢肯瓦尔德(Luckenwaldc),凭借在医药杂质标准品生产制造方面的丰富的专业经验,LGC 标准品公司目前能够提供超过 2 600 种药杂质标准品,与 630 种药物活性成分相关联,此外还应客户需求量身定制,提供杂质标准品及代谢产物、异构体的定制合成。每一种杂质均经过全面表征,对其成分、结构及纯度进行严谨的分析测试,并提供相应的分析证书。

LGC 医药杂质标准品不仅可用于药物成分及剂型中杂质的鉴别与控制,为药物的申报与审批过程提供详实可靠的数据,同时也用于分析方法的建立与验证,紧密地参与例行的质控管理过程。医药标准物质不仅对现行良好生产规范(GMP)认证至关重要,也贯穿药品研发、注册申报及生产质控的各个环节,药物中的杂质可能影响药物活性成分的治疗效果,在药物毒性和副作用方面也会带来潜在的风险,根据人用药品注册技术国际协调会(International Conference on Harmonization,ICH)颁布的指导纲要,对药品中杂质的检测、鉴定、定量等方面的工作日益重要。

3. 法医、临床、运动用药标准物质

LGC 是欧洲最大的、独立分析实验室提供化学、生化和基于 DNA 的检测服务。LGC 为社会公共和私营部门提供包括食品和农业、石油、化工、医药、环境、医疗保健、生命科学、法律实施的服务。LGC 先进的实验室系统建立了标准测量程序,用于生产高等级标准物质。LGC 为了公众的利益,运用合理的分析科学,给政府和工业界提供专业证据和建议,在纠纷案件中起着关键法定、仲裁分析师的角色。

LGC 司法部门提供全面的高质量的法医鉴定服务,为犯罪案件或者民事纠纷的调查取证提供法庭需要的专家证据,并与世界领先的生产商紧密合作提供欧洲最全面的标准物质种类。

CENAM 是墨西哥国家计量院,它的目标是支持不同的社会阶层对于当前和未来的计量要求,建立国家计量标准,通过高品质技术服务开发和传播其标准样品。

Cerilliant 是全球毒品滥用分析标准的主要提供者。Cerilliant 产品在法医分析领域被广泛使用和认可,并提供广泛的选择和最高品质的同位素标记和“本土化”标准溶液,适合尿液和其他体液以及治疗药物监测、药物分析及其他用途中药物检测分析。此外还供应酒精标准品、甾体类标准品以及它们的代谢产物和衍生产品。

ChromaDex 专注于开发和提供植物标准样品和植物化学产品和服务。公司的主攻方向是开发适合于各类人群的功能食品、制药、个人护理用品、保健品市场。

Medichem 有二十多年开发和生产体外诊断产品的经验。公司起初主要开发一般的临床试剂和血液醇类分析。自 1989 年以来,它与许多法医学院校合作开发用于毒理和法医分析的质控产品。Medichem 也为德国和其他国家提供实验室能力验证物质并生产的知名品牌产品 Medidrug 和 Medisafe。

NIBSC 是目前全球 WHO 国际标准物质主要的生产商和经销商，负责有效使用用于治疗的疫苗和多数生物技术产品。NIBSC 是国家生物制品标准委员会的组成部分，是英国政府的公共机构，成立于 1975 年，作为国会法案的法定机构。董事会负责维护和推进公共健康，确保来自 NIBSC 的生物制品的质量和安全。

NIST 是美国技术管理商务部内部的一个非监管的联邦机构。NIST 的使命是通过提高测量科学、标准与技术促进创新和产业竞争力以增强经济安全，改善生活质量。NIST 向工商界提供测量标准物达一个多世纪，它的许多标准物质(SRMs)被作为高等级标准物质使用。

NMIA 是澳大利亚工业、旅游资源部内部的一个分支，负责澳大利亚全国基础设施的物理、化学、生物和法律的测量。NMIA 提供法律和技术框架，传播测量标准、校准服务、化学和生物分析以及定型试验，并帮助澳大利亚基础设施的标准化建立。NMIA 是代表澳大利亚，根据国际条约，参与建立国际重量和测量委员会及国际法律计量组织。

NMIJ 是日本的国家计量院，负责建立统一测量标准和法律计量的政策，NMIJ 指导有关计量标准物质的研发，提供计量服务，以及代表日本参加有关计量标准物质和法律计量的国际活动。

SERO 是一家提供实验室对照和校准物质以及初级个人护理分析仪器的挪威公司，它的产品一般用于临床化学，蛋白质分析、肿瘤标记物分析、痕迹量元素及其他领域，SERO 生产如下著名品牌的对照样品：Seronorm、Pathonorm 和 Autonorm。

TRC 是一家生产用于生化研究的复杂有机化合物的专业公司，并且提供定制合成，公司能够生产 8 500 种产品，TRC 专业于生产碳水化合物、芳香化合物、氮磷硫类化合物，以及放射性同位素以及稳定同位素标记物。

4. Breitlander 金属标准品

Breitlander 金属标准品多达 15 000 种国际有证标准样品，2 000 多种库存标准品。100 家供应商遍布全球的研究机构、政府和企业。

专业数据库 PROFIX 容许同时查询 8 种元素浓度范围，并能在几秒钟内提供样品的化学成分、尺寸、库存和价格。早在 15 年以前，Breitlander 就已开始使用玻璃测试样本用作 XRF(X 射线分析仪)，现在能提供所有领先品牌的光谱仪。高精度的光谱分析结果需要可重复的样品制备，而这种设备供应和服务 Breitlander 早在 10 年以前就开始，现在 Breitlander 产品包括一系列手动、半自动和自动样品制备机以及 OES(发射光谱仪)和 XRF 的耗材以及溶液分析样品。

5. LGC 实验室能力验证

LGC 标准品公司中的实验室能力验证部门(下辖质量管理有限公司 QM 及 Aquacheck 有限公司)是当今提供实验室能力验证服务的主要国际提供商。二十多年来，LGC 已为世界各地进行化学和微生物测试的实验机构提供各种能力验证项目。目前，已有 130 多个国家的 7 000 多家实验机构参加了 LGC 提供的实验室能力验证项目。涉及许多分析方法均已通过 ISO/IEC 17025 的认证。认证过程的所有时间表的细节均可以在英国皇家认可委员会

(UKAS)的官方网站(www.ukas.com.)上查到。在国际化运营模式的基础上，LGC提供广泛的实验室能力验证项目，并已通过英国皇家认可委员会(UKAS)的认证。LGC也为中国合格评定国家认可委员会CNAS认可的国际能力验证提供方之一。

LGC现提供环境、食品、饮料和其他四大类33个能力验证项目，其中代表性能力验证项目包括：

(1) 环境样品(土壤、大气、水体)。①Aquacheck——600个参加实验室，400多个检测参数，其中包括生态毒理及放射性物质检测；②QWAS——水体、出水和污泥的微生物评价，1 000多个参加实验室；③CONTEST——被污染土壤各种污染物分析；④STACKS——气体排放分析。

(2) 食品样品的微生物与化学检测。①QMS——微生物分析，2 000多个参加实验室；②QCS——巧克力微生物与化学分析；③QMAS——肉类样品的微生物及化学分析；④QGS——食品、药品中明胶的微生物分析；⑤AFPS——动物饲料微生物、有机污染物及黄曲霉毒素的分析；⑥QDCS——乳制品成分与安全分析；⑦QFCS——食品化学检测。

(3) 饮料(酒精及非酒精饮料)检测。①碳酸、非碳酸饮料的微生物、化学分析；②啤酒酿造业的化学分析；③蒸馏白酒类(含葡萄酒、果酒类)感官及化学分析；④酿造业原料大麦、麦芽的分析；⑤生产糖与饮料等相关食品企业原料糖的分析。

(4) 其他(医药临床、玩具、化妆品化学分析、用户定制)检测。①Cosmetics and Toiletries——化妆品化学分析；②TOYTEST——根据欧盟法规EN71及AFM963的玩具安全性检测；③PHARMASSURE——制药行业或第三方实验机构有关药品化学与微生物检测；④QMIS——未知微生物的检测；⑤PACQS——粒径分析检测；⑥PHYTAS——天然产物植物类分析；⑦QUARTZ——血液毒理检测；⑧Drugs of abuse(urine)——滥用药物(尿样)；⑨Drugs of abuse(oral fluid)——滥用药(来源于液体)等。详细信息可查阅相关网页http://www.lgcpt.com/products.aspx。

除了这些常规项目外，LGC还可根据客户要求量身定制能力验证项目，这些项目往往是应一些跨国公司的要求特别设计和管理的，所有的这些跨国公司都是各个领域的领先品牌，都以产品质量和高附加值而著称。LGC的实验室能力验证项目可通过您当地的LGC标准品公司或者经销商参与。详情可参考http://www.lgcpt.com。

二、食品分析能力评估计划(FAPAS)

食品分析能力评估计划(Food Analysis Performance Assessment Scheme，FAPAS)创立于1990年，由英国农业、渔业和食品部(MAFF)下属能力验证机构(PTG)负责管理的非赢利性官方组织，是目前世界上最大的分析实验室能力验证提供者，与世界100多个国家的2 000多个实验室保持密切联系，FAPAS提供世界上最广泛的测试材料和指标。早在1990年，FAPAS就获得UKAS认证，正式成为能力验证提供者，现已成为国际著名的食品、饮用水、环境化学分析和微生物分析领域的能力验证提供者。全年提供广泛的能力验证测试样品，以及各种化学、微生物质量控制样品。产品系列包括食品分析能力评估计划(FAPAS®)、食品微生物学检测能力评估计划(FEPAS®)、水和环境分析实验室能力评估计划(LEAP®)、转基因食品材料分析能力评估计划(GeMMA®)、植物检疫诊断(PhytoPAS®)等，为世界约3 000家实验室提供医学、食品、饲料、水和环境检测领域的能力验证活动。

FAPAS 建立了一套完整的能力验证提供者评价制度，是食品分析领域全球第一个国际评价体系，已在世界各国食品分析实验室迅速普及。食品、环境研究局(Fera)的能力验证机构(PTG)专门负责能力验证计划的管理，PTG 提供全球统一品牌的 FAPAS、FEPAS、LEAP、GeMMA、PhytoPAS 能力验证计划。这些计划均已通过了英国皇家认可委员会(UKAS)的认证，依据 ISO 导则 43(即《测试及校准能力实验室要求》)和 ILAC G13:2007 进行认证。前一种认证过程的所有细节均可以在 UKAS 的官方网站(www. ukas. com.)上查到。

FAPAS 所有的能力验证计划按照国际惯例管理，尤其是那些在 IUPAC 国际协议框架建立的分析化学实验能力验证计划。这个国际协议初版(1994 年版)完全源自 FAPAS(1991 年版)第 1 版的协议书，现已修订出版 2006 年版，得益于 FAPAS 多年实施能力验证计划的丰富经验。FAPAS 每个能力验证计划均成立了各自的咨询委员会，委员会至少每年召开一次会议，分析总结近年来实施的能力验证计划，并对下年度的 FAPAS 能力验证计划提出建议、探讨存在的技术问题。委员们可随时对计划的任何条款提出建议，他们经常在 E-mail 中讨论问题和交换意见。向 FAPAS 能力验证计划机构申请在授权范围内的咨询委员会成员是很方便的事。

能力验证机构职员的职责是日复一日地运行单个能力验证计划，项目负责人对 FAPAS 能力验证计划负全部责任。Fera 和外来专家的建议指导全体职员开展工作，外来专家的建议将依据他们的专业知识而不是关系选择采纳。当咨询专家建议不能解决参加者的问题时，系统信息将修改。

FAPAS 能力验证提供者没有自己的任何实验设施，测试材料制备和均匀性检验均分包给其他实验室进行，且均匀性检验可以与材料制备在不同实验室进行。一系列经过 FAPAS 认证的分包实验室持续提供能力验证所需的测试材料，每个提供的测试材料将经过严格检测和审核。条件允许时，能力验证计划尽可能分包给采用依据国际认可标准 ISO/IEC 17025 认证的实验室。分包实验室也可以参与能力验证计划的工作，在这种情况下，参加实验室将与其他实验室一样按照规定严格执行，遵守同样的保密制度。

FAPAS 会根据每年全球发生的食品安全事件，由风险评估专家将年度能力验证计划预先设计好，并通过网站、传真等各种方式通知或公布。FAPAS® 食品分析能力评估计划包括固体、半流体食物和饮料分析，如油脂中饱和脂肪酸、不饱和脂肪酸、亚油酸、亚麻酸、ARA、DHA、总脂肪、胆固醇等成分测试等，奶粉、巧克力、谷物、小麦粉、罐头等营养成分测试，果汁、饮料成分测试，食品添加剂分析，蜂蜜、大米、肉类等掺假成分分析，饼干、酱油、奶粉中丙烯酰胺/氯丙醇/三聚氰胺等分析，食品重金属、有害物分析，鱼、肉类等兽药残留分析，谷物、水果、蔬菜农药残留分析，食品包装材料迁移分析，饲料成分、环境污染物、迁移分析等。

FEPAS® 食品微生物能力验证机构创办于 1997 年，由英国政府通过位于约克郡的中心科学实验室(SCL)食品及农业事业部(DEFRA)的能力验证机构(PTG)负责管理。FEPAS 已发展成为世界众多国家微生物学家相互交流的国际性机构，提供广泛的致病菌、非致病菌、腐败菌等检测能力验证计划，如水中微生物、寄生虫分析，指示生物、总大肠杆菌、链球菌、鞭毛虫、担孢子等检测。

GeMMA 转基因材料分析能力验证机构创立于 2000 年，初期作为系列 23 加到 FAPAS

体系中，2001年4月起，GeMMA从FAPAS体系中分离出来，形成独立的测试体系。EU法规第1139/98号要求含转基因物质的食品必须标明成分。20世纪末，欧洲委员会通过标签法规，所有转基因配料含量超过1%的产品均应加贴标签明确识别成分，这一措施已被世界各国广泛采纳。因此，实验室需要确保对转基因物质进行检测分析的准确性和可靠性。转基因能力验证样品主要有玉米、大豆粉、烘烤产品、饲料等。

环境分析能力验证实验室（Laboratory Environmental Analysis Proficiency Scheme，LEAP）是20世纪70年代专门为测试水和环境样品服务而创立的机构，最初作为英国约克郡水实验室分析能力测试系统，而后逐渐开放给外界实验室服务，并于1994年正式成立LEAP机构。初始由Kelda集团下属Alcontrol公司负责管理，2000年后移交给约克中心科学实验室（Central Science Laboratory，CSL）食品及农业事业部（DEFRA）的能力验证机构（PTG）负责管理。LEAP机构通过了UKAS认证，提供四种材料涵盖了饮用水化学、微生物学、寄生虫学检测，以及污水、废水、土壤污染、危险废料分析等领域，并设立相应的用户论坛。①饮用水化学测试能力验证样品自1976年起开始提供，目前可以提供涵盖69种检测指标的样品；②饮用水微生物学测试能力验证样品测试菌落总数、大肠杆菌等；③提供饮用水链球菌、梨形鞭毛虫能力验证样品；④污水、废水、土壤污染和危险废料能力验证样品提供超过500项测试指标，每年发放样品两次；⑤常规测试样品，每年提供4次，主要为污水和废水中的一些指标。LEAP水和环境实验室能力验证计划包括饮用水化学分析，工业污水、废水、污染土地分析，土壤中的金属分析，应急事故分析，测试实验室在紧急情况下快速、正确分析未知化学污染饮用水，识别真实水样中有害化学污染物，总α、总β放射性样品测试等。PhytoPAS植物检疫诊断分析包括细菌、真菌、昆虫、线虫、植物病毒、病原体等。

FAPAS质量控制样品基质是真实的食品，依据实施的能力验证对其中一个或多个指标进行了充分测试，才能作为实验室质量控制样品。数据报表中的指定值是一个经许多实验室采用多种方法测定的公认值。满意值范围被看成是一个符合目标值，并代表实验室间重现性的范围。分析人员认可质量控制样品在实验室内部质量控制中的作用，使用质量控制样品，结合参加实验室能力验证计划，将提供良好的内、外质量控制评估结果。FAPAS食品质量控制样品涵盖了共12大类的绝大多数食品基质，成分类别有农药残留、兽药残留、添加剂、营养成分、维生素、环境污染物、微生物、转基因等。除外还有高纯度溶液标准品，临床分析、法医、运动员违禁药物、环境、药品质量控制样品和标准品等。

FAPAS于2004年进入中国，目前已有327家实验室参加过FAPAS食品安全认可，其中食品理化分析实验室为223家，微生物检测实验室为61家，转基因检测实验室为43家。这些实验室大多数分布在中国沿海城市。从参加英国FAPAS食品安全认可的实验室性质来看，绝大多数为政府单位实验室和一些企业单位实验室。随着第三方检测机构在中国的迅速发展，FAPAS产品将深入推广。中国食品安全备受关注，政府相关机构的检测水平往往代表了国家的形象，所以各地的食品检验机构比以往更加重视水平测试，提高检测能力。

三、环境与资源联合会(ERA)

环境与资源联合会（Environmental Resource Associates，ERA）成立于1977年，是Waters公司在科罗拉多州阿瓦达市的一个部门，为世界150多个国家的数千个实验室提供能力验证计划和有证标准物质。随着母公司的财政强大和技术加强，ERA 不断壮大发展。ERA 为实验室提供服务，作为国际太空站水质标准提供者，使研究一直延伸到外层空间。ERA 对实验室国际权威认证和管理体系的透切理解，能够熟练地指导客户面对分析问题挑战。

ERA 通过了 A2LA 认证，在环境分析行业能力验证具有 28 年的经验，提供标准物质和最常见的能力验证，帮助实验室提高能力。ERA 标准物质满足 USEPA、NELAC 和国际标准规定要求，十几年的使用证明对实验室能提供一个合适的测试。客户服务部在环境分析方面有丰富的经验，提供能力测试需求，解决技术问题，详细信息可以浏览网站 eDATA™。

1. 能力测试标准品

ERA 提供各种能力测试标准品包括 WatR™品牌的 Pollution(WP)、Supply(WS)、WS Micro Only，RadCheM™品牌的 WS、Multi-Media RadCheM™，以及大气和排放物、污泥/有害废物、DMR-QA 等系列。这些能力测试标准品符合 USEPA、NELAC、A2LA、NIST/NVLAP 和专业规范要求。①ERA 的废水质量控制标准品 WatR™是为帮助实验室改进水常规分析而设计的，包括废水、地面水、污染的地下水。水分析能力测试标准品有 CWA、RCRA、CLP 系列。②废水大肠杆菌标准品 WatR™，包括大肠杆菌 *E. coli*(MF)、总大肠杆菌 MF、粪大肠杆菌 *E. coli*(MPN)、总粪大肠杆菌 MPN，每套提供阴性和阳性样品各 1 个。③饮用水质量控制标准品 WatR™，用于评价和改进实验室饮用水、地面水、及清洁地表水常规分析的质量，包括无机、有机和微生物分析样品。微生物水质量控制标准品严格按要求制作成干冻的形式，保证菌种的稳定性，分为饮用水和废水微生物水质量控制标准品。

许多实施能力验证的机构也生产用于方法学确认测试的有证标准物质(CRMs)和质量控制标准品。这些材料的共同特征是要求非常高的分析技能和高准确度及精密度的仪器。世界著名的标准物质供应商，如美国国家科学技术研究院(NIST®)和欧洲标准物质和测量研究院(IRMM)，它们提供多种多样的标准品，满足各种需求。但许多能力验证机构生产它们独有的、特殊基质的有证标准物质和质量控制标准品，这些物质可以溯源到 NIST® 和 IRMM，性能更好。

2. 能力验证计划研究

ERA 具有 30 年能力验证研究的经验，整个团队准备每一年的 DMR-QA 计划，为世界数千实验室提供能力验证服务。ERA 提供的能力测试标准品完全遵循 USEPA、NELAC 和能力验证提供者的要求，执行严格的内部核查测试和广泛的能力验证研究数据分析程序，对保证正确评价能力验证结果致关重要。能力测试品设计成没有提供标准值的单盲标准品，能力验证结果上报 ERA 后，根据合适的 USEPA、NELAC 或专业标准评价实验室的检测能力，项目时间截止后，评价结果反馈给参加实验室。

ERA 成为有著名的环境和药物分析能力验证提供者，北美洲最大的环境实验室能力验证研究和有证标准物质供应商。在饮用水、非饮用水、土壤、有害废物、工业废水、排放物中的无机和有机分析方面成为行业主导者。ERA 获得许多国际知名标准组织的认证，如通过了卓越质量管理系统 ISO 认证，能力验证计划设计、筹划、运转、评价等的 A2LA 认证，提供公正的能力测试研究技能的 ILAC 认证。

为了提供水质检测质量和评估 150 个参与国家、地区和全球的水质，ERA 被选为联合国经营全球环境监测系统(GEMS)能力验证提供者。ERA 的能力验证计划包括空气和排放物、土壤中的无机物和有机物、有害废物、水中无机物、微生物、放射化学等。

四、资源与技术公司(RTC)

资源与技术公司(Resource Technology Corporation,RTC)位于怀俄明州的 Laramie,1988 年成立,主要业务是制造和销售有证标准物质、质量控制样品、试验性能评估样品,以及固体和水样能力验证样品,是全球著名的标准品和参考物质供应商,也是欧盟指定的三家标准品和参考物质供应商之一。早期业务集中在环境分析领域,随后扩展到药物分析领域,生产的"Real World" CRMs 和加标的标准物 CRMs 闻名于世界。

1. 有证标准物质

RTC 公司通过了参考物质生产者能力的通用要求 ISO 指南 34:2000(A2LA 证书号:2122.03)认证、实验室测试和校准能力的通用要求 ISO 17025:2005(A2LA 证书号:2122.02)认证,以及质量管理系统 ISO 9001:2008 认证,并且是 A2LA 认可的实验室能力验证提供者(A2LA 证书号:2122.01),也是 US EPA 早期认证的能力验证提供者。RTC 已成为多种有证标准物质的生产商,生产世界知名的土壤、沉积物有证标准物质。所有的证标准物质均依照 ISO 指南 34 和 ISO 指南 35 生产和认证。RTC 的有证标准物质是自然基质材料或者自然基质,大多数的有证标准物质具有方法特异性,以多个内部实验室分析结果经稳健统计方法处理得到标准物质的指定值。

有证标准物质定义是经过方法学确认程序描述的一个或多个规定性质的一种参考材料,与测量可溯源性和不确定度有关。RTC 生产的有证标准物质包括环境分析、精细化学、法医、药物、可追踪的、微生物标准物质等。

早在 20 年前,RTC 有证标准物质经过收集美国污染地点的土壤、固体废料制备真实标准物质,满足 US EPA 技术要求。此后,产品品种不断增加,包括了广泛的天然材料标准物质。RTC 环境标准物质包括饮用水、地下水、石油、矿泥、土壤、废水等有证标准物质。①纯净土壤-未污染的空白土壤,这些纯净的基质,从它们的名字描述可见,用于纯净对照和方法验证,方法研究中没有合适的有证标准物质时可作为强化的基质。②自然-基质有证标准物质,具有可用有效程序测量的一个或多个特定的属性,证书描述了这些特定属性的标准值、相应的不确定度和测量学上可追溯性的描述。如土壤中的微量金属有证标准物质,没有经任何方式强化,直接由自然污染的基质生产,经测量定值;用于检测微量金属的沉积物有证标准物质,基质经强化使分析物可满足 US NELAC 实验室或与其相近的的要求。③用于检测微量金属的沉积物或污泥,产品是在美国实验室之间合作研究和发展协议(CRADA)下设计、生产和进行均匀性、稳定性检验;④用于检测 TCLP 金属的土壤,是从美国西部的美国政府有毒废物堆放地收集而来,采用 USEPA SW846 第三版本方法 1311(TCLP)检测定值,这些方法是为重复污染地点的自然沥滤而设计的。WET 是废弃物提取测试的首字母缩写,可用于有毒金属废弃物的分类。当涉及可沥滤的金属的数量时,WET 是废弃物的首写。TCLP 是一种沥滤法,它使用的沥滤剂比 WET 使用的侵蚀性低。对比可溶性阈值限制浓度(STLC)和 WET 的结果,WET 测定的是特定组分的数量,如使用促进垃圾沥滤的溶液,这些组分可从土壤中沥出,这些标准品经加利福尼亚州的 WET 方法认证。⑤土壤中的半挥发性有机分析物/杀虫剂,用于检测挥发性有机化合物(低、高水平)的土壤,VOCs 是一组 40 多种的化合物,从丙酮到二甲苯,并且包括 EPA 方法 8260 要求分析的氯化物。这些自然基质土壤都是混合物,它们含有低水平 VOAs 的大多数组分,样品可用甲醇提取测定。⑥用于检测 BNAs 的土壤,BNAs 是一组 60 多种的有机化合物,EPA 方法 8270 中描述了 BNAs 的分析方法。这些自然基质 CRMs 是从美国西部的多处地点收集而来的。⑦用于检测总石油烷烃的土壤,由地下燃料储藏罐泄漏而引发环境污染的分析日益重要,基于这个原因,获得了用于方法验证、方法研究或基质恢复应用的一系列综合有证标准物质。设计这一系列基质有证标准物质包含了大多数普通土壤类型和在燃料中发现的分析物。⑧用于检测杀虫剂的土壤,多年来,杀虫剂残留分析已经是环境实验室工作量中的一个重要部分,RTC 已经发展了多种组分混合的有证标准物质。⑨用于检测多环芳烃、多氯联苯、杀虫剂的污水污泥或沉积物 WD(RIZA)。在欧洲,PCB 分析主要针对 7 种标记同系物 PCB28、PCB52、PCB101、PCB118、PCB138、PCB153 和 PCB180。为了满足市场需要,RTC 推出了三种同系物 PCB 有证标准物质。⑩用于检测除草剂、氯丹、毒杀酚的土壤。氯丹和毒杀芬已被证明具有生物累积性,世界大多数地区都强制检测土壤中这两种杀虫剂。氯丹是一种用来控制草坪和多种作物中火蚁的杀虫剂。氯丹是包括氯丹异构体、其他氯化物和副产物的复杂混合物的专用名词。在大多数温带气候中,环境中通常存在只有两种氯丹异构体 α-氯丹、γ-氯丹,半衰期超过 20 年。毒杀芬是一种常用于棉花栽培中的有机杀虫剂和杀螨剂。毒杀芬不是单一的化合物,是超过 177 种同系物的混合物。⑪用于检测爆炸残留物的土壤。近年来,对恐怖活动、军事基地和军工厂出现的土壤污染事件备受关注,对土壤中包含爆炸物和其他硝基残留物的有证标准物质的要求急剧增加。包括三种主要土壤类型:肥土、砂土和被爆炸物污染的关键标记物。⑫多氯联苯有证标准物质,是一个由 209 种具有不同的物理和化学特性的同系物组成的氯化物家族。大多数 PCB 混合物是油状液体,颜色暗沉度,粘稠度随着氯含量的增加而增加。含有少量氯原子的 PCBs 比氯原子多的 PCBs 可溶性更高,化学和生物降解更加可控,在环境中持久性更差。⑬检测特定微量金属的有证标准物质,是从自然污染基质中生产和认证的,以没有任何方式强化和修饰。如铬(四价)土壤,采样地点为美国西部,这些有证标准物质满足了 NELAC 能力验证测试领域的要求。微量金属/氰化物-肥土,样品来自美国西部污染地点。这 27 个分析物加上氰化物的有证标准物质,是从自然污染基质中生产,并经定值,已没有任何方式强化和修饰。

精细化学标准品包括水藻、贝类毒素、食品污染物、药物代谢物、石蜡、烯烃、芳香族化合物、脂肪酸及衍生物、阻燃剂、金属有机物、PAHs、杀虫剂等。所有法医标准品经过 ISO/IEC 17025 认证,执行 ISO 指南 34,标准品可溯源到一级基准。RTC 药物标准物质依照 ISO 指南 35 生产,并提供详细的证明文件。如处方药、欧洲方药、杂质、日本处方药、瑞士处方药、能力测试样品等。USP 可追踪有证标准物质,能追踪到比对标准,通过了 US FDA、USP 和 EP 认证。RTC 微生物标准品包括实验室质量控制测试品,如环境、药物、医疗、食品和水的标准物质。Vitroid™ 技术用于稳定贮存期间的微生物,延长稳定期、提高生物活性。

2. 能力验证样品

RTC 能力验证研究按照 ISO/IEC 17025 和 ISO 17043 相关内容,通过 ACLASS 和

NELAC认证，并通过ISO 9001：2008质量体系认证，RTC产生环境LPTP已有20多年历史，向世界2500个参加实验室发送能力验证样品两万多份。这些能力验证样品范围包括DMRQA、微生物、药物、固体/固体有害废物、地下水、水污染/废水、供水/饮用水等，更多信息可浏览公司网站。

五、标准溶液供应公司(NSI)

标准溶液供应公司(NSI Solutions)成立于1982年，初期为USEPA生产标准物质，具有20多年质量控制标准物质的生产经验。NSI通过了A2LA和ACLASS认证，生产的标准物质满足ISO指南34：2009和ISO/IEC 17025：2005的要求。环境化学和药物检测通过A2LA认证，质量管理体系通过ISO 9001：2008认证，能力验证提供者获A2LA认证，质量体系依据ISO/IEC 17043：2010、TNIEL-V3-2009及ISO指南34：2009运行。

NSI公司生产各种能力验证标准品、质量控制标准品，用于环境分析、微生物质量控制和药物分析，包括水、废水和土壤中的金属、矿物质、农药、除草剂、挥发性有机物、半挥发性有机物、PCB、BOD5等及无机、有机物，以及微生物检测项目的标准品。如满足EPA方法要求的高浓度有机标准品、UST对照标准品、单一成分有机标准溶液、原子吸收和ICP多元素和单一元素标准品、大肠杆菌、肠球菌标准品等。详细资料浏览公司网站www.nsi-es.com。

NSI公司是与CNAS签署互认协议的国外能力验证提供者之一，为环境分析实验室提供能力验证服务、能力验证标准品、质量控制标准品和标准溶液等。具有20多年的能力验证标准物质生产经验，在过去10年内，能力验证报告从未出现过错误数据。能力验证标准样品有NELAC和WS/WP/DMRQA等系列。

① 饮用水领域能力验证计划，包括化学和微生物测试计划、放射化学测试计划等。②非饮用水(NPW)领域能力验证计划，包括化学和微生物测试计划，完全工业排放毒素能力验证计划，这一计划得到NELAP采纳。③固体化学材料测试能力验证计划，分析物的鉴别能力验证计划SCM FOPT。实验室参加NSI能力验证计划，从申请表格填写、上报测试结果、检测结果评价、结果反馈等均通过PT Express^{sm}完成。

六、澳大利亚能力验证机构(PTA)

澳大利亚能力验证机构(Proficiency Testing Australia，PTA)是NATA全资附属机构，成立于2006年1月，由工业界代表、能力验证专家委员会控股的非营利性公司，是澳大利亚最大、最富有经验的能力验证提供者。全体富有经验、专业熟练、有名望的职员和经纪为客户提供良好的服务质量，为工业的校准测量和测量审核提供能力测试服务。PTA依托悉尼和布里斯班基地为澳大利亚和国际提供能力测试计划，技术咨询和培训等业务。PTA作为能力验证提供者通过了美国A2LA认证，能力验证计划设计、组织实施等技术满足ILAC指南13：2007和ISO/IEC 17025：2005有关能力验证材料合适性、均匀性和稳定性的要求，质量体系按照最优的国际惯例管理，遵循ISO/IEC 17043：2010和ISO 9000：2005规范要求。PTA成为澳大利亚和国际重要的能力验证计划和测量审核计划提供者，国际上重要的能力验证计划培训和咨询机构。

PTA计划可分为两个类别，一类为多个实验室间测试比对，样品同时分发给两个或多个参加实验室测试,对结果的一致性进行计算;另一类为多个实验室间校准测量,一个测试项目连续分发给两个或多个参加实验室测试,每个实验室的结果与参考值比较。多个实验室间测量比对子项目是一次性测量,而测量审核为一个特定的测试项目分发给一个实验室,测试结果与参考值比较。

1. 校准测量

(1) 多个实验室间比对测量:合作者提供经均匀性检验的样品,PTA 组织实施后续计划。技术顾问将每个计划输入电脑,样品分发到参加实验室,待测试结果反馈后,技术小组进行统计分析、结果的一致性比较。

(2) 多个实验室间校准测量:同样合作者提供校准测试项目的样品,PTA 组织实施后续计划,技术顾问将每个计划输入电脑。每个校准实验室通过测量范围和最小不确定度来表示它的特征能力。由于校准测量实验室通常有不同的测量准确度水平,在一个小组内比较测定结果是不标准的做法。对于校准测量,需要确定每个实验室在它们的最小不确定度下测量的准确度水平。校准测量的指定值(标准值)不来自分组测量结果的统计分析,而是由高准确度且技术水平高于参加实验室的参考实验室提供。PTA 多个实验室间测量比对计划,参考实验室通常是澳大利亚国家计量研究院(NMI),持有澳大利亚国家一级测量标准。校准测量和能力比对测量的另一个不同点是唯一测试项目连续地分发到参加实验室,运行时间较长。因此测试样品的稳定性受到较多的关注,样品稳定性要求更高。

2. 能力验证计划

作为能力验证提供者,PTA 在澳大利亚为特殊的测试和测量实验室能力评估提供一种手段。PTA 能力验证计划范围不断发展扩大,在化学测试、生物学测试、建筑材料、机械测试、非破坏性测试和校准等提供许多的能力验证计划,还可为个体和工业团体的能力测试定制计划。PTA 通过产品诚信动植物检疫部门的分机构食品安全和诚信单位为 DAFF 提供统计咨询服务,还为谷物、谷物加工、磨制、烘烤的专家提供统计咨询服务。

PTA 向国际参加实验室提供能力能力验证计划,包括加拿大、中国、芬兰、日本、韩国、荷兰、美国、德国、英国、中国香港等 52 个国家和地区。为初入门的能力验证提供者和认证机构提供能力验证培训,包括巴布亚新几内亚认证计划(PNGLAS)、印尼国家食品和药品质量控制实验室、日本国际认证(IAJapan)、巴基斯坦国家认可委员会、越南和韩国水资源公司(K Water)等。为世界许多国家如马来西亚、埃及、奥地利、越南等能力验证提供培训。PTA 还是 APLAC 的成员,为 APLAC 能力验证委员会、ILAC 能力验证顾问小组、欧洲实验室认证委员会等输入许多国际委员,修订了 ISO 17011、ILAC MRA、ILAC P9 国际标准和指南,进一步完善了 ISO/IEC 17043,为 APLAC PT 006 文件发行提出建议。

PTA 提供测试计划、校准计划,以及给工业机构的定做计划。能力测试计划是指一个实验室的能力通过测试结果与所有参加实验室反馈结果统计值的一致性比较。PTA 提供广泛的测试计划,测试材料和项目范围覆盖大多数领域,包括生物学、化学、建筑材料、电子、机械及非破坏性测试等,每年向澳大利亚及海外参加实验室连续提供 1 个～6 个测试计划。国家认证机构使用 PTA 测试计划的结果监控它们认证实验室的能力。校准测量计划涉及一个测量样品或一批测量样品在一组实验室或单个实验室间循环的测量,单个实验室参加的计划称为测量审核。这些实验室的能力评估是将他们的测量结果与标准值进行比较。

PTA提供涵盖大多数校准领域的校准计划，包括声音和振动、电子、热和温度、物理的和尺寸测量、光学和放射等。PTA测量审核通过试验结果与参考实验室的测量结果比较，同时考虑参加实验室的测量值和标准值的不确定度分量。实验室能力采用 *En* 值评估，并采用国际接受的方法计算 *En* 值。

能力验证能通过实验室间一致性结果比较对实验室能力作出客观评价，成功的能力验证计划要求认真选择样品，控制好样品制备、组织实施、结果评价等关键环节。PTA能力验证依据ISO指南43:2010运行，食品安全能力验证计划包括家禽卫生学检测（AQIS）、食品中病原微生物检测、奶粉质量评估、食品化学残留检测，以及酒中总酸、挥发性酸和乙醇等检测；饮用水能力验证计划包括饮用水中氨基甲酸酯杀虫剂、PCBs、TKN、TP、BOD、TOC、COD、亚硝胺、电导率、色度、pH、金属、总氰化物、酸溶解氰、阴离子、钾、钠、钙、镁等检测。土壤中PCBs、OCs、Ops、金属等能力验证计划；药物能力验证计划检测样品中的相关成分；金属检测实验室能力验证有合金能力验证计划、金属拉力和硬度试验、非破坏性试验等；微生物学能力验证计划包括水中大肠杆菌、粪大肠杆菌、总大肠杆菌，食品中病原微生物、非病原微生物，家禽卫生学等。更多的信息可浏览网站 http://www.proficiencytesting.com.au//。

七、澳大利亚质量服务专门机构

澳大利亚质量服务机构（IFM Quality Services）成立于1994年，1997年合并为股份公司。公司致力于为检验机构、政府机构、私人公司等实验室质量提供各方面的服务。作为完全独立的、私人公司，质量保证客观、公正。通过提供质量保证的产品和服务帮助实验室改进和维持检测能力，如提供能力验证计划、有证标准物质和咨询服务等。公司是澳大利亚首家、世界上首批依据ILAC指南13:2000认证的能力验证提供者。2000年4月通过了国家检测资格（National Association of Testing Authorities）认证，提供能力验证计划、多个实验室间测试比对、外部质量评价，质量评估计划、循环系列测试、质量控制计划等服务。通过了A2LA认证（编号3189-02），认可范围扩展到食品、水、化妆品、药品、电子产品和兽医测试等领域，是全球性能力验证提供者。能力验证计划除供应澳大利亚外，还横跨5大洲超过70个国家。

能力验证涉及在一组实验室或实验人员间进行同一样品测试和测试结果比较。能力验证或比较的关键环节是测试样品充分均匀和足够稳定，一系列经均匀性和稳定性检验的样品分发到参加实验室测试。IFM实施能力验证计划，作业指导书和必要的背景材料随样品一起发送到参加实验室。参加者依据标准方法按指导书要求分析样品和上传结果。IFM汇总数据、采用稳健统计法处理，结果的中位数、四分位数间距、用于计算可接受的范围、评价实验室的检测能力。每个实验室收到一份评价报告，能与其他参加实验室比较能力水平。

1. 微生物测试能力验证计划

水中微生物学能力验证计划，天然水经12个月冷冻处理后分装，样品类型包括天然冷冻水样（P4、P7）、CSP冻干水样。测试项目由平板计数、大肠杆菌、葡萄球菌、链球菌、绿脓杆菌等指标。食品微生物能力验证计划包括病原和非病原微生物、质量控制样品计划3种，每个病原和非病原微生物计划各设计3个独立的样品（A、B、C），每轮6个样品，共24个样品。每年组织4次计划包括饮料和快餐（P1）、点心和羹（P3）、婴幼儿配方和淀粉（P6）、传统的和节日食品(P8)。实验室可以参加整个计划也可参加其中一个分计划。计划设计两个浓度适合实验室检测。如天然食品、肉、水中微生物能力验证计划,天然化妆品、药品微生物能力验证计划等。非病原微生物检测项目有平皿计数、大肠杆菌、耐热大肠杆菌、总大肠杆菌、蜡状芽胞杆菌计数、乳酸杆菌数、酵母菌和霉菌计数;病原微生物检测项目有沙门氏菌属、李氏杆菌病、葡萄球菌属计数、肠球菌计数、O157 大肠杆菌。冷冻的质量控制样品计划(CSP),是经济的计划,由 12 个干冻样品组成,所有计划从五月开始直到下一年的四月结束。兽医微生物能力验证计划,如家禽诊断测试微生物学计划,含有细菌和真菌的冻干测试家禽微生物,每月组织一次,运作较快。计划为实验室人员设计,用于评价个人能力,比较样品与病例之间的结果不准确度和差异,组织培养和鉴定,抗体灵敏度检测、评价病例隔离的作用。用户定制能力验证计划,为一组实验室或同一公司实验人员能力验证而设计。IFM 备有多种产品,不同产品的组合能较好满足用户的精确计划需求。食品化学能力验证包括高蛋白和谷物混合物、果汁、奶粉等测试计划,测定营养成分、防护剂、应变原、pH 等。

2. 电子测试能力验证计划

电子安全测试与测量计划,主要目的是给实验室提升能力提供一种工具,使多个实验室间测试数据相互可比较、可接受,使实验室遵循 ISO/IEC 17025 质量保证,揭示参加实验室测试结果的重复性和再现性。比较方法和设备的特性,分析试验结果偏离的原因。IFM 服务扩展到实验室的“家族”NCBs 管理。为 IEC-EE 测试委员会提供支持和并开展合作,IEC-CMC 要求所有注册的实验室参加电子测试能力验证计划,不在 CB 计划要求的实验室、开展相关业务的实验室,依据 ISO/IEC 17025 管理的要求也邀请参加。

3. 校准能力验证计划

IFM Quality Services 与南非国家实验室协会合作实施澳大利亚首个综合的、快速轮转校准能力验证计划。快速反馈计划给实验室提供必不可少的、信赖的校准活动证据,实验室能够及时改进质量。校准能力验证计划包括 ILC101～ILC104、ILC106～ILC109 等。

4. 标准物质和质量控制物质

已知分析结果的同质样品用于分析确认、质量保证等。标准物质和质量控制物质产品范围包括可追踪的标准菌珠、细菌 200 种、真菌 10 种、酵母菌 20 种等。详细信息浏览网站 www.ifmqs.com.au。

八、室间比对技术研究所(IIS)

室间比对技术研究所(Institute for Interlaboratory Studies,IIS)总部设在荷兰的 Spijkenisse,作为独立的能力验证机构,在全球范围内组织实施石油产品、石化产品、消费品及食品的多个实验室能力验证活动,同时所有活动获中国合格评定国家认可委员会(CNAS)以及其他国际组织所认可。已有 100 多个国家参加了 IIS 组织的能力验证计划。验证计划通常针对有关的商业产品,并包括全部技术指标的测试。除常规的年度能力验证计划外,IIS 机构还可根据参加者的要求定制合适的验证计划。如客户为了评估供应商实验室、本地区相似实验室或本机构实验室的能力,可以委托 IIS 组织实施能力验证计划。计划根据客户要求设计,依据国际实验室认可协议(如 ISO 5727、ASTM E691、IUPAC、JAOAC、DIN 38402 或 NEN 6303)组织,广泛的样品范围和样品类型可供选择。IIS 年度能力验证计划开始于 9 月,持续到下一年的 7 月才结束。

1. 能力验证和质量控制计划

参加实验室能力验证是实验室依据 ISO/IEC 17025 和 EN 45003 认证的要求,校准分析结果与其他实验室的差异是重要的第三种质量控制要素。如果结果存在系统偏离,可以采用校准措施叫正。如果实验室参加能力验证计划,实验室有较好的质量保证,当样品再次给其他实验室测定,结果仍然真实可靠,表明结果的可靠性,并给实验室客观的评价。IIS 依据专业基础设计所有多个实验室参加的能力测试计划,如多个实验室间比对、实验室评估研究、能力测试、round robin、相互校准计划、合作试验等能力验证计划;合作试验和合作测定等方法确证研究;材料性质研究,如有证标准物质的制备。IIS 能力验证的专业优势包括参加者允许采用自己的方法分析、全球参与、代表全行业、具有广范的代表性、结果保密性好,收费适中。

2. 标准物质

IIS 提供有限数量的标准物质(RM),这些物质有相当好的特征,高的行业关联性。为了给参加实验室提供能力验证支持,1996 年 IIS 开始多个实验参与标准物质研究,这些标准物质依据一个或多个实验室的测定结果定值。每种标准物质均提供标准证书,并从 IIS 网址下载。有证标准物质类型包括常规航空汽油(航空涡轮发动机燃料 A1)、高纯度二甲苯、润滑油、甲醇、乙二醇、乙醇、EMG、萘烷、低硫发动机汽油、低硫 B5 柴油。除外,IIS 还生产多用途标准物质,可用于多种参数测试。

九、国际分析家学会(AOAC)

国际分析家学会(AOAC)成立于 1884 年,致力于分析科学方法的研究和确认、改进实验室的质量保证措施。在过去的 100 年里,AOAC 已从美国农业部的化学家小组逐渐形成独立的分析科学家协会,成员遍及全世界。今天,AOAC 是一个独立的非营利性的全球认证机构,为了实现"分析结果全世界可信"的梦想,AOAC 组建分析科学机构,通过工作组"fit-for-purpose"(适合目的)方法性能标准和完全文件化,提供工具、必要的方法,发展无偿的统一标准或技术标准。提供以科学为基础的解决方法和官方的、准确可靠分析方法,这些方法为世界认可和接受。在提供确证方法、能力测试样品、认证标准、工业科学情报、政府机构、学术研究等是领导者。随着分析科学发展的需要,协会扩展了规程、服务会员,能力满足分析工作的环境变化,在化学、微生物学和其他科学方面涉及 90 多个国家。AOAC 奉献于方法确认、改进实验室管理、分析科学专业的发展,成为政府、工业和私营部门工作密切相关的重要工具。

1. AOAC 工作程序

2001 年 AOAC 成为疑难解决者和科学决策者,连续帮助解决贸易冲突、公平竞赛、高水平的比赛领域面临的问题,还能对节省开支、卫生保健给予帮助。例如,为了改进食品供应的质量管理,采用信赖的方法和全球质量体系解决这些问题。如果问题影响严重,AOAC 能利用它的专业知识和经验迅速确定解决主要因素的方法,然后监视方法的确认和质量措施,如培训、能力测试等有助缓解问题。AOAC 在分析方法确证方面起到不可缺少的科学作用。

2. 团队建设

AOAC 建立了多个分析团队，利用专业技能和经验科学地解决分析问题。AOAC 团队是由一群对特殊科学领域（如饮食补给、农产品原材料或海水和淡水毒素）感兴趣的成员组成。团队网络从事国际的、联邦的和州政府学术、工业、商业和贸易团体、企业的科学问题提供解决办法。团队通过专家小组建立重要分析方法、标准性能评价和选择最好的方法，并经单个实验室确证和协作研究。团队可以给予有资格的分析人员和协作实验室帮助、推广和更新批准的方法、资金支持等。Stakeholders 是来自政府、工业、学术、其他机构的广泛代表。与政府或工业机构签订的合同可以方法的方式提交结果。另外，公司可以独自提交方法和申请费，通过协作研究建立，唯一满足 AOAC 技术和统计要求获批准的方法。

3. 国家健康研究

通过食品药品管理局（US FDA）与国家饮食卫生署建立联系，承担饮食补给成分确证方法。AOAC 独立完成的课题有完成 15 个协作研究和许多单个试验确认；建立专家评审小组对方法技术审查、为确认选择适合目的（fit-for-purpose）的方法；组织和提供方法建立和确证的培训课程，建立电子的同行审查系统，与标准物质生产者签订合同，由后者供应标准物质给确证研究和商业用途。建立一个关于饮食补给的配方审核小组、功效成分工作小组，通过 AOAC 网页和 *Journal of AOAC INTERNATIONAL*（国际杂志）出版约 100 页加强饮食补给提示。

4. 研究工作

与 US FDA 建立联系，负责推荐最优的微卫生物方法学（BPMM）确证方法，包括成立筹划指导委员会和专家工作组，提交一个推荐的微卫生物方法学报告，组织食品安全专家同行评审，专家审查组评估方法的技术水平。评估肉毒杆菌分析方法和方法确证，包括制定实验性能确证的有效方法，作为成功方法的指标。

2003 年，AOAC 与美国农业部签订协议，审查 107 个农业部食品安全监督的食品化学认可的实验室，包括招募评审员，采用食品安全检查评审材料、现场评审接受认证的实验室。大约 50 个受监管的、从事蛋样品沙门氏检测实验室的接受了实验室能力评估，包括制备巴氏消毒蛋样品测试样品，分发样品到实验室、现场评审实验室、提供总结报告。与美国国防部和国家保卫局签订协议，通过 AOAC 的 *Performance-Tested Methods*SM（良好测试方法）和*Official Methods*SM（官方方法）确证样品收集系统与 PCR 检测器联用检测炭疽杆菌。

AOAC 与 US EPA 签订协议，修改和代替用于有效测试杀菌剂的 AOAC 方法。对 AOAC966.04 方法，杀芽孢活性方法的修改、确证，批准为 2008.05 方法的第一法，并提供视频，对 AOAC 官方分析方法中的多个消毒剂的方法修改、编辑，创建一个新的杀菌剂功效测试专家委员会。

2008 年 AOAC 与标准和技术国家研究所签订协议，修订 ASTM 方法 2458-06，从不渗透表面收集存在可疑生物制剂的大块样品和粉末样品操作标准。经 AOAC 批准为*Official Method*SM 2006.04，ASTM 负责解稀。

AOAC 是可信赖和接受、防御性协会，是独立的、以科学为基础的第三方机构，拥有 125 年的历史，以利益一致性和科学为基础的解决问题原则，提供许多产品和服务以满足分析科学的需求。从传统的*Official Methods*SM 和每年年会到新方法建立活动、预确证文件材料等,AOAC 为成员提供连续的服务,维护协会关系。

5. 共性产品

工作小组建立科学的检测方法,包括灵敏度、特异性、分析范围、检出限、实用性陈述。工作组通常发现符合条件的方法给予确证提供免费的测试样品,志愿实验室协作研究。产品是提交清晰的方法性能要求列表。

6. 解难特遣队

这些团队提供可靠的机械装备应对工作组遇到的难解问题,推荐解决问题的办法。AOAC 通过团队和成员对特别任务和危险关头作出反应,推荐科学的、先进的方法解决问题。接受分析方法的出版,工作组根据制定的方法性能要求审查方法,专家审查组对提供的确证材料分析、鉴别方法、批准出版,通过电子和印刷版在 AOAC 公开出版。专家审查组在确定潜在的满足已制定性能要求的方法提供科学的可防卫性。专家审查组由专业领域公认的专家组成,他们提供公正的、科学依据的同行评审。对提交的分析方法评估,利用制定的标准选择方法、性能差异分析。专家审查组的成绩是候选方法,志愿科学家对方法的审查和选择。

7. AOAC 出版业

AOAC 每年出版多种印刷体和电子版给科学界。已印刷和在线的官方分析方法包含超过三千个分析方法,有很高的国际盛誉。*Journal of AOAC INTERNATIONAL* 在线和印刷出版同行评审的科学论文,是双月刊。通过 AOAC 的内部实验室管理(ILM)预订各种分析测试专题。ILM 是双月刊协会成员杂志,出版最新协会新闻、有关 AOAC 分析团体活动精选等。AOAC 网站提供关于 AOAC 活动的最新信息、产品信息,及时更新协会材料。

8. 特异性试验程序

提供一个独立的、第三方的测试性能评审要求,是快速进入 AOAC 方法确证程序的切入点。*Official Method*℠ 是 AOAC 的标志。为了实现方法的国际性,提交的定量化学方法接受严格的确证研究,至少 8 家实验室验证方法的适应性、性能特征等。批准的方法在 AOAC 官方网站在线发布并印刷出版,AOAC 发布的方法可作为国际贸易的规定标准方法。

9. 能力验证计划

AOAC 实验室能力验证计划通过 A2LA 认证,帮助食品安全实验室监测它们的能力。实验室能证明它们的质量承诺,为全球贸易建立国际的、可靠性能的实验室。不断增加的实验室审核、认证成为 AOAC 宝贵的产品。AOAC 与美国农业部签订协议,对许多实验室进行审核。实验室审核也是 AOAC 工作的一部分,为国防部对供炭疽检测实验室按制定的性能要求进行独立的第三方认证。AOAC 计划将已成功的计划扩展成为明确的方法。AOAC 还提供方法确证、实验室管理、质量评估和认证领域的专业发展培训课程。

十、美国油类化学家协会(AOCS)

1909 年,美国油类化学家协会(American Oil Chemists' Society,AOCS)创立于 Memphis Jockey Club,致力于脂肪、石油、表活性剂、洗涤剂和相关材料研究,是对所有个人和公司开放的世界性科学协会。来自世界超过 108 个国家的 5 400 会员和数千的非成员是 AOCS 的可信赖信息资源。AOCS 为人们提供与日常生活有关的石油化学科学,提供共享科学信息和知识资源。AOCS的成功之一是建立在数以百计的志愿者在过去几十年里所做的贡献。初始,9个贡献者创立了棉花产品分析协会,这是最早的AOCS。这些协会成员试图提供经验证的棉花种子产品的分析方法。这需求仍然是AOCS的创业的基本原则。志愿者多年的奉献指引AOCS从一个小的区域性组织发展成为具有世界影响的国际性协会。

1. 部门创建

AOAC致力于发展多个部门。目前,AOCS有11个部门覆盖脂肪和石油所有方面。加拿大机构是AOCS的第一个国际机构,成立于1985年,发展加拿大会员,满足加拿大业务的发展,发展网络关系、培养学生发展,便于技术信息的交换。此后,其他4个国际机构相继成立。Latin American(拉美机构)充满活力,提升中南美洲脂肪和石油工业的发展。欧洲机构由一组AOCS成员组成,寻找便于整个欧洲国家交流的方法。印度机构与印度油脂技术协会(Oil Technologist Association of India)有紧密关系,澳大利亚机构最迟成立。

2. AOCS出版物

为促进科学和技术信息的经验交流,自从1992年起,AOCS出版了超过45本关于各种专题的书,超过100个题目清单,包括在其他出版机构出版的重大书目。出版目录提供一个突出的一批参考书,超过19 000本书和期刊发行到全世界100多个国家,内容涉及卫生、营养、生物化学、食品技术、工程、分析方法、脂肪技术、表面活性剂、洗涤剂、人造化学品、脂肪酸、生物学和生物技术等方面。

3. AOCS分析方法

100年来,AOCS的使命是为它的会员和顾客提供测试、确证分析方法,已第六次出版AOCS分析方法书籍。这些方法为种子油、种子油产品的国际贸易提供标准方法,为其他与AOCS相关的学科提供参考。每年这些产品的贸易金额很容易达到数千亿美元。方法的制定开始于1909年,棉籽压榨技术协会(Interstate Cottonseed Crushers Association)承担制定棉籽油质量测定指南,用于棉籽油产品分析。2009年,编辑了分析技术方法资料,提供约450个有关菜籽油原材料、棉籽油副产品、商业脂肪和油脂、肥皂和洗涤剂、甘油、磺化的硫酸处理的油、皂料分析技术,以及试剂溶剂、必需器具的说明,也推荐为工业油脂和材料的测定方法。电子版的分析方法收费浏览,大机构的许多实验室可以付费上网查阅,下载单个方法的PDF格式。AOCS方法为数以百计的实验室使用,这些实验室分布于全世界6大洲,从挪威到南非,从北京到伊斯坦布尔。分析方法在批准为AOCS的官方方法和推荐使用时,通过严格的方法制定程序,包括多个实验室的合作测试。新的方法批准后,被出版在每年的增刊和修订版上,实验室只购买这部分书,就能节省许多费用。

4. 有证标准物质和基准样品

AOCS依据ISO指南30、35制备有证标准物质,用于实验室作为第三方测试的控制材料。有证标准物质包括加拿大菜油、大米、土豆、大豆、玉米、甜菜糖、棉花等。膳食种子油标准物质有大豆粉、加拿大菜油、花生饼粉、棉籽油、红花籽饼粉。基准样品有种子油、用于GC分析的脂肪酸、黄曲霉毒素、胆固醇、NIOP脂肪和油脂、大豆油痕量金属、磷、反式脂肪酸、固体脂肪(用于NMR)、食用油、海产品、营养标志物、玉米粉等。

5. 能力验证计划

AOCS实验室能力验证计划,以前只是小范围的控制质量测试计划,现是世界最广泛和备受关注的合作完成的能力验证计划，用于油和脂肪相关的商品、种子油、食用种子油、食用脂肪等的测试能力计划。超过500位化学分析者参加了他们实验室的质量控制验证，参加者使用AOCS或相似的方法分析样品，结果与众多的其他实验室使用相同方法的分析结果比较。实验室通过了能力验证计划，可能满足国家和专业认证要求。AOCS实验室能力验证计划包括：杏仁和杏仁中的黄曲霉毒素，花生糊、玉米粉中的黄曲霉毒素、食用脂肪、胆固醇、鱼粉、混合种子油（加拿大油菜、向日葵和红花籽油）、NIOP脂肪和油脂、营养标志物、含种子油食品、橄榄油、棕榈油、花生、油中的磷、固体脂肪含量核磁共振测试、大豆、特种油、SQT标准物质化学和（或）NIR、动物油和油脂、油中痕量金属、反式脂肪酸含量、转基因组织、生物柴油原料、棉籽、棉籽油等。

以上介绍了世界著名的十家能力验证提供者，涉及公共卫生测试的各领域和众多检测项目，具有广泛的代表性，反映了全球公共卫生能力验证的计划的水平。此外，世界许多国家还有很多能力验证提供者，为实验室能力测试、评估提供条件，满足国家和专业能力验证要求，推动实验室检测能力持续、有效发展。本书列出了部分公共卫生能力验证提供者及其认证机构、专业领域、测试领域和项目（见附录二）。

参考文献

[1] Laboratory of the Government Chemist(Great Britain). http://www. lgc. co. uk.

[2] Great Britain Food Analysis Performance Assessment Scheme. http://www. fapas. com/proficiency-testing-schemes/fapas/index. cfm.

[3] Environmental Resource Associates, INC. http://www. eraengineers. com/engineers/index. php.

[4] Resource Technology Corporation. http://www. RT-Corp. com.

[5] NSI Solutions, Inc. http://www. nsi-es. com.

[6] Proficiency Testing Australia. http://www. proficiencytesting. com. au.

[7] IFM Quality Services Pty Ltd. http://www. ifmqs. com. au.

[8] Institute for Interlaboratory Studies. http://www. iisnl. com.

[9] AOAC INTERNATIONAL. http://www. aoac. org.

[10] American Oil Chemists' Society. http://www. aoac. org.

第四章

能力验证基础知识

组织实施能力验证计划是一项专业性强、技术要求高的研究工作。不仅涉及计划的组织和实施等管理性工作，还涉及计划的策划、试验设计、样品制备、数据统计分析、质量控制等技术性工作。样品制备是能力验证活动的重要环节，要用到实验室设计和试验条件优化等技术制备符合要求的样品。制样时使用制样设备和样品包装材料，样品的均匀性和稳定性是否符合要求则需经检测和统计分析。在实验室检测和整个计划的实施过程中，质量控制是成功的保证。结果的分析要用到数据统计、测量不确定度计算、图表制作等知识，由于数据分析较复杂，往往使用专业软件。这些必需的基础知识在本章分别介绍。

第一节　样品制备基本设施

样品制备是能力验证的基础，为保证能力验证计划结果的准确性，测试样品的均匀性和稳定性是利用实验室间对比进行能力验证的关键。只有保证测试样品的均匀性、稳定性符合要求，才能正确估算参加实验室在测试过程中产生的测量不确定度，才能客观、公正地反映出实验室的真实测量能力。能力验证样品制备需使用称量设备、均质化或乳化设备、粉碎设备、筛网和分装设备，以及样品包装瓶。此外，在实施微生物鉴定能力验证项目方面，由于需要制备生物学性状和数量相对稳定、符合生物安全标准的微生物样品，因此还须配备微生物鉴定系统、浊度测定仪器、冷冻干燥和封装设备等，这里分别介绍。

一、称量设备

样品制备需准确称量标准物质和试剂，使用精密电子天平。电子天平能自动称量、自动显示称量结果和自动校准。带微电脑的电子天平还可以输出打印称量结果。

电子天平按称量范围可以分为：①常量电子天平，称量范围 100 g～200 g；②半微量电子天平，称量范围 20 g～100 g；③微量电子天平，称量范围 3 g～50 g；④超微量电子天平，称量范围 2 g～5 g。常用电子天平的型号：FA、AE、AW、BP、ESJ、ML、XS、MT、UMT 系列等。称量标准物质需使用微量电子天平或超微量电子天平，称量试剂使用常量电子天平即可。

样品制备投料前，所用原料需准确称量，以便配制预期浓度的样品。通常称样量较大，要使用电子秤或磅秤。按放置位置电子秤可分为：①桌面秤，指称量范围在 30 kg 以下的电子秤；②台秤，指称量范围在 30 kg～300 kg 以内的电子称；③地磅，指称量范围在 300 kg 以上的电子秤。常用电子秤的型号：EL、ELB、HL、LBK、SE、JA 和 MP 系列等。

二、粉碎、均质设备

粉碎通常是指利用机械的方法使固体物料由大块分裂成小块直至细粉的操作。根据物料加工破碎的程度，粉碎可分为破碎、粉磨和超微粉碎。将大块物料分裂成小块物料的操作称为破碎，它包括粗粉碎和中粉碎；将小块物料分裂成细粉的操作称为磨碎或研磨，它包括微粉碎和超微粉碎。粉碎有利于不同物料的均匀混合，颗粒越小，越接近，均匀度越高，效果越好。

超微粉碎一般是指将 3 mm 以上的物料颗粒粉碎至 10 μm～25 μm 以下的过程。超微粉碎技术分化学法和机械法两种。化学超微粉碎法用于微米级、亚微米级甚至纳米级的粉体制备，但产量低加工成本高，应用范围窄。机械超微粉碎法产量大、成本低廉，是制备超微粉的主要方法，在工业生产中普遍使用。机械超微粉碎法可分为干法粉碎和湿法粉碎，根据粉碎过程中产生粉碎力的原理不同，干法粉碎分为气流式、高频振动式、旋转球（棒）磨式、锤击式和自磨式等形式；湿法粉碎主要是胶体磨和均质机。

1. 粉碎设备

实验室往往需根据样品性质的不同选择合适的粉碎方法。如硬脆性样品，最适合的粉碎方法是冲击、挤压和摩擦；而对于柔软、弹性、纤维质的样品，采用切割和剪切的方法更适合。尺寸大于 40 mm 的样品用大型破碎机处理，小于 40 mm 的样品则选用实验室级的研磨机来处理。

（1）固体样品的粉碎方法

① 挤压：样品在两个工作构件之间受到缓慢增长的压力作用而被粉碎。这类粉碎机有颚式破碎机、肘式破碎机等。

② 撞击：样品在瞬间受到外来的冲击力而被粉碎。这类粉碎机有混合球磨仪、行星球磨仪、冲击磨、气流粉碎机等。

③ 切割：样品所受到的作用力来自两个或者更多带有倾斜边缘的表面，它们中至少有一个是固定的，其中一个的切割边缘是转动的。这类粉碎机有切割式粉碎机、刀式粉碎机、家用粉碎机等。

④ 剪切：样品所受到的作用力来自两个或者更多坚硬的表面，它们朝着相反的方向运动，从而产生剪切效应。这其中至少有一个表面是固定的。这类粉碎机包括旋转敲击式研磨仪、交叉敲击式研磨仪、超离心式研磨仪等。

⑤ 研磨：样品在两个相对滑动的粗糙工作表面之间受到摩擦、剪切等作用而被磨削成细粒。这类粉碎机包括臼式研磨仪、盘式研磨仪、手工臼式粉碎等。

（2）粉碎机的结构、工作原理

粉碎机主要由进料装置、粉碎室、离心转盘、齿圈板、筛网板、出料斗、电机、传动装置等构成。物料在重力或外力作用下，自进料口进入粉碎机，经高速旋转的离心盘的作用，沿径向分布并获得离心动力，离开圆盘后又高速飞向齿圈板。物料与齿圈板、物料与物料之间不断地相互碰撞、摩擦，使物料不断地粉碎到一定的细度，最后经筛网板排出粉碎机外。

① 气流粉碎机：通过粉碎室内的喷嘴把压缩空气（或其他介质）形成气流束变成速度能量，促使物料之间产生强烈的冲击、摩擦达到粉碎的机器。综合了剪切、摩擦等功能，能得到

5 μm～10 μm 的微粉，比冲击性粉碎细度效果显著。

② 压碎机：利用两个表面光滑、大小相同的压辊，以相同的速度相向运转，对进入物料产生压力，在压力与摩擦力的作用下，将物料压扁或破碎。

③ 辊式粉碎机：分为圆柱形拉丝辊式粉碎机、方体锯齿辊式粉碎机两种。辊式粉碎是利用两个表面带有锐利锯齿状的转速不同的对辊将物料进行切碎、冲击、挤压，生产出不同细度的颗粒。其优点是产量高、粉末少、颗粒成型好，缺点是对水分要求严格（≤17%），对油料作物、纤维含量高物料不适合，一般应用于干燥颗粒或块、片状样品的破碎。

④ 磨碎机：利用机体内两个表面带有齿槽的圆齿盘或圆锥形齿盘作相对运转，对物料摩擦、压榨，进行粉碎，生产出各种粒度的成品，特点是动力配置小、体积小、价廉。

⑤ 齿爪式粉碎机：利用机体内高速旋转的转子盘与固定齿盘相互咬合，对物料打击、冲撞，经筛片细化成需要的粉末或颗粒。特点是细度高、均匀性好、主轴转速高，但相对产量低，传动方式单一。

⑥ 锤式粉碎机：由进料装置、机壳、转子、齿板、筛板、风机和排料装置组成。利用转子的锤或锤片在转子的高速旋转下，对物料撞击破碎，经筛片细化。特点是结构简单、操作方便、生产效率高。锤式粉碎机根据性能、构造又分为多功能粉碎专用高效型、水滴式、立轴锤式、双立轴锤式等多种样式的粉碎机。

常用粉碎机较多，型号有：WBF-210、ZNC-300 超微粉碎机、RT-25 桌上型超微粉碎机、超细粉碎机（260、400、650、700 型）、LH-08B 连续投料粉碎机、涡流水冷式粉碎机等。

2. 粉料混合机

粉料混合机的作用是对两种或两种以上具有一定流动性的粉料颗粒进行均匀混合。粉料混合机按混合容器是否旋转分为：旋转容器式混合机和固定容器式混合机。

（1）旋转容器式混合机

旋转容器式混合机是间歇操作的混合机械，这种混合机用驱动轴水平地支撑着容器，容器内放入两种以上的物料，驱动轴带动容器自身回旋而完成物料的混合。结构简单，混合效果好。如圆筒型混合机、双锥型混合机、V 型混合机、立方体型混合机、轮筒型混合机等。

（2）固定容器式混合机

容器固定，内部有回转的搅拌浆叶或螺旋，强制性地分散、切割物料，物料在容器内作对流混合流动，适用于物料的性质差别较大及混合比较大、混合精度高的样品制备。如螺带式混合机、垂直螺旋混合机、立式行星式混合机等。

3. 均质机

液体和胶体样品混合均匀采用均质机和胶体磨。均质过程是将原始样品与某种液体或溶剂混匀，使液体混合物料中较大的颗粒破碎细化，防止物料分层，得到成分分布均匀、稳定的混合物。均质机主要由柱塞泵以及与其组合的泵体和均质阀组成。柱塞泵的作用是将一定粘度的液态物料吸入泵体，并对物料加压。调压装置是使物料在特定的压力下通过均质阀。

（1）均质机的工作原理

① 液体物料高速流转时，突然遇到狭窄的缝隙，就会造成极大的速度梯度，从而产生很大的剪切力，使物料粉碎，称为剪切作用。

② 在均质机内，液体物料与均质阀产生高速撞击作用，从而将颗粒物撞击成细小微粒，称为冲击作用。

③ 液体在高速流经均质阀缝隙处时，产生巨大的压力降。当压力降低到液体的饱和蒸汽压时，液体开始沸腾并汽化，产生大量气泡。液体离开均质阀时，压力增加，使气泡突然破灭，瞬间产生大量空穴。空穴会释放大量的能量，生产高频震动，使颗粒破碎，称为空穴作用。均质机在三种作用力协同作用下使物料均质。

(2) 实验室用均质器

实验室用均质器分为高压均质机、探头旋刃式均质器、超声波破碎均质器和敲打式均质器(拍击式、研磨珠式)等。

① 高压均质机：主要由高压泵、均质阀、调节装置及传动系统组成。如 NGH 卧式高压均质机、GHH 高压均质机等。

② 探头旋刃式均质器：通过研磨杵在均质管内转动，达到分离、混匀、破碎、均质的目的，适合处理韧性强的样品。用于分散动物和植物组织，也可用于工业上树脂、色素制造悬浮、乳浊液等。具有低速、扭力大、噪音小等特点。通过更换不同的探头，可以处理几毫升至数百升的样品，操作简便，更适合单样品操作。缺点是不能同时处理多个样品，不同样品需要更换或清洗探头，增加样品间交叉污染的机会；不适合细菌、酵母及其他真菌等厚壁样品的处理。

③ 超声波破碎均质器：利用超声波遇到物体时会迅速交替压缩和膨胀的原理设计而成。超声波导入料液，当处于膨胀的半个周期时，料液受到拉力，其中的气泡便膨胀，而在压缩的半个周期内，气泡被压缩。当压力振幅变化很大时，就会生产空穴作用和强烈的机械搅拌作用，使大颗粒破碎，达到粉碎的目的。用于各种组织和细胞裂解、细胞器、核酸、蛋白的提取，以及工业样品的乳化、均质。其优点是使用方便，通过更换不同的探头，可以处理不同量的样品；乳化、均质效果好，适合单样品操作。缺点是不能同时处理多个样品，不同样品需要更换或清洗探头，增加样品间交叉污染的机会；由于工作过程机械发热，升温快，对生物样品产生不利影响。

④ 敲打式均质器：拍击式均质器通过捶击板不停地在袋上捶击，产生的压力可将袋中的物质击碎混匀。

⑤ 研磨珠均质器：将样品和相应的珠子放到试管内通过三维高速旋转、振动，研磨珠的高速敲打方式对样品进行研磨、均质将样品打碎。用于动物和植物组织、藻类、细菌、酵母、真菌或霉菌以及各类孢子体的破碎。其优点是能够高效处理孢子、土壤等坚固样品，产量高，不产生交叉污染，操作简便、高效，缺点是不能处理大体积样品，耗材和设备投入较高。

商品化均质器有 S-150 实验室高压均质器、GJJ 系列高压均质机、A500-36G 和 A200-12G 系列高速分散均质机、PT6100 和 PT2100 台式均质乳化机、IKA T50 分散机、X1000D 数显分散机等。

4. 胶体磨

胶体磨是一种磨制胶体或近似胶体物料的机械。它可以在极短的时间内对悬浮液中的固体进行超微粉碎，同时兼有混合、搅拌、分散和乳化作用，成品粒径可达 1 μm 以下。

(1) 胶体磨的工作原理

胶体磨主要由进料口、外壳、定子、转子、电动机、调节装置和底座等构成。两个转子之间的间隙可以调节,当料液通过间隙时,由于转子的高速旋转,使附着于转子表面的物料运动速度很大,而附着于定子面上的物料速度很小,在液流中生产巨大的速度梯度,使物料受到剧烈的剪切、摩擦和湍流作用,物料因而被磨碎、混合、分散和乳化。

(2) 胶体磨的类型

胶体磨按转轴的位置可分为卧式和立式。卧式胶体磨的转子随水平轴转动,定子和转子的间隙一般在 50 μm~150 μm,转子的转速为 3 000 r/min~15 000 r/min,适用于粘性相对较低的物料。立式胶体磨的转子位于垂直方向,转子的转速为 3 000 r/min~10 000 r/min,适用于粘性相对较高的物料,其卸料和清洗均很方便。

三、筛网

固体样品的均匀性与样品的粒径大小有关,在样品制备时需控制固体样品的细度,以制备均匀的样品。制备含有机化合物样品的粒径与制备含无机化合物的粒径可以不一样的,无机被测物样品的粒径一般控制在 200 目以上,而有机被测物样品的粒径通常要求在 80 目左右。

颗粒产品或粉末状产品通常以目数来量度其粗细,目数与长度单位毫米或微米之间有对应关系。所谓目(mesh)即筛网内单位长度上的筛孔数目。对于大颗粒物质[1.58 cm~2.54 cm (1/4 in~1 in)],筛网的“目”以公制英寸为单位;而对小颗粒物质(3.5 目~400 目),筛网的“目”以 mm 或 μm 为单位,目数的多少与颗粒(筛孔)大小成反。按照 GB/T 6003.1—1997《金属丝编织网试验筛》中试验筛的标准,60 目、80 目、100 目、180 目、200 目、250 目、325 目,对应的颗粒大小(或筛孔尺寸)分别是 0.246、0.165、0.198、0.080、0.074、0.061、0.047 mm。

筛网按所用原料分为蚕丝筛网、金属丝筛网和合成纤维筛网三类:①蚕丝筛网,根据规格选用不同纤度的桑蚕丝用全绞纱组织、半绞纱组织或平纹组织织成,织制方式与网眼布相似。这类筛网具有弹性好、不易松弛、孔眼尺寸不易变形、具有良好的吸湿性、不易产生静电等特点,缺点是不耐磨、易起毛。②金属筛网,用黄铜丝、磷铜丝、不锈钢丝为原料织成。金属筛网孔眼清晰正确、网面平挺,具有耐高温、耐磨等特性。因此,金属筛网多用于粉末筛选和滤油。③合成纤维筛网,这类筛网主要有锦纶或涤纶的长丝和棕丝两种。锦纶(尼龙)筛网由聚酰氨单丝纤维编织而成,具有耐磨、使用寿命长,高强度,使用效果好等优点;涤纶筛网由聚酯纤维单丝编织而成,强度高,不易变形,但与尼龙网比较,耐磨性及抗静电效果略差。合成纤维筛网具有不生锈、耐腐蚀等特点,能代替部分金属筛网。④棕丝筛网,用较粗的锦纶棕丝为原料(直径为 0.55 mm~0.1 mm)制成,织物多为平纹席形组织。

在固体样品制备时,根据需要选择合适筛网,以达到较好的结果。通常制备金属测试固体样品时,采用蚕丝筛网或合成纤维筛网较合适。如虾粉中金属元素测试能力验证样品的制备、大米中金属镉测试能力验证样品的制备,虾粉和大米粉碎后,需经 200 目筛网处理,保证样品的细度和均匀性。制备有机物(如农药残留)、盐碘测试能力验证样品时,固体粉末样品可采用金属筛网过筛处理,保证均匀性。

四、全自动微生物鉴定系统

开展微生物鉴定能力验证项目的样品制备工作，首要的是保证所制备的目标菌(毒)株在生物学特性方面处于稳定状态，避免参加实验室接收的样品不符合复苏和表型鉴定的要求。因此，组织方实验室必须采用能够进行量值溯源的特定阳性物(如国内外菌毒种保藏中心赋予标准编号的菌株)，并通过可靠的微生物鉴定系统或者标准方法予以确证，才能应用于能力验证项目的样品制备中。

微生物鉴定系统是用于鉴定病原微生物(包括普通细菌、厌氧菌和真菌)，为公共卫生检验实验室提供正确的病原学诊断及治疗依据的微生物分析系统，它的出现使微生物检验的自动化前进了一大步。目前，随着近年来公共卫生实验室的长足发展，各种先进的微生物鉴定手段已陆续应用于常规的检测中，特别是各种全自动微生物鉴定系统的普及，无论是能力验证项目的组织方还是参与方，都将其视为保证检验结果的重要手段。理想的微生物鉴定系统应该符合以下要求：①快速，最好能在 6 h～8h 内完成；②检测准确率高，能检测一般常规的所有细菌，特别是葡萄球菌、非发酵菌和链球菌等需提高检测的准确率；③自动化和智能化程度强；④成本低。以下就目前公共卫生实验室常用的微生物鉴定系统作简要介绍。

1. API 鉴定系统

由试剂条(板)、添加试剂及检索工具配套形成的完整的微生物鉴定系统。

试剂条由透明塑料 PVC 制成，含有 20 个～32 个反应管或反应杯，内装有干燥的生化基质液。有些试验经孵育后需添加试剂才能呈现颜色变化。添加的试剂有配套试剂盒或单种试剂。常用的生化反应有：①发酵试验为糖类分解产酸的代谢试验，反应结果是通过 pH 值的变化而引起指示剂颜色的改变。②同化试验将待测菌分别培养于含各种基质的培养基中，根据其能否利用其中的单一糖类作为碳源而得以生长来帮助鉴定，是一种生长试验。③同化或发酵抑制试验，为生化抑制试验，待测菌如遇到对其有毒的化合物就不能生长或不出现相应的反应，据此可帮助鉴定。④酶试验为分解某些合成底物的化学反应，如待测菌含有相应的酶就可分解底物自发显色或经添加试剂后显色。⑤其他传统的生化反应。

检索工具包括反应编码本、鉴定百分率表和电脑分析软件，可供人工查阅鉴定结果或由电脑自动处理并报告。每盒试剂条中均附有操作说明书，包括鉴定百分率表和反应编码本。电脑分析软件包括 API LAB plus 和 ATB plus。为方便分析处理，APl 系统将鉴定试剂条的反应结果通过八进制编码予以数字化。具体做法是：将全部反应杯(管)每 3 个归为一组，每组的第 1 个反应阳性时记作 l，第 2 个反应阳性时记作 2，第 3 个反应阳性时记作 4，各种反应阴性时记作 0。将每组 3 个反应得出的 3 个数字相加，便得到一个 0～7 之间的数字。在有些情况下，需要做一些补充试验，这些试验结果相应的编码规则在操作说明书中有说明。利用电脑软件查码，除能得到编码本内提供的全部信息外，尚有快速、准确、信息量大、可以储存分析等优点。手工从反应编码本中寻找按上述编码法所得的数码，便可索引到特定的病原体。

2. VITEK 系统

VITEK 系统是世界各国应用最普遍的全自动细菌鉴定系统之一，也是国内目前为止全自动系统应用最广泛的一种，该系统可以鉴定一般细菌、厌氧菌、酵母菌等达 300 种以上，且与常规法的符合率较高，重复性好，堪称结果迅速可靠的自动化微生物分析仪器。

VITEK 系统依据容量大小可分：Vitek32 型、60 型、l20 型、240 型，分别可同时进行 32、60、120、240 张卡片的检测。

VITEK 系统软件功能多样：①数据处理软件(information management systen，IMs)，可根据用户需要，打印出 28 种流行病学统计报告。统计报告主要内容是：菌种发生率报告、抗生素敏感率统计报告、生物模式统计报告等。②专家系统软件，所谓专家系统是用计算机软件来替代有丰富经验的专家审核，该系统产生报告中的技术错误和异常的药物表型，Vitek 专家系统有 144 条规则，规则分为三级水平。一级水平是极不可能出现的表型，二级是罕见表型，三级是利用一种药物表型推理另外一些药物的耐药性。③药品管理软件，是一种治疗跟踪的软件，提供有效的丰富的应急程序，严密审查调度，可警报不合理的治疗方案，在报告中向医生发出通知，促使抗生素消耗下降。抗生素报告可强制性控制不合理使用抗生素。

近年法国又推出 VITEK2 全自动高智能细菌鉴定和药敏分析系统，其诞生带来了崭新的标准化检测和高效的工作流程，由始至终，所有操作步骤均自动化、标准化并被监控和确认。该仪器采用最新的荧光增强法检测技术，使用独一无二、密闭式、64 孔试验卡，实现了灵敏度极高的瓶外检测方法，使阳性报告时间大幅度缩短，在 6 h～24 h 内可提示 89.1%的阳性结果，且全电脑化自动装置实现了全封闭式培养，全天质控，灵敏光学系统每 15 min 读一次 64 孔卡，提高了检测结果的准确性，为临床及时诊疗提供快速准确的检测结果。

3. VITEK-ATB 系统

VITEK-ATB 系统是半自动细菌鉴定和药敏分析系统，以 API 为基础试条，接种、孵育在系统外进行，自动读取并分析结果。ATB 的研制成功使 API 系统自动化和电脑化。可鉴定菌种类型多达 770 种，几乎包括全部临床有意义的致病菌鉴定。药敏试条种类齐全，在常规试条外包括苛养细菌、嗜血杆菌、奈瑟菌、厌氧菌、真菌和支原体药敏，这是目前其他系统所没有的。软件功能很强，包括 ATB 和 API 的鉴定数据库及 ATB 的药敏数据库、数据储存和分析系统、药敏专家系统。专家系统软件总结出 556 条细菌药敏表型资料，提供给临床和检验医生判别技术错误或新表型的产生，有助于医院感染控制。统计软件设置多种可变参数，可产生数十种流行病学统计报告，可用图表表示流行病学报告。

4. MicroScan 系统

此系统在美国使用普遍，它综合采用传统比色、荧光标记和光电比浊等多种检测技术，增加了反应的灵敏度、准确性，加快了反应速度。菌种资料库丰富，可鉴定包括需氧菌、厌氧菌、酵母菌和苛养菌等 500 多种细菌。加强数据库 ESB 使用，增强对少见菌株的鉴定能力。MIC 值测定采用 CLSI/NCCLS 推荐的微量肉汤稀释法。鉴定和药敏在同一块测试板上同时进行，结果同时出来。分普通板和快速板，快速板可在 2 h～3.5 h 内鉴定出所有的细菌，90%细菌可在 5.5 h 获得对 17 种～33 种抗生素的 MIC 值。操作简便，工作人员只需接种试验盘，其余步骤皆由仪器自动完成。软件界面良好，可同时与检验部门主电脑和医院中心电脑双向连线作业，迅速传递结果。

5. 微生物浊度测定仪器

微生物样品形式多样，其中所富含存活的或是处于休眠状态的微生物，在样品在制备和发放过程中，受外界条件如混合、冷冻干燥、高温、长时间运输等因素的影响，较易发生变化

（如过度增殖、变异和死亡），致使当初微生物数量出现大幅度的减少，导致样品出现保存期短、均匀性和稳定性差等的问题，以致不能被参加实验室使用常规的检测方法进行复苏。另外，能力验证项目的组织方为增加考核的难度，除制备单一目标微生物样本外，通常还将制备含有一定量干扰微生物混合样品；但由于不同微生物的生长与复苏效率存在差异，若混合浓度配比不当，将会增加样品出现质量不稳定的风险。因此，组织方需要在制备的开始阶段便要确定添加微生物数量并进行有效的监控，以便于制备稳定可靠的样品。

常用测量微生物浓度（主要是细菌）的手段是采用浊度测量法。微生物样品的浊度，即样品混悬液的混浊程度，一般采用的单位为麦氏单位（MacFarland）。麦氏比浊法常用于细菌鉴定、药敏试验前配制菌液时大致判断菌液浓度的一种方法，常见可用麦氏标准管或者麦氏浊度计进行测定。麦氏标准管测定是将未知浓度的样品与一系列已知麦氏浓度的玻璃管进行比浊，以调整所需的微生物浓度，该法使用的设备低廉，但步骤繁复，结果偏差较大。通常认为，如将配菌液浓度配成0.5麦氏比浊管时，相当于1.5×10^8细菌数/mL（见表4-1、表4-2）。由于方法本身就是一种估计的方法，所以尽管不同细菌大小差异很大，除了真菌孢子、细菌的差别不大，结果不会有影响。但是，标准比浊管的浓度，是样品制备试验结果的影响因素之一。

表4-1　麦氏标准管(McFarland standards)配制与换算

麦氏标准管号	体积 mL		细菌数$\times10^8$/mL
	氯化钡(1.175%)	硫酸(1%)	
0.5	0.5	99.5	1.5
1	1.0	99.0	3.0
2	2.0	98.0	6.0
3	3.0	97.0	9.0
4	4.0	96.0	12.0
5	5.0	95.0	15.0
6	6.0	94.0	18.0
7	7.0	93.0	21.0
8	8.0	92.0	24.0
9	9.0	91.0	27.0
10	10.0	90.0	30.0

表4-2　标准麦氏浊度值、微生物含量与光密度之间的换算

标准麦氏浊度	微生物含量[a] 10^8/mL	光密度[b] 550 nm
0.5	1.5	0.125
1	3	0.25

续表 4-2

标准麦氏浊度	微生物含量[a] 10^8/mL	光密度[b] 550 nm
2	6	0.5
3	9	0.75
4	12	1.0
5	15	1.25

[a]菌含量与菌的大小有关，对于酵母菌来说，所有数值要除以 30。
[b]光密度值为菌悬液的光学密度值。

目前，公共卫生实验室较常使用麦氏浊度计，其基本原理是利用光的透射和散射光作用，通过两种测量来给出准确的光密度值(OD)；在每次测量之前先测量空气的光密度值作为校正值，然后在测量样品试管中菌悬液的光密度值，得到麦氏浓度值进而获悉待测微生物的浓度。目前公共卫生实验室较多使用该法，偏差较小，使用简便，十分适合能力验证项目的组织方开展样品制备工作。

6. 冷冻干燥设备与工艺

(1) 冷冻干燥设备

冷冻干燥是利用升华的原理进行干燥的一种技术，是将被干燥的物质在低温下快速冻结，然后在适当的真空环境下，使冻结的水分子直接升华成为水蒸气逸出的过程。冷冻干燥得到的产物称作冻干物(lyophilizer)，该过程称作冻干(lyophilization)。物质在干燥前始终处于低温(冻结状态)，同时冰晶均匀分布于物质中，升华过程不会因脱水而发生浓缩现象，避免了由水蒸气产生泡沫、氧化等副作用。干燥物质呈干海绵多孔状，体积基本不变，极易溶于水而恢复原状，在最大程度上防止干燥物质的理化和生物学方面的变性。冷冻干燥技术广泛应用于食品、药品和工业制品的制备与保存，在公共卫生领域上则主要用于医学微生物的长期保藏。近年来，国外大部分的微生物鉴定能力验证项目均采用冻干法制备样品，国内一些微生物鉴定能力验证项目也正逐步使用冷冻干燥技术用于样品的制备。其中，冷冻干燥机是冻干制备工艺中最为重要的设备，选择适合的冷冻干燥设备和参数是制备均一稳定的微生物样品的关键。

冻干技术的应用和设备是分不开的，冷冻干燥机系由制冷系统、真空系统、加热系统、电器仪表控制系统所组成，主要部件为干燥箱、凝结器、冷冻机组、真空泵、加热/冷却装置等。到目前为止，冻干设备的形式主要分为间歇式和连续式两大类，设备的规模从不到一平方米到几十平方米都有，视制备样品的数量而定。

间歇式冻干设备适合小批量样品的生产。采用单机操作，如果一台设备发生故障，不会影响其他设备的正常运行。间歇式冻干设备便于控制物料干燥时不同阶段的加热温度和真空度的要求。设备的加工制造和维修保养易于进行。但由于装料、卸料、起动等操作占用时间较多，因此设备利用率低，生产效率也不高。

近年来，国内外开始探索和使用连续式真空冷冻干燥设备。连续式设备的特点是适于品种单一而产量庞大、原料充足的产品生产，较适合颗粒状样品（包括微生物样品）的生产。连续式设备容易实现自动化控制，简化了人工操作和管理，其主要缺点是成本高。

保证微生物样本质量是冷冻干燥操作的最重要目标。在此前提下，提高冷冻干燥效率、缩短干燥时间、节约能源也是研究人员需要考虑的问题。

微生物样品制备需使用真空冷冻干燥机。真空冷冻干燥机有多种，通用的品牌有德国Christ冻干机和天利联合UniStar系列实验室冻干机等。德国Christ冻干机参数：Christ冻干机具有测试样品的共晶点的功能，可以有针对性地选择冻干保护剂及冷冻温度、第一期干燥温度等冻干参数。改冻干机的具体参数：一级制冷系统1HP；制冷剂：CFC-free；单独有压力保护；凝冰量/效率：4 kg/24 h；冷凝室温度：低于－55 ℃（－60 ℃～25 ℃环境），容积：6.5 L；冷凝室开口300 mm，便于水蒸气的快速运送；冷凝管直接位于冷凝腔内，缩短水蒸气传送距离，缩短冷凝时间，提高干燥效率；配备加热搁扳，冷阱里可使少量样品实现在－50 ℃～＋60 ℃温度范围内预冻并干燥；采用最少的密封部位，唯一的活动接口，防止系统真空泄漏，耐用的O型环使操作更可靠；冷凝室采用高度耐腐蚀的不锈钢材料，适用于含水溶剂的样品；操作面板LSC功能：1/4 VGA（视频图形阵列）液晶大屏幕显示；图形用户界面，单键飞梭功能；清晰大屏幕在线显示以及精确控制冻干过程中各种参数数据（同时显示冷凝室温度、搁板温度、样品温度、实际真空度、升温降温斜率、时间等）；可以表格形式输入最多30个自定义干燥程序，每个程序最多32段。用户可以快速保存、导入和编辑各干燥程序；通过配备数据记录软件Lyolog 32，实现冻干重要过程参数记录，如冷阱温度、样品温度、搁板温度、真空度、“LyoRx”，并可以通过EXCEL或PDF格式进行输出，EXCEL可以显示每6 s一个数据；℃/mbar（1 mbar＝100 Pa）曲线数据大屏幕显示，配备Lyocontrol LC-1成套共晶点测试系统，实现测试样品的共晶点，用户根据共晶点直接选择最佳真空度，直观图形形象地显示冻干机以及真空系统工作状态。

天利联合UniStar系列实验室冻干机性能参数：TECUMSEH全封闭活塞式压缩机（1.5 hp）；制冷剂：R410A；双级油封旋片真空泵，带油务阱，抽空能力：8 m^3/h；抽空速率：大气压→1×10^{-1} hPa（mbar）≤40 min（洁净干燥系统，冷阱温度低于－40 ℃）；凝冰量/效率：4 kg；冷阱位于箱体内部，板层下方，最低温度：－55 ℃；冷阱采用304不锈钢管，冷凝管表面积0.19 m^2；冷阱降温速率：20 ℃～－40 ℃≤30 min（空载）；板层降温速率：20 ℃～－30 ℃≤60 min（空载）；温度范围：－45 ℃～＋60 ℃；板层温度均匀性：2 ℃（空载，稳定后，在－40 ℃～＋40 ℃之间）；板层：304不锈钢，双层带内部中空隔条空心板，中间走硅油，制冷/加热均匀性好；箱体内表面304不锈钢，内表面粗糙度（Ra）≤0.6 μm；箱门材料透明树脂玻璃，便于观察箱内情况，自动/手动控制（在触摸屏上进行）；PLC＋图形用户界面；可通过PLC控制温度、真空度；控制功能：提供多级操作权限，提供完整的自动或手动冻干控制，提供完善的自动周期编辑及调用，提供各种连锁保护及断电自动恢复，提供历史（存储卡1G）及实时的报警及事件记录查询（存储卡）。

（2）冷冻干燥工艺

① 样品的冻结：

溶液速冻时（每分钟降温10 ℃～50 ℃），晶粒保持在显微镜下可见的大小；相反慢冻时（1 ℃/min），形成的结晶肉眼可见。粗晶在升华留下较大的空隙，可以提高冻干的效率，细晶在升华后留下的间隙较小，使下层升华受阻，速成冻的样品粒子细腻，外观均匀，比表面积大，多孔结构好，溶解速度较快。

样品在冻干机中预冻在两种方式：一种是样品与干燥箱同时降温；另一种是待干燥箱搁板降温至－40 ℃左右，再将样品放入，前者相当于慢冻，后者则介于速冻与慢冻之间，因而常被采用，以兼顾冻干效率与产品质量。此法的缺点是样品入箱时，空气中的水蒸气将迅速地凝结在搁板上，而在升华初期，若板升温较快，由于大面积的升华将有可能超越凝结器的正常负荷。此现象在夏季尤为显著。

样品的冻结处于静止状态。经验证明，过冷现象容易发生至使样品温度虽已达到共晶点。但溶质仍不结晶，为了克服过冷现象，样品冻结的温度应低于共晶点以下一个范围，并需保持一段时间，以待样品完全冻结。

② 升华的条件与速度：

冰在一定温度下的饱和蒸汽压大于环境的水蒸气分压时即可开始升华；比样品温更低的凝结器对水水蒸气的抽吸与捕获作用，则是维护升华所必需的条件。

气体分子在两次连续碰撞之间所走的距离称为平均自由程，它与压力成反比。在常压下，其值很小，升华的水分子很容易与气体碰撞又返回到蒸汽源表面，因而升华速度很慢。随着压力降低 13.3 Pa 以下，平均自由程增大 105 倍，使升华速度显著加快，飞离出来的水分子很少改变自己的方面，从而形成了定向的蒸汽流。

真空泵在冻干机中起着抽除永久气体的作用，以维护升华所必需的低压强。1 g 水蒸气在常压下为 1.25 L 而在 13.3 Pa 时却膨胀为 10 000 L，普通的真空泵在单位时间内抽除如此大量的体积是不可能的。凝结器实际上形成了专门捕集水蒸气的真空泵。

样品与凝结的温度通常为－25 ℃与－50 ℃，冰在该温度下的饱和蒸汽压分别为 63.3 Pa 与 1.1 Pa，因而在升华面与冷凝面之间便产生了一个相当大的压力差，如果此时系统内的不凝性气体分压可以忽略不计，它将促使样品升华出来的水蒸气，以一定的流速定向地抵达凝结器表面结成冰霜。

冰的升华热约为 2 822 J/g，如果升华过程不供给热量，那么样品只有降低内能来补偿升华热，直至其温度与凝结器温度平衡后，升华也就停止了。为了保持升华与冷凝来的温度差，必须对样品提供足够的热量。

③ 升华过程：

在升温的第一阶段（大量升华阶段），样品温度要低于其共晶点一个范围。因此搁板温要加以控制，若样品已经部分干燥，但温度却超过了其共晶点，此时将发生样品融化现象，而此时融化的液体，对冰饱和，对溶质却未饱和，因而干燥的溶质将迅速溶解进去，最后浓缩成一薄僵块，外观极为不良，溶解速度很差，若样品的融化发生在大量升华后期，则由于融化的液体数量较少，因而被干燥的孔性固体所吸收，造成冻干后块状物有所缺损，加水溶解时仍能发现溶解速度较慢。

在大量升华过程，虽然搁板和样品温度有很大悬殊，但由于板温、凝结器温度和真空温度基本不变，因而升华吸热比较稳定，样品温度相对恒定。随着样品自上而下层层干燥，冰层升华的阻力逐渐增大。样品温度相应也会小幅上升。直至用肉眼已看不到冰晶的存在。此时 90%以上的水分已除去。大量升华的过程至此已基本结束，为了确保整箱样品大量升华完毕，板温仍需保持一个阶段后再进行第二阶段的升温。剩余百分之几的水分称残余水分，它与自由状态的水在物理化学性质上有所不同，残余水分包括了化学结合之水与物理结合之水，诸如化合的结晶水结晶、蛋白质通过氢键结合的水以及固体表面或毛细管中吸附水等。由于残余水分受到某种引力的束缚，其饱和蒸汽压则是不同程度的降低，因而干燥速度明显下降。虽然提高样品温度促进残余水分的气化，但若超过某极限温度，生物活性也可能急剧下降。保证样品安全的最高干燥温度要由试验来确定。通常在第二阶段将板温+30 ℃左右，并保持恒定。在这一阶段初期，由于板温升高，残余水分少又不易气化，因此样品温度上升较快。但随着样品温度与板温逐渐靠拢，热传导变得更为缓慢，需要耐心等待相当长的一段时间，实践经验表明，残余水分干燥的时间与大量升华的时间几乎相等，有时甚至还会超过。

④ 冻干曲线：

将搁板温度与样品温度随时间的变化记录下来，即可得到冻干曲线。比较典型的冻干曲线系将搁板升温分为两个阶段，在大量升华时搁板温度保持较低，根据实际情况，一般可控制在－10 ℃～＋10 ℃。第二阶段则根据样品性质将搁板温度适当调高，此法适用于其熔点较低的样品。若对样品的性能尚不清楚，机器性能较差或其工作不够稳定时，用此法也比较稳妥。

如果样品共晶点较高，系统的真空度也能保持良好，凝结器的制冷能力充裕，则也可采用一定的升温速度，将搁板温度升高至允许的最高温度，直至冻干结束，但也需保证样品在大量升华时的温度不得超过共晶点。

若样品对热不稳定，则第二阶段板温不宜过高。为了提高第一阶段的升华速度，可将搁板温度一次升高至样品允许的最高温度以上；待大量升华阶段基本结束时，再将板温降至允许的最高温度，这后两种方式虽然使大量的升华速度有一些提高，但其抗干扰的能力相应降低，真空度和制冷能力的突然降低或停电都可能会使样品融化。合理而灵活地掌握第一种方式，仍是目前较常用的方式。

五、样品分装设备和包装材料

1. 化学检验样品分装和包装

样品经均质化、混合均匀处理，经初步的均匀性检验合格后，进行分装和包装。根据样品性状不同选择合适的分装设备或工具，且分装时可以按设计要求的质量或体积进行分装，能减小工序，减少污染。

液体和胶体样品分装相对较容易，可以采用瓶口分液器分装需要的样品质量或体积。用瓶口分液器可以分为数字型和游标型两种。根据适用的液体性质，瓶口分液器分类又可以分为标准型和有机型等。标准型适用于酸碱和低浓度的强酸强碱以及盐类，有机型适用于有机物和高浓度的酸、盐。瓶口分液器一般能够进行精确的、高重复性的分液操作，而不玷污包装瓶；当处理一些腐蚀性的样品液体时，能够给操作人员和试验环境提供安全保证。

商品化的瓶口分液器有许多品牌和规格，可根据需要选用。如 Brand、Dragonlab、Socorex、Hirschmann、Vitlab、Rainin、Eppendorf、Biohit 等品牌瓶口分液器，有多种型号和规格可供选择。

膏体样品，如药液、流体食品、润滑油、洗发液、洗发膏等膏或液体物质，可选用液体灌装机灌装。如SDG手动活塞式灌装机，结构简单、手工操作方便，适用于日化、食品、农药以及特殊行业物料灌装。

固体样品可以采用铝箔袋、聚乙烯塑塑料瓶、玻璃瓶等分装。如需要避光保存的样品可以采用铝箔袋、棕色瓶包装；金属元素和有机物检测能力验证样品分别采用聚乙烯塑塑料瓶和玻璃瓶分装。水样包装容器一般选用玻璃安瓿或聚乙烯塑料瓶，玻璃安瓿包装的样品体积较小，且玻璃安瓿能溶出硅、钠、钾、硼等元素，不适宜这些元素的能力验证样品分装。聚乙烯塑料瓶既可以分装浓缩样品，也可以分装直接检测分析的样品，但需注意塑料瓶的密封性能可能会对瓶中水溶液、特别是直接分析水溶液的特性值产生影响。有机溶液样品分装一般采用棕色安瓿瓶或密封性能良好的棕色玻璃瓶。由于有机溶剂的膨胀系数一般比较大，因此在制备有机溶液时定容温度需要特别注意。此外，挥发性的有机物在制备过程中应注意减小挥发损失，在分装过程中应避免因挥发可能导致的样品分装瓶之间不均匀性。

2. 微生物检验样品分装设备和包装材料

样品经均质化、混合均匀处理，经初步的均匀性检验合格后，进行分装和包装。根据样品性状不同选择合适的分装设备或工具，且分装时可以按设计要求的质量或体积进行分装，能减小工序，减少污染，一般冻干后的微生物样品为固体。

固体样品可以采用铝箔袋、聚乙烯塑料瓶、玻璃瓶等分装。微生物样品一般选用玻璃安瓿，因其体积较小，便于发放。同时，冻干后的微生物样品需置于冷藏条件下以保证其稳定性。如果参与能力验证项目实验室的地理跨度大，发放样品的过程就需要预计较长时间。中途的碰撞、高温天气和封装环境可能会对合格样品造成破坏，严重的可能出现生物安全隐患。因此，需要组织方最好在玻璃安瓿外加装保护物和冷藏剂，在符合生物安全的运输条件下进行样品运送。

第二节　正交试验设计

如果一件事情的变化受很多因素制约，那么为了弄明白哪些因素重要，它们的影响程度是多少，必须通过做试验验证。对于单因素或两因素试验，因其因素少，试验的设计、实施与分析都比较简单。但在实际工作中，常常需要同时考察3个或3个以上的试验因素，如果因素很多，而且每种因素又有多种变化（水平），若进行全面试验，那么试验量会非常大，显然不可能每一个试验都能做。

正交试验设计（orthogonal experimental design）是研究与处理多因素多水平的一种科学设计方法，它是根据正交性，利用规格化的表格——正交表从全面试验中科学地挑选出部分有代表性的点进行试验，这些有代表性的点具备了“均匀分散，齐整可比”的特点，是一种高效率、快速、经济的试验设计方法。

正交试验设计法最早由日本质量管理专家田口玄一提出，亦称为国际标准型正交试验法。他将正交试验选择的水平组合列成表格，称为正交表。例如作一个三因素三水平的试验，按全面试验要求，必须进行$3\times3=27$种组合试验，且尚未考虑每一组合的重复数。若按$L_9(3^3)$正交表安排试验，只需作9次，按$L_{18}(3^7)$正交表进行18次试验，显然大大减少了工作量。因而正交试验设计在许多科学研究领域得到广泛应用。

一、名词术语

1. 试验因素

指做试验研究过程的自变量，影响考核指标取值的量称为试验因素(因子)。一般记为：A、B、C 等。

2. 水平

指试验中因素所处的具体状态或情况，又称为等级。如三个水平的温度，用 T 表示温度，下标 1、2、3 表示因素的不同水平，分别记为 T_1、T_2、T_3。

3. 考核指标

根据试验目的而选定的用来衡量试验效果的量值(指标)。包括定量指标、定性指标(颜色、味道)。

4. 完全因素水平组合

指参与试验的全部因素与全部位级相互之间的全部组合次数，即全部的试验次数。例如有 A、B、C 三个因素，每个因素有两个位级(A_1、A_2，B_1、B_2，C_1、C_2)，则完全因素位级组合数为：$C_2^1\ C_2^1\ C_2^1 = 2^3 = 8$ 次。

二、正交试验设计

1. 基本原理

全面试验可以分析各因素的效应，交互作用，也可选出最优水平组合。但全面试验包含的水平组合数较多，工作量大，在许多情况下无法完成。若利用正交表来设计安排试验，它从试验因素的全部水平组合中挑选出部分有代表性的水平组合进行试验则可在试验次数少，数据点分布均匀，结论的可靠性较好的情况下寻求最优水平组合。

例如，要考察增稠剂用量、pH 和杀菌温度对豆奶稳定性的影响。每个因素设置三个水平进行试验。

A 因素：A_1、A_2、A_3 三个水平；B 因素：B_1、B_2、B_3 三个水平；C 因素：C_1、C_2、C_3 三个水平。这是一个三因素三水平的试验，各因素的水平之间全部可能组合有 27 种。

在试验安排中，每个因素在研究的范围内选几个水平，就好比在选优区内打上网格，如果网上的每个点都做试验，就是全面试验。如例中的三个因素各取三个水平，把立方体划分成 27 个格点，其试验方案见图 4-1 所示。

若从 27 次试验中选取一部分试验，常将 A 和 B 分别固定在 A_1 和 B_1 水平上，与 C 的三个水平进行搭配，$A_1B_1C_1$、$A_1B_1C_2$、$A_1B_1C_3$。作完这三次试验后，若 $A_1B_1C_3$ 最优，则取定 C_3 这个水平，让 A_1 和 C_3 固定，再分别与 B 因素的三个水平搭配 $A_1B_1C_3$、$A_1B_2C_3$、$A_1B_3C_3$。这三次试验做完后，若 $A_1B_2C_3$ 最优，取定 B_2、C_3 这两个水平，再作两次试验 $A_2B_2C_3$、$A_3B_2C_3$，然后与一起比较，若 $A_3B_2C_3$ 最优，则可断言 $A_3B_2C_3$ 是欲选取的最佳水平组合。这样仅做了七次试验就选出了最佳水平组合。

这些试验结果都分布在立方体的一角，代表性较差，所以按上述方法选出的试验水平组合并不是真正的最佳组合。

如果进行正交试验设计，保证了 A 因素的每个水平与 B 因素、C 因素的各个水平在试验中各搭配一次,需要做 9 次试验,标在图 4-1 中。可以看到每个平面上都有三个点,立方体的每条直线上都有一个点,并且这些点是均衡地分布着,因此这 9 次试验的代表性很强,但仅是全面试验的三分之一,却能较全面地反映出全面试验的结果,这就是正交试验设计所特有的均衡分散性。正是利用这一特性来合理的设计和安排试验,以便通过尽可能少的试验次数,找出最佳水平组合。

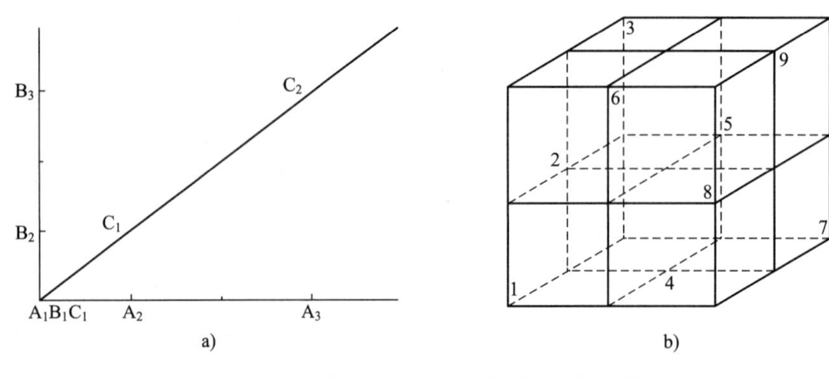

图 4-1 三因素三水平试验均衡分散立体图

2. 正交试验设计的基本特点

基本特点:①完成试验要求所需的试验次数少,用部分试验来代替全面试验,通过对部分试验结果的分析,了解全面试验的情况;②数据点的分布很均匀;③可用相应的极差分析方法、方差分析方法、回归分析方法等对试验结果进行分析,引出许多有价值的结论;④对因素的个数没有严格的限制;⑤因素之间有、无交互作用均可利用此设计;⑥根据正交表和试验结果可以估计出任何一种水平组合下试验结果的理论值;⑦利用正交表的试验,可以把实验室的小规模试验结果原样拿到现场应用,即使其他因素改变,因素效应也能保持一贯,即使把规模条件改变,其效应也能再现。

3. 试验设计因素与水平

正交试验设计的因素就是可能对试验结果或质量特性值有影响的那些原因或要素,可人为控制与调节的因素,如温度、pH 等。这些因素之间有相互独立性,又有交互作用的。在选择试验因素时,凡是对试验结果可能有较大影响的因素均不能遗漏。正交表是安排多因素试验的得力工具,有时增加几个因素,并不明显增加试验次数。

水平又称位级,是因素的一个给定值或一种特定的状态。在确定水平时,应考虑选择范围、水平数和水平位置。数量因素的水平度取得过窄,结果可能得不到任何有用的信息;过宽则结果会出现危险或试验无法进行。最好结合专业知识或通过预试验,对数量因素的水平变动范围有一个初步了解,只要认为在技术上是可行的,开始时应尽可能取得宽一些,随着试验反复进行和技术情报的积累,再把水平的幅度逐渐缩小。

4. 正交表

正交表是一整套规则的设计表格,是经过周密计算得出的现成的试验方案,它告诉你每次试验时,用哪几个水平互相匹配进行试验,这套方案的总试验次数是远小于每种情况均考虑后的试验次数。使用时只需要选择一张与试验因素水平相对应的正交表就可以了。

(1) 正交表的符号

正交表是运用组合数学理论在正交拉丁名的基础上构造的一种规格化的表格。符号表示如下：

$$L_n(j^i)$$

其中：

L——正交表的符号；

n——正交表的行数(试验次数,试验方案数)；

j——正交表中的数码(因素的位级数)；

i——正交表的列数(试验因素的个数)；

$N=j^i$——全部试验次数(完全因素位级组合数)。

(2) 正交表的类别

各列水平数均相同的正交表：各列水平数均相同的正交表，也称单一水平正交表。这类正交表名称的写法举例如下：

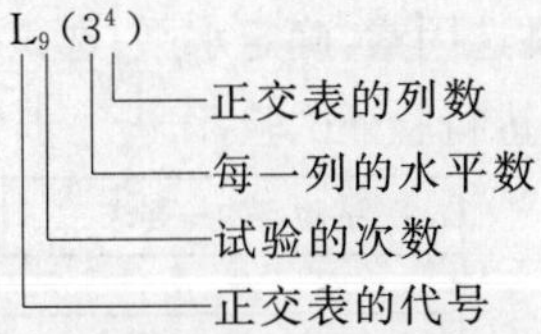

交互作用正交表：各列水平数不相同的正交表，叫交互作用正交表。交互作用正交表名称的写法：$L_8(4^1\times2^4)$常简写为$L_8(4\times2^4)$。此交互水平正交表含有1个4水平列，4个2水平列，共有1+4=5列。每一张正交表后都附有相应的交互作用表，它是专门用来安排交互作用试验。安排交互作用的试验时，是将两个因素的交互作用当作一个新的因素，占用一列，为交互作用列。

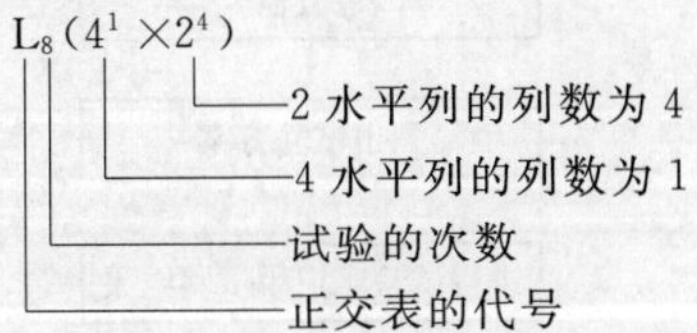

使用正交设计方法进行试验方案设计，就必须用到正交表。正交表可查阅有关参考书。

(3) 选择正交表的原则

首先确定试验的因素、水平和交互作用，然后选择适用的L表。在确定因素的水平数时，主要因素宜多安排几个水平，次要因素可少安排几个水平。

先看水平数。如各因素均是2水平，就选用$L(2^K)$表；各因素均是3水平，选$L(3^K)$表。如果各因素的水平数不相同，就选择适用的交互水平表。正交表的总自由度大于等于需要考虑的全部因素及其交互作用项的自由度之和。如果各因素及交互作用的自由度之和等于所选正交表总自由度，则可采用有重复正交试验来估计试验误差。

每一个交互作用因素在正交表中应占一列或二列。要看所选的正交表是否足够大，能否容纳得下所考虑的因素和交互作用。为了对试验结果进行方差分析或回归分析，还必须至少留一个空白列，作为“误差”列，在极差分析中要作为“其他因素”列处理。

要看试验精度的要求。从误差估计的精度方面考虑，当表中各列都排满，并且不想做重复试验时，只能用影响较小的 1 个或几个因素或交互作用项的均方来作为误差均方的估计值，显然，对误差估计的精度不高。解决的办法是选取稍大一号的正交表，如用 $L_{16}(2^{15})$取代 $L_8(2^7)$，适合水平数较少的场合，或在每个试验号下做 K 次重复试验($K\geqslant 2$)，适合水平数较多的场合。

若试验费用很昂贵，或试验的经费很有限，或人力和时间都比较紧张，则不宜选试验次数太多的 L 表。

按原来考虑的因素、水平和交互作用去选择正交表，若无适用的正交表可选，简便且可行的办法是适当修改原定的水平数。

对某因素或某交互作用的影响是否确实存在没有把握的情况下，选择 L 表时常为该选大表还是选小表而犹豫。若条件许可，应尽量选用大表，让影响存在的可能性较大的因素和交互作用各占适当的列。某因素或某交互作用的影响是否真的存在，留到方差分析进行显著性检验时再做结论。这样既可以减少试验的工作量，又不致漏掉重要的信息。

5. 正交试验设计的基本程序

明确试验目的，确定评价指标；挑选因素，确定水平；选正交表，进行表头设计；明确试验方案，进行试验；对试验结果进行统计分析；进行验证试验，作进一步分析。设计基本程序见图 4-2 所示。

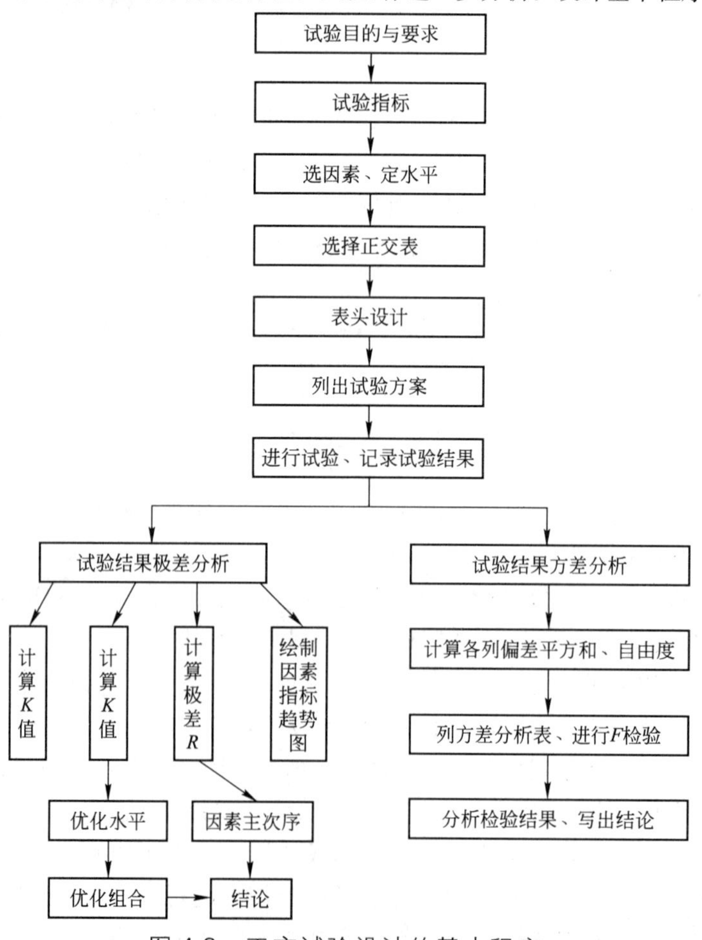

图 4-2　正交试验设计的基本程序

三、正交试验结果分析方法

正交试验方法之所以能得到科技工作者的重视并在实践中得到广泛的应用，其原因不仅在于能使试验的次数减少，而且能够用相应的方法对试验结果进行分析并得出许多有价值的结论。通过对试验结果的分析，可以得出：①分清各因素及其交互作用的主次顺序，分清哪个是主要因素，哪个是次要因素；②判断因素对试验指标影响的显著程度；③找出试验因素的优水平和试验范围内的最优组合，即试验因素各取什么水平时，试验指标最好；④分析因素与试验指标之间的关系，即当因素变化时，试验指标是如何变化的，找出指标随因素变化的规律和趋势，为进一步试验指明方向；⑤了解各因素之间的交互作用情况；⑥估计试验误差的大小。

1. 直接对比法

直接对比法就是对试验结果进行简单的直接对比。直接对比法虽然对试验结果给出了一定的说明，但是这个说明是定性的，而且不能肯定地给出最佳的成分组合。显然这种分析方法虽然简单，但是不能令人满意。

2. 极差分析方法

极差是指各列中各水平对应的试验指标平均值的最大值与最小值之差。从表 4-3 计算结果可知，用极差法分析正交试验结果可引出以下几个结论：①在试验范围内，各列对试验指标的影响从大到小排队。某列极差最大，表示该列数值在试验范围内变化时，使试验指标数值的变化最大。所以各列对试验指标的影响从大到小排队，就是各列极差 D 数值从大到小排队。②试验指标随各因素的变化趋势。为了能更直观地看到变化趋势，常将计算结果绘制成图。以各因素水平为横坐标，试验指标的平均值为纵坐标，绘制因素与指标趋势图。从趋势图可以更直观地看出试验指标随因素水平的变化而变化的趋势，可为进一步试验指明方向。③使试验指标最好的适宜的操作条件（适宜的因素水平搭配）。④可对所得结论和进一步的研究方向进行讨论。

表 4-3 $L_4(2^3)$正交试验计算

列号		1	2	3	试验指标 y_i
试验号	1	1	1	1	y_1
	2	1	2	2	y_2
	3	2	1	2	y_3
	$n=4$	2	2	1	y_4
I_j		$\mathrm{I}_1=y_1+y_2$	$\mathrm{I}_2=y_1+y_3$	$\mathrm{I}_3=y_1+y_4$	
II_j		$\mathrm{II}_1=y_3+y_4$	$\mathrm{II}_2=y_2+y_4$	$\mathrm{II}_3=y_2+y_3$	
K_j		$K_1=2$	$K_2=2$	$K_3=2$	
I_j/K_j		I_1/K_1	I_2/K_2	I_3/K_3	

续表 4-3

列号	1	2	3	试验指标 y_i
$\text{Ⅱ}_j/K_j$	$\text{Ⅱ}_1/K_1$	$\text{Ⅱ}_2/K_2$	$\text{Ⅱ}_3/K_3$	
极差(D_j)	max{ }−min{ }	max{ }−min{ }	max{ }−min{ }	

注：Ⅰ_j——第 j 列“1”水平所对应的试验指标的数值之和；
Ⅱ_j——第 j 列“2”水平所对应的试验指标的数值之和；
K_j——第 j 列同一水平出现的次数。等于试验的次数(n)除以第 j 列的水平数；
$\text{Ⅰ}_j/K_j$——第 j 列“1”水平所对应的试验指标的平均值；
$\text{Ⅱ}_j/K_j$——第 j 列“1”水平所对应的试验指标的平均值；
D_j——第 j 列的极差。等于第 j 列各水平对应的试验指标平均值中的最大值减最小值，即 $D_j=\max\{\text{Ⅰ}_j/K_j,\text{Ⅱ}_j/K_j,\cdots\}-\min\{\text{Ⅰ}_j/K_j,\text{Ⅱ}_j/K_j,\cdots\}$。

极差分析法简单明了，通俗易懂，计算工作量少便于推广普及。但这种方法不能将试验中由于试验条件改变引起的数据波动同试验误差引起的数据波动区分开来，也就是说，不能区分因素各水平间对应的试验结果的差异究竟是由于因素水平不同引起的，还是由于试验误差引起的，无法估计试验误差的大小。此外，各因素对试验结果的影响大小无法给以精确的数量估计，不能提出一个标准用来判断所考察因素作用是否显著。

3．方差分析方法

方差分析基本思想是将数据的总变异分解成因素引起的变异和误差引起的变异两部分，构造 F 统计量，作 F 检验。若计算出的 F 值 $F_0>F_a$，则拒绝原假设，认为该因素或交互作用对试验结果有显著影响；若 $F_0<F_a$，则认为该因素或交互作用对试验结果无显著影响。即可判断因素作用是否显著。

试验指标的加和值 y 和试验指标的平均值 $\bar{y}$ 的计算见式(4-1)。

$$y=\sum_{i=1}^{n}y_i$$

$$\bar{y}=\frac{1}{n}\sum_{i=1}^{n}y_i \qquad \cdots\cdots (4\text{-}1)$$

以第 j 列为例：

Ⅰ_j——“1”水平所对应的试验指标的数值之和；

Ⅱ_j——“2”水平所对应的试验指标的数值之和；

……

k_j——同一水平出现的次数，等于试验的次数除以第 j 列的水平数；

$\text{Ⅰ}_j/k_j$——“1”水平所对应的试验指标的平均值；

$\text{Ⅱ}_j/k_j$——“1”水平所对应的试验指标的平均值；

……

以上 7 项的计算方法同极差法(见表 4-3)。

偏差平方和见式(4-2)：

$$S_j = K_j\left(\frac{\mathrm{I}_j}{K_j}-\bar{y}\right)^2 + K_j\left(\frac{\mathrm{II}_j}{K_j}-\bar{y}\right)^2 + K_j\left(\frac{\mathrm{III}_j}{K_j}-\bar{y}\right)^2 + \cdots \quad (4\text{-}2)$$

自由度 f_j=第 j 列的水平数－1；

方差 $V_j = S_j/f_j$；

误差列的方差 $V_e = S_e/f_e$。式中，e 为正交表的误差列；

方差之比 $F_j = V_j/V_e$。

查 F 分布数值表(查有关参考书)做显著性检验。总的偏差平方和的计算公式见式(4-3)：

$$S_{总} = \sum_{i=1}^{n}(y_i - \bar{y})^2 \quad (4\text{-}3)$$

式中：

$S_{总}$——总的偏差平方和；

y_i——第 i 个试验指标的结果；

$\bar{y}$——试验指标结果的平均值。

总的偏差平方和 $S_{总}$ 等于各列的偏差平方和(S_j)之和[见式(4-4)]，即：

$$S_{总} = \sum_{j=1}^{m} S_j \quad (4\text{-}4)$$

其中，m 为正交表的列数。

若误差列由 5 个单列组成，则误差列的偏差平方和 S_e 等于 5 个单列的偏差平方和之和，即：$S_e = S_{e1} + S_{e2} + S_{e3} + S_{e4} + S_{e5}$；也可用 $S_e = S_{总} + S'$ 来计算，其中 S' 为安排有因素或交互作用的各列的偏差平方和之和。

与极差法相比，方差分析方法可以多引出一个结论：各列对试验指标的影响是否显著，在什么水平上显著。在数理统计上，这是一个很重要的问题。显著性检验强调试验在分析每列对指标影响中所起的作用。如果某列对指标影响不显著，那么，讨论试验指标随它的变化趋势是毫无意义的。因为在某列对指标的影响不显著时，即使从表中的数据可以看出该列水平变化时，对应的试验指标的数值与在以某种规律发生变化，但那很可能是由于试验误差所致，将它作为客观规律是不可靠的。

四、应用实例：求出蔗糖酶的最适温度和最适 pH

1. 明确试验目的，确定评价指标

试验设计前必须明确试验目的，即本次试验要解决什么问题。试验目的确定后，对试验结果如何衡量，即需要确定出试验指标。试验指标可为定量指标，如强度、硬度、产量、出品率、成本等；也可为定性指标，如颜色、口感、光泽等。一般为了便于试验结果的分析，定性指标可按相关的标准打分或将定性指标定量化。

对本试验而言，本试验的目的是为了提高酶的反应速度，提高酶的活力。本试验的指标是酶活力。

2. 选因素、定水平

根据专业知识、以往的研究结论和经验，从影响试验指标的诸多因素中，通过因果分析筛选出需要考察的试验因素。确定试验因素时，应先考虑对试验指标影响大的因素、尚未考察过的因素、尚未完全掌握其规律的因素。试验因素选定后，确定每个因素的水平，以 2 个～4 个水平为宜。对主要考察的试验因素，可以多取水平，但不宜过多（≤6），否则试验次数骤增。因素水平的间距，应根据专业知识和已有的资料，尽可能把水平值取在理想区域。

对本试验分析，考察四个因素（温度、pH、底物浓度和酶浓度），每个因素取三个水平，如温度选择 20 ℃、35 ℃ 和 50 ℃三个水平。

3. 选择合适的正交表和表头设计

确定了因素及其水平后，根据因素、水平及需要考察的交互作用的多少来选择合适的正交表。根据正交表的选择原则，在能够安排试验因素和交互作用的前提下，尽可能选用较小的正交表，以减少试验次数。

所谓表头设计，就是把试验因素和要考察的交互作用分别安排到正交表的各列中去的过程。在不考察交互作用时，各因素可随机安排在各列上；如要考察交互作用，就应按所选正交表的交互作用列表安排各因素与交互作用，以防止设计“混杂”。

可容纳三因素三水平的正交表有 $L_9(3^4)$、$L_{27}(3^{13})$等。本试验不考察各因素间的交互作用，也没设计混合水平，则表头设计可以是任意的，只有水平数均为 3 的四个因素，故选用 $L_9(3^4)$表。

如对 $L_9(3^4)$表头设计，对试验之初不考虑交互作用而选用较大的正交表，空列较多时，最好仍与有交互作用时一样，按规定进行表头设计。只不过将有交互作用的列先视为空列，待试验结束后再加以判定，见表 4-4。

表 4-4　$L_9(3^4)$表头设计方案

列号		1	2	3	4
方案	1	T	p	m	空
	2	空	T	p	m
	3	m	空	T	p
	4	p	m	空	T

4. 实施试验方案，如实记录试验数据

根据选定正交表中各因素占有列的水平数列，构成实施方案表（见表 4-5）。按试验号依次进行，共作 n 次试验，每次试验按表中横行的各水平组合进行。如 $L_9(3^4)$表，若安排四个因素，第一次试验 A、B、C、D 四因素均取 1 水平，第二次试验 A 因素 1 水平，B、C、D 取 2 水平，……，第九次试验 A、B 因素取 3 水平，C 因素取 2 水平，D 因素取 1 水平。试验结果数据记录在该行的末尾。因此整个设计过程可用一句话归纳为：“因素顺序上列、水平对号入座，试验横着做”。

表 4-5　实施方案表

试验号	因　素			
	A	B	C	D
1	1	1	1	1
2	1	2	2	2

续表 4-5

试验号	因素			
	A	B	C	D
3	1	3	3	3
4	2	1	2	3
5	2	2	3	1
6	2	3	1	2
7	3	1	3	2
8	3	2	1	3
9	3	3	2	1

5. 试验安排

具体操作步骤如下：①将已配制好的三种不同 pH 的 0.2 mol/L 缓冲液于试管中；②将酶粉用 10 mL～30 mL 蒸馏水溶解，离心去除不溶物，离心速度 10 000 r/min，时间 10 min，温度 4 ℃；③酶活性预试验，确定酶的稀释倍数。可根据产物稀释的倍数来确定酶的稀释倍数，酶活力在 0.4～2.0 即可；④准备 10 支试管。其中一支为空白管，作为测量时的参比溶液。其他 9 支试管根据前面的表 4-5 加入相应的溶液，分别在不同的条件下进行酶反应。利用二硝基水杨酸方法测定不同管在酶活力下的光密度值。将两组平行试验的结果取平均值后的 9 个数据，填入表 4-5 中的 y_i 项内。

6. 试验结果分析

试验结束后计算同一因素不同水平的级差，级差小代表离散度小，表示该水平为酶反应的最适条件。对于一般的试验，可用极差分析，该分析方法简单、直观。对要求精细的试验，则要用方差分析，该方法可给出误差的大小估计。对于有混合水平的正交试验，只能用方差分析。

本试验只使用极差分析。先计算出各水平试验结果总和，即第 1、2、3、4 列上的 K_1、K_2、K_3，并求出 K_1、K_2、K_3 和 K 的 R 值(极差)。再选出优水平组合，据 R 值的大小，排出因素显著性的顺序，并比较 K 值选出优水平组合，即好的试验条件。

由上述数据分析及验证试验，讨论在本试验条件下，温度、pH、底物浓度和酶浓度对蔗糖酶活性的影响，求出蔗糖酶的最适温度和最适 pH。

第三节 样品均匀性评价

均匀性是指某给定特性值在材料的各部分间(或单元间)没有差异。实际上当材料的各部分间(或单元间)某给定特性值的差异与测量不确定度分量相比可以忽略不计时，也可认为该材料对该特性值而言是均匀的。能力验证样品的一致性对利用实验室间比对进行能力验证至关重要。虽然能力验证提供者在实施能力验证计划时，尽最大努力使样品均匀，但通常仍然可能存在不同程度的不一致性。当大批材料被分装成小的单位发送到不同实验室时，小的单位成分之间也可能存在微小的差异。能力验证提供者应确保能力验证中出现的不满意结果不归咎于样品之间或样品本身的变异性。因此，对于能力验证样品的特性量，必须进行均匀性检验，以证明一批分装样品是足够均匀的。甚至当可以预期材料与溶液一样均匀时，瓶间不均匀性评估也是需要的。

以溶液或纯化合物形式制备的能力验证样品具有较高的均匀性，但这些材料也会由于密度梯度或金属中气孔而表现出某些不均匀性。均匀性验证的目的主要为了检验制备期间可能由于未发现的问题所产生的杂质、干扰物或异常。即使在可以被假定为理想的均匀性情况下，这种假定也应通过均匀性研究加以验证。

颗粒粉末混合物实质上其组分是不均匀的，由这些材料制备的能力验证样品应通过检验来评估其不均匀度。但与稳定性检验或测量不确定度相比，瓶间不均匀性带来的不确定度分量的大小仍然可能很小甚至可以忽略。

一、均匀性检验的要求

1. 抽样和检测要求

能力验证计划所制备的样品分装成小包装单元后，对每一个样品编号。按照抽样方案，从批单元样品中抽取一个子集，通常最小瓶数为 10～30，进行瓶间均匀性研究。选取子集有许多方法，如随机抽样、分层随机抽样或系统抽样等，在实践中大多采用前两种抽样方法。瓶间均匀性研究的结果还可用于评估定值模型中的一个不确定度分量，该不确定度分量的大小可能变化很大。瓶内不均匀性通过提供正确的使用说明可以明显降低其影响，这些说明包括样品的再混合和针对颗粒材料的增大取样量等。

从样品总体中随机抽取 10 个或 10 个以上的样品，或抽取 80％总样品量，用于均匀性检验。若必要，也可以在特性量可能出现差异的部位按一定规律抽取相应数量的检验样品。对抽取的每个样品，在重复条件下至少测试两次，重复测试的样品应分别单独取样。为了减小测量中定向变化的影响（飘移），样品的所有重复测试应按随机次序进行。随机次序可以用随机数字表或者计算机软件产生一个新的随机序列。假定有 10 个用于均匀性研究的样品，每个重复测量 3 次。一个适当的方案为按照 1、3、5、7、9、2、4、6、8、10、2、4、6、8、10、1、3、5、7、9、10、9、8、7、6、5、4、3、2、1 顺序进行测量。当检测样品有多个待测特性量时，可从中选择有代表性和对不均匀性敏感的特性量进行均匀性检验，以减轻检验工作量。

样品检验应在尽可能短的时间内完成，由同一实验室、采用相同精密度的设备测定。所用的测试方法，其精密度和灵敏度不应低于能力验证计划预定测试方法的精密度和灵敏度。特性量的均匀性与取样量有关，均匀性检验所用的取样量不应大于能力验证计划预定测试方法的取样量。对检验中出现的离群值，在未查明原因之前，不应随意剔除。

2. 离群结果的检验

零散的离群值通常会影响数据的均匀性检验结果。每次测试至少产生 20 个分析结果，离群值表明在许多个样品重复分析结果间意外发生大的偏差，不管原批次测试样品的异质性质和同质性如何，任何重复结果间的离群值差异必定是分析方法上产生的而不是样品材料上的问题，因为程序要求每个样品在测试之前是要严格均匀化的。

单一离群结果的影响可能是不可估计的，尽管增大了对样本间变量的估计，但一个离群值有助于测试材料通过 F 检验，因为它增加了对分析变量的估计达到一个较大的程度。然而如果一个数据集明显地含有多于一对以上离群结果时，整个操作的有效性值得怀疑，相关的均匀性检测数据无效。

拒绝单一离群数据对的建议仅适用于产生单一离群结果的样品，不适应于产生相互一致，但具有离群平均数的样品。如果一个样品的测试结果与其他样品的结果相符合，只是均数的结果与其他数据不符合，这个结果必须保留。统计上采用科克伦方差检验（Co-chran test）检测不同观察值的极端差异。

多组测定值得方差一致性检验和剔除离群方差检验：设有 m 组数据，每组测定 n 次，标准差分别为 S_1、S_2、S_3、……、S_m，将 m 个标准差（S_i）按大小顺序排列，最大值为 S_{max}，按式（4-5）计算统计量：

$$C = \frac{S_{max}^2}{\sum_{i=1}^{m} S_i^2} \quad \cdots\cdots (4\text{-}5)$$

若每组只测定两次（$n=2$），各组极差分别为 R_1、R_2、R_3、……、R_m，m 个极差的平方和［$\sum R_i^2$，见（式 4-6）］，以及极差的最大值（R_{max}^2）。

$$S_{DD} = \sum_{i=1}^{m} R_i^2 \quad \cdots\cdots (4\text{-}6)$$

$$C = \frac{R_{max}^2}{S_{DD}} \quad \cdots\cdots (4\text{-}7)$$

C 计算值［见式（4-7）］与临界值比较，一般在 95％或更高置信水平下检测到科克伦离群结果对时，应当仔细检查在分析过程中是否存在测量、记录或其他等方面的误差，并采取相应的措施。一对离群结果除非在 99％置信水平差异显著，或者是不可纠正的分析程序上的误差，否则不应被拒绝。

例：食盐样品中碘含量测试重复结果的离群数据检验（见表 4-6）。

表 4-6　10 个食盐样品中碘含量测试重复结果及方差分析

样本	平行样 x_1 mg/kg	平行样 x_2 mg/kg	$R=x_1-x_2$	$S=x_1+x_2$	$R^2=(x_1-x_2)^2$	$(S-\overline{S})^2$
1	32.41	32.75	−0.34	65.16	0.115 6	0.193 6
2	33.1	32.57	0.53	65.67	0.280 9	0.004 9
3	33.5	32.91	0.59	66.41	0.348 1	0.656 1
4	32.97	32.94	0.03	65.91	0.000 9	0.096 1
5	32.72	32.88	−0.16	65.6	0.025 6	0
6	32.73	32.69	0.04	65.42	0.001 6	0.032 4
7	32.92	32.83	0.09	65.75	0.008 1	0.022 5
8	32.87	32.75	0.12	65.62	0.014 4	0.000 4
9	32.54	32.69	−0.15	65.23	0.022 5	0.136 9
10	32.75	32.48	0.27	65.23	0.072 9	0.136 9

查表可得 $R_{max}^2=0.3481$，$S_{DD}=0.8906$，$C=R_{max}^2/S_{DD}=0.391$，比 5%临界值 0.602(查表 4-7)小，这批数据没有发现离群值。

表 4-7　食盐样品中碘含量测试数据方差分析结果

方差来源	自由度(f)	平方和(SS)	均方(MS)	F
样品间	9	0.639 9	0.071 1	1.60
样品内	10	0.445 3	0.044 5	

二、均匀性研究

均匀性研究的基本模型包含 $i=1、2、\cdots、m$ 瓶和 $j=1、2、\cdots、n_i$ 测量次数，用数学模型表示如式(4-8)。

$$x_{ij}=\mu+A_i+\varepsilon_{ij} \quad \cdots\cdots (4\text{-}8)$$

式中：

x_{ij}——均匀性研究中单次测量结果；

μ——x_{ij} 的数学期望值，当重复测量的次数趋于无穷大时所得到的总平均值(组平均值的平均值)，如果测量没有发生偏离，μ 就等于真值；

A_i——瓶间均匀性误差项；

ε_{ij}——随机测量误差项。

A_i 和 ε_{ij} 的方差分别是瓶间方差和重复性方差，通常可假定 A_i 和 ε_{ij} 是相互独立的，即瓶间不均匀性不影响测量的重复性，反之，随机测量误差不影响瓶间均匀性。此外，通常还可以假定变量 A_i 符合均值为零，方差为 σ_A^2 的正态分布，同样也可假定随机测量误差 ε_{ij} 符合均值为零、方差为 σ^2 的正态分布。

三、均匀性检验常用的统计方法

样品均匀性检验常用的统计方法包括方差分析法、不均匀性标差法($S_s \leqslant 0.3\sigma$ 准则)、非均匀性显著检验、t 检验法、极差检验法和平均值一致检验法等。

1. 单因子方差分析

在样品检测获得的数据中，测量方法带来的离散性和瓶-瓶之间不均匀带来的离散性分开计算，两者进行比较，从而确定瓶-瓶之间不均匀引入的离散性是否可以忽略。通常 F 检验用于检验瓶-瓶之间的标准偏差是否一致，t 检验用于检验瓶-瓶之间的平均值是否一致，且 F 检验更合适于样品均匀性检验。

F 检验的实施步骤：①从一组已经分装成最小包装单元(瓶)的样料中，随机抽取 i 瓶样料，由单个实验室在重复性条件下对每瓶进行 j 次独立检测，共获得 X_{ij} 个数据；②计算每瓶在重复性条件下获得的 j 个数据的平方和，只包含测量方法引入的离散性，而不包含样料瓶-瓶之间非均匀性引入的离散性。这种平方和被称为瓶内(或组内)平方和；③计算每一瓶 j 个数据的平均值，共获得 i 个平均值，以 i 个平均值作为一组数据，计算 i 个数据的平方和，这数值既包含了瓶-瓶之间样品不均匀引入的离散性，也包含了测量方法引入的离散性，这种平方和称为瓶间(或组间)平方和;④计算这两个平方和各自相应的均方差,并用瓶间(组间)均方差除以瓶内(组内)均方差,获得的值称为统计量 F;⑤计算自由度 f_1(瓶间或组间)和 f_2(瓶内或组内),并选择确定显著性水平 α,查 F 分布表中相应 f_1、f_2、α 所对应的 $F(f_1, f_2)$ 临界值,并与计算获得的统计量 F 进行比较。若统计量 F 小于临界值 $F(f_1, f_2)$,则瓶-瓶之间样品不均匀引入的离散性与测量方法引入的离散性相比,可以忽略不计,可认为样品是均匀的,反之就是不均匀的。

在实际工作中,F 检验一般分三个步骤:第一步,以每瓶 j 个重复性条件下检测获得的数据为一组,共获得 i(瓶)组数据;并计算其瓶(或组)内的均方差和瓶(或组)间的均方差,以及各自的自由度、显著性水平 α;第二步,按 F 检验给定的方法计算统计量 F;第三步,查 F 分布表,得到临界值 $F(f_1, f_2)$,计算值与进行比较判断,作出结论。

为检验样品的均匀性,抽取 i 个样品($i=1$、2、…、m),每个样在重复条件下测试 j 次($j=1$、2、…、n)。计算公式见式(4-9)~式(4-14):

每个样品的测试平均值 $$\bar{x}_i = \sum_{j=1}^{n} x_{ij}/n_i \quad (4\text{-}9)$$

全部样品测试的总平均值 $$\bar{\bar{x}} = \sum_{i=1}^{m} \bar{x}_i/m \quad (4\text{-}10)$$

测试总次数 $$N = \sum_{i=1}^{m} n_i \quad (4\text{-}11)$$

样品间离均差平方和 $$SS_1 = \sum_{i=1}^{m} n_i(\overline{x_i} - \bar{\bar{x}})^2,\ 均方\ MS_1 = SS_1/f_1 \quad (4\text{-}12)$$

样品内离均差平方和 $$SS_2 = \sum_{i=1}^{m}\sum_{j=1}^{n} (x_{ij} - \overline{x_i})^2,\ 均方\ MS_2 = SS_2/f_2 \quad (4\text{-}13)$$

样品间自由度发 $$f_1 = m-1$$

样品内自由度 $$f_2 = N-m$$

$$F = MS_1/MS_2 \quad (4\text{-}14)$$

若 F 小于自由度为(f_1,f_2)及给定显著性水平 a(通常 $a=0.05$)的临界值 $F_a(f_1, f_2)$,则表明样品内和样品间无显著性差异,样品是均匀的。

例:表 4-6 中食盐样品中碘含量测试结果的均匀性检验结果见表 4-7。

查 F 临界值表得 $F_{0.05(9,10)}=3.02$,样品中碘的 $F=1.60$,小于 F 临界值,表明在 0.05 显著性水平时,样品中碘含量是均匀的。

2. $S_s \leqslant 0.3\sigma$ 准则

检验能力验证样品的均匀性时,要寻找分装单元之间的差异,以取样标准差 S_s 表示。瓶间均匀性研究的目的是测定瓶间的差异。如果期望能力验证中实验室间变异标准差接近能力评价标准差(σ),使用该标准作为基准值是合理的。当取样标准差低于目标标准差的 30%,即 $S_s < \sigma$,允许取样标准差 $\sigma=0.3\sigma$。完全满足这个条件的称为“充分均匀”。

从能力验证计划制备的样品中随机抽取 i 个样品($i=1$、2、…、m),每个样在重复条件下测试 j 次($j=1$、2、…、n)。按式(4-12)和式(4-13)计算均方 MS_1、MS_2。

若每个样品的重复测试次数均为 n 次。按式(4-15)计算样品之间的非均匀性标准偏差 S_s:

$$S_s=\sqrt{(MS_1-MS_2)/n} \quad (4\text{-}15)$$

式中：

MS_1——样品间均方；

MS_2——样品内均方；

n——测量次数。

若 $S_s \leqslant 0.3\sigma$，则使用的样品可认为在本能力验证计划中是均匀的。

例：表 4-6 中食盐样品中碘含量测试结果的均匀性检验。由表 4-8 可得 $MS_1=0.0711$，$MS_2=0.0445$。

表 4-8　科克伦统计关键值

M	7	8	9	10	11	12	13	14	15	16	17	18	19	20
95%	0.727	0.68	0.638	0.602	0.57	0.541	0.515	0.492	0.471	0.452	0.434	0.418	0.403	0.380
99%	0.838	0.794	0.754	0.718	0.684	0.623	0.624	0.599	0.575	0.553	0.532	0.514	0.496	0.480

$$S_S^2=(MS_1-MS_2)/n=(0.0711-0.0445)/2=0.0133, S_S=0.115$$

通常评价标准差 σ 取 1 mg/kg，$0.3\sigma=0.3$，$S_s<0.3$，样本是充分均匀的。

3. 非均匀性显著检验

使用相同的差值平方并计算分析方差[见式(4-16)]、S_i 的方差 Vs[见式(4-17)]、S_i 的平均值[见式(4-18)]。

$$S_1^2=\frac{\sum_{i=1}^{m} D_i^2}{2m} \quad (4\text{-}16)$$

$$V_s=\frac{\sum_{i=1}^{m}(S_i-\overline{S})^2}{m-1} \quad (4\text{-}17)$$

$$\overline{S}=\frac{\sum_{i=1}^{m} S_i}{m} \quad (4\text{-}18)$$

抽样方差计算见式(4-19)。

$$S_2^2=(Vs/2-S_1)/2 \quad (4\text{-}19)$$

在以上估计是在负数或者 $S_2^2=0$ 情况下得到的，如果单向方差分析程序可行，上述 Vs/2 和 S_1 可以从方差分析表中作为“之间”或“内部”的均数平方中分别得到。允许抽样方差 σ_T 按式(4-20)计算：

$$\sigma_T^2=(0.3\sigma)^2 \quad (4\text{-}20)$$

从表 4-9 中查得 F_1 和 F_2 数值，按式(4-21)计算测试临界值：

$$c=F_1\sigma_T^2+F_2S_1^2 \quad (4\text{-}21)$$

表 4-9　充分均匀性检验应用因子 F_1 和 F_2

m	7	8	9	10	11	12	13	14	15	16	17	18	19	20
F_1	2.10	2.01	1.94	1.88	1.83	1.79	1.75	1.72	1.69	1.67	1.64	1.62	1.60	1.59
F_2	1.43	1.25	1.11	1.01	0.93	0.86	0.80	0.75	0.71	0.68	0.64	0.62	0.59	0.57

如果 $S_2^2>c$，在 95%置信水平下的显著差异，样本总体中，抽样标准差值超过了目标允许标准差，则样品不均匀性。

如果 $S_2^2<c$，则证明样品是均匀的。

例：表 4-6 中食盐样品中碘含量测试重复结果的非均匀性检验。

分析方差：$S_1^2=0.8906/20=0.0445$，总和方差 $Vs=1.2798/9=0.142$

抽样方差 $S_2^2=(Vs/2-S_1)/2=(0.142/2-0.0445)/2=0.0132$

如果目标标准方差为 1 mg/kg，则可接受的样本间方差：$\sigma_T^2=(0.3\times1)^2=0.09$

测试临界值 $c=1.88\sigma_T^2+1.01S_1^2=1.88\times0.09+1.01\times0.0445=0.214$

$S_2^2=0.0132<0.214$，因此，证明样本是充分均匀的。

4. t 检验法

能力验证样品可以采用 t 检验法进行均匀性检验。从 m 个验证样品中随机抽取一个，并重复测定 n 次（$n\geqslant10$），其平均值为 $\bar{x}_1$，标准偏差为 S_1。然后对剩余的 $m-1$ 个验证样品各测定一次，平均值为 $\bar{x}_2$，标准偏差为 S_2。样品测定在完全相同的条件下进行，属于等精密度测量，统计量 t 值计算见式(4-22)。

$$t=|\bar{x}_1-\bar{x}_2|/SD \qquad (4\text{-}22)$$

其中，SD[见式(4-23)]是两个平均值 $\bar{x}_1$ 与 $\bar{x}_2$ 之差的标准偏差，它可通过并合标准偏差 $S_{并}$，由 S_1 和 S_2，以及相应的测定次数(n_1，n_2)、自由度(f_1，f_2)等计算。

$$SD=S_{并}\sqrt{\frac{n_1+n_2}{n_1\times n_2}} \qquad (4\text{-}23)$$

其中，n_1 为 $\bar{x}_1$ 的测试次数，$n_1=n$；n_2 为 $\bar{x}_2$ 的测试次数，$n_2=m-1$；$S_{并}$ 为并合标准偏差，由式(4-24)计算；SD 亦可按式(4-25)计算。

$$S_{并}=\sqrt{\frac{f_1S_1^2+f_2S_2^2}{f_1+f_2}} \qquad (4\text{-}24)$$

$$SD=\sqrt{\frac{(n-1)S_1^2+(m-2)S_2^2}{m+n-3}}\sqrt{\frac{m+n-1}{n(m-1)}} \qquad (4\text{-}25)$$

其中，S_1 为 n 次测试的标准差（均值为 $\bar{x}_1$）；S_2 为（$m-1$）个样品各测定一次的标准差（均值为 $\bar{x}_2$）；自由度 $f_1=n_1-1=n-1$；$f_2=n_2-1=m-2$；$f=f_1+f_2=m+n-3$。

一般 α 取 0.05，置信概率 $P=1-\alpha=95\%$，自由度 $f=m+n-3$，查 t 分布临界值表得 $t_{\alpha,f}$ 值。如果 $t\leqslant t_{\alpha,f}$，样品是均匀的；反之，$t>t_{\alpha,f}$，则样品不均匀。

5. 极差检验法

随机抽取 m 个能力验证样品，每个样品在相同条件下，重复测量 n 次，则允许的均值极差由式(4-26)计算：

$$R_0=A\cdot r \qquad (4\text{-}26)$$

其中，A 是与 m、n 及显著水平 α 有关的常数，可查极差法检验 A 值表；r[计算见式(4-27)]是能力验证样品组内极差的平均值。

$$r=(r_1+r_2+\cdots+r_m)1/m=\frac{1}{m}\sum_{i=1}^{m}r_i \qquad (4\text{-}27)$$

其中，r_i 是第 i 组或第 i 个能力验证样品的极差，为第 i 组（个）能力验证样品 n 次重复测定中最大值与最小值之差。

每个能力验证样品均进行 n 次重复测定，均有一个平均值，m 个能力验证样品有 m 个平均值，其中的最大平均值减去最小平均值称之为均值极差 R，求出 R 值并与 R_0 值进行比较。若 $R \leqslant R_0$，则样品检验是均匀的。若 $R > R_0$，则样品经检验是不均匀的。

6. 平均值一致性检验法

随机抽取能力验证样品 m 组（适用于破坏性测试，如拉伸试验，一般一组 2 个～3 个样品）或 m 个（适用于化学分析样品，一个包装单元可多次取样进行重复测定），重复测定 n 次，得到 m 组数据。任取其中的两组数据进行比较，假设这两组数据的平均值分别为 $\bar{x}_1$ 和 $\bar{x}_2$，标准偏差分别是 S_1 和 S_2。$\bar{x}_1$ 与 $\bar{x}_2$ 遵从 t 分布，如果满足式(4-28)，样品是均匀的，否则样品不均匀。

$$|\bar{x}_1 - \bar{x}_2| \leqslant \sqrt{\left(\frac{t_1 S_1}{\sqrt{n_1}}\right)^2 + \left(\frac{t_2 S_2}{\sqrt{n_2}}\right)^2} \quad \cdots\cdots (4\text{-}28)$$

其中 n_1 与 n_2 可以相等，也可以不相同。t_1 和 t_2 根据显著水平 α（一般 $\alpha = 0.05$）和自由度 $f_1 = n_1 - 1$，$f_2 = n_2 - 1$，查表得到。

对于能力验证计划样品均匀性检验已有国家标准方法或计量检定技术规范时，均匀性检验应按相应的国家标准和技术规范进行。如果能力验证样品经均匀性检验不合格，则该批样品不能用于能力验证计划，必须重新选材和制备样品，再经均匀性检验确认合格后，方可发往参加实验室进行能力验证计划。

第四节　样品稳定性评价

能力验证样品材料特性值在整个有效期内应当充分稳定。即在相关时期内发生的任何变化，必须同能力验证计划对结果的解释无关。一般人为，Z 值 ± 1 的变化是无关紧要的，不稳定性的量相当于 0.1σ 被测物浓度的改变是允许的。正常情况下，发现问题期间是从样品材料准备到结果反馈截止之间，如果因为后一轮测试或其他目的，需要重复使用剩余的测试样品，还会导致更长一些时间。稳定性检验应当包含样品在分发和保存期间可能发生的最极端的不利条件下或者加速分解条件下的全部暴露情况。测试样品的包装和保存条件应当与分发的样品一致。

样品的短期稳定性与样品运输过程中的外部因素有关，有时由于运输过程不可能保持样品稳定性所需要的合适条件，应考虑在特性值中增加不确定度分量。如果不能保持适宜的运输条件，有必要了解样品在运输过程可能发生的变化，以采取相应的补救措施，确定适当的贮存和运输条件。短期稳定性研究主要研究在推荐的包装和最低要求的运输条件下材料及其特性值的行为。运输条件越严格，短期稳定性研究工作就越少。在涉及特定的基体、特性组合而有缺乏以往的经验时，可在不同的温度下进行短期稳定性研究，以获得适当贮存条件以及运输中需采取预防措施的信息。短期稳定性研究应包括运输时间内运输中可能出现的温度变化，研究时间几周已足够。对于只使用一次的能力验证样品，稳定性检验的时间周期应至少能覆盖整个能力验证计划的实施周期；对于反复多次使用的能力验证样品，稳定性检验的时间间隔可以按先密后疏的原则安排，如样品制备的当月、第 2 个月、第 3 个月、第 6 个月、第 12 个月分别检测。

一、稳定性研究

稳定性检验的目的是确定能力验证样品在制备后的不稳定性或材料的稳定性。稳定性可分为在规定贮存条件下的长期稳定性和在规定运输条件下的稳定性。长期稳定性是能力验证样品特性值在指定贮存条件下仍存在的不稳定性。因此有必要规定这些条件并研究在该条件下材料的稳定性。温度的选择应确保材料在该温度下是稳定的。尽管确定了最佳贮存条件,但许多生物和环境样品在某些情况下仍表现出不稳定性。同样应选择运输条件以使材料在运输中的不稳定不超过其在样品存放室的不稳定性。短期稳定性是在贮存条件之外指定运输条件下影响能力验证样品稳定性的一个不确定度分量。

短期稳定性研究通常在不同温度下进行,以研究温度变化对材料特性的影响。运输中样品极端温度变化范围可能在-50 ℃～70 ℃之间变化,实际情况取决于包装类型和运输方式。根据观察到的影响,可以确定合适的运输条件并制定包装说明,有效消除不希望出现的影响。短期稳定性一般进行 1 个月～2 个月,可以确定最佳贮存条件。

稳定性研究需要相当多的单元(瓶)样品,在每个时间点,应使用一瓶以上的样品。短期稳定性研究通常使用 3 个～5 个时间点,持续时间超过两周,每个温度下至少需要 6 瓶～10 瓶样品。材料的不均匀性也将影响稳定性检验所需的样品单元数。如果材料是非均匀性的,对多瓶样品进行每瓶单次测定,比减少几瓶样品重复测定更好。

稳定性研究的试验设计,包括测定最佳的时间点数和样品数,当预计测量方法不能检测任何不稳定性时,应以统计设计为基础。由于经验模型用于大部分稳定性研究,因此,时间点数应足够大到对模型有效性进行正确评估。例如,截距和斜率两个参数的线性模型至少需要 3 个点或 4 个点,但为了更准确地评估通常要多做些点。采用多参数模型进行稳定性研究时,时间点数相应增加。

二、趋势分析

评估稳定性研究数据的首要任务是检查数据中是否可观察到的趋势。对于微小的不稳定性,由于其内在动力学机理未知,因此,线性拟合是一个合适的模型。在不稳定性的机理非常明确的情况下,应优先选择该模型而不是经验的线性模型,这种模型的数学处理较复杂一些。但也可以用 F 检验来检验趋势的显著性。

稳定性研究的基本模型可以式(4-29)表示。

$$Y=\beta_0+\beta_1 X+\varepsilon \tag{4-29}$$

式中:

β_0、β_1——回归系数;

X——时间;

ε——随机误差分量。

随机误差分量 ε 可能仅由随机误差组成,也可能包含一个或多个系统因素。在进行稳定性研究时,X 为时间,Y 为能力验证样品的特性值。对于稳定的样品,β_1 为 0,估计参数 β_0 和 ε,以及计算不同种类方差的表示式的推导,与方差分析表达式的推导方法相同。

设有一组 n 对关于 Y 对 X 的观测值，对于每个 Y_i 都有关系式(4-30)：

$$Y_i=\beta_0+\beta_1 X_i+\varepsilon_i \quad\cdots\cdots(4\text{-}30)$$

由于需重复测量，每个时间点应使用一瓶以上的样品，对应每个 X_i 经常会得到一个以上 Y_i 值，采用总平均值计算。

回归参数计算，斜率和截距的估算见式(4-31)和式(4-32)。

$$b_1=\sum(X_i-\overline{X})(Y_i-\overline{Y})/\sum(X_i-X)^2 \quad\cdots\cdots(4\text{-}31)$$

$$b_0=\overline{Y}-b_1\overline{X} \quad\cdots\cdots(4\text{-}32)$$

通过误差分析可以计算 b_1 和 b_0 的标准偏差[见式(4-33)、式(4-34)]。b_0 的方差估算见式(4-35)。

$$S(b_1)=\frac{s}{\sqrt{\sum(X_i-\overline{X})^2}} \quad\cdots\cdots(4\text{-}33)$$

$$S^2=\frac{\sum(Y_i-b_0-b_1X_i)^2}{n-2} \quad\cdots\cdots(4\text{-}34)$$

$$V(b_0)=V(\overline{Y}-b_1\overline{X})=s^2\frac{\left(\frac{1}{n}+\bar{x})^2\right)}{\sum(X_i-\overline{X})^2}=s^2\sum\frac{x_i^2}{n}\sum(x_i-\bar{x})^2 \quad\cdots\cdots(4\text{-}35)$$

基于 b_1 的标准偏差，可以作出判断。用式(4-33)和合适的 t 因子，即自由度为 $n-2$ 和 $p=0.95$(95%置信水平)的 $t_{0.95,n-2}$，可以检验 b_1 的显著性。

当 $|b_1|<t_{0.95,n-2}\times S(b_1)$，表示斜率不显著，没有观测到不稳定性。

反之当 $|b_1|>t_{0.95,n-2}\times S(b_1)$，表示斜率显著，样本不稳定。

另一种方法，用 F 值评估回归的显著性，且较 t 检验更方便，适用范围更宽(见表 4-10)。

表 4-10　线性回归的方差分析

差异来源	自由度	平方和 SS	均方 MS	F
回归	1	$\sum(Y_i-\overline{Y})^2$	MS_{reg}	$F=MS_{reg}/s^2$
残差	$n-2$		$s^2=SS/(n-2)$	
总和	$n-1$			

两种检验方法只有测量的重复性标准偏差(可能与瓶间均匀性有关)足够小时，结论才有意义。当重复性标准偏差与材料均匀性研究，以及测定得到的标准偏差相当时，可以证明测量重复性能满足要求。如果能观测到趋势，通常意味着材料不能被定值。

三、稳定性检验的要求和方法

1. 稳定性检验的要求

稳定性检验的测试方法应有足够的精密度和灵敏灵敏度，并且具有很好的重复性和再现性。确保由于测量方法引入的不确定度不致明显影响稳定性检验结果的判断。对于不能在同一天进行样品测量的稳定性研究来说，测定方法的再现性最重要。因此，用于均匀性和稳定性研究的测量方法不一定要相同。只要均匀性、稳定性研究以及测量结果建立了与共同测量标准的溯源性就不会有问题。确保定值项目中所有测量的溯源性是一个重要的要求。

对于某些性质较不稳定的检测样品，运输和存放过程对检测的特性量可能会产生影响。因此，在样品发送给实验室之前，需要进行有关条件下的稳定性检验。当检测样品有多个待测特性量时，可选择容易发生变化和有代表性的特性量进行稳定性检验。

稳定性检验的样品与参加实验室测试的样品保存条件一致。检验时应从包装单元中随机抽取具有足够代表性的样品，通常大于或等于 3 个，每个样品重复检测两次，检测方法应与样品均匀性检验所用方法一致。在校准能力验证计划中，测量的物品需在参加实验室之间传递作为被测特性量的监控，在计划运作的始末或期间应做稳定性检验。稳定性检验的统计方法有 t 检验法和 $|\bar{x}-\bar{y}|\leqslant 0.3\sigma$ 准则法等。t 检验法通常用于比较一个平均值与标准值/参考值之间或两个平均值之间是否存在显著性的差异。检验者可根据样品的性质和工作要求选用合适的检验方法。

2. 稳定性检验方法

(1) t 检验法

当给定能力验证样品的标准值或参考值时，测定结果的平均值与标准值/参考值比较，按式(4-36)计算 t 值：

$$t=\frac{|\bar{x}-\mu|\sqrt{n}}{S} \tag{4-36}$$

式中：

x——n 次测量的平均值；

μ——标准值/参考值；

n——测量次数；

S——n 次测量结果的标准偏差($n\geqslant 6$)。

若 $t<$ 显著性水平 α(通常 $\alpha=0.05$)自由度为 $n-1$ 的临界值$(n-1)t_{\alpha(n-1)}$，则平均值与标准值/参考值之间无显著性差异。

能力验证样品在存放前后分别测试，两个平均值之间的一致性，按式(4-37)计算 t 值：

$$t=\frac{|\bar{x}_2-\bar{x}_1|}{\sqrt{\frac{(n_1-1)s_1^2+(n_2-1)s_2^2}{n_1+n_2-2}\times\left(\frac{n_1+n_2}{n_1\times n_2}\right)}}$$

$$f=n_1+n_2-2 \tag{4-37}$$

式中：

$\overline{x_2}$——第二次检测数据的平均值；

$\overline{x_1}$——第一次检测数据的平均值；

n_1——第一次检测的测量次数；

s_1——第一次检测数据的标准偏差；

n_2——第二次检测的测量次数；

s_2——第二次检测数据的标准偏差；

f——自由度。

为了保证平均值和标准偏差的准确度，n_1 和 n_2 均应≥6。

若 t<显著性水平 α（通常 $\alpha=0.05$）自由度为 n_1+n_2-2 的临界值 $t_{\alpha(n_1+n_2-2)}$，则两个平均值之间无显著性差异。

（2）$|\bar{x}-\bar{y}|\leqslant 0.3\sigma$ 准则

能力验证样品在存放一段时间后测试结果的平均值与均匀性检验测试的总平均值比较。若 $|\bar{x}-\bar{y}|\leqslant 0.3\sigma$ 成立，则认为被检的样品是稳定的；

若 $|\bar{x}-\bar{y}|>0.3\sigma$，可认为样品不稳定。其中：$x$——均匀性检验的总平均值；$y$——稳定性检验时，对随机抽出样品的测量平均值；$\sigma$——该轮次能力验证计划的评价标准偏差目标值。

第五节　结果统计分析

能力验证的结果可以多种形式输出，并构成各种统计分布。统计评价方法应与数据类型及其统计分布特性相适应。能力验证结果评价可归纳为三个步骤：①根据测试目的和评价结果要求确定指定值；②根据能力验证试验设计选择恰当的评价统计方法，计算统计量；③依据统计结果的判定方法评价实验室的检测能力。

一、样品的指定值

指定值(assigned value)是能力验证协调方在处理统计结果时当作真值使用的值。它是被测物在基质材料中用于真值估计的最佳评估值。指定值的选择和计算是能力验证计划成功的关键。一个不合适的指定值将会影响所有参加实验室的结果分数。多种因素影响指定值的选择，包括有证样品的使用、适合的测量方法、检测能力可接受的实验室、参加实验室的数量和结果质量、指定值的溯源性和可信程度、评价和成本。确定指定值的测试方法应与日常使用方法上相一致。能力验证提供者可使用多种途径来确定指定值和它的不确定度。每个方法都存在优缺点，在实际工作中，需根据能力验证计划目标的不同，甚至在一个计划内或各个轮次的目标不同选择合适的方法。在选择指定值的方法时，还应考虑下列因素：

① 能力验证提供者和参加者的成本，有的方法能得出理想的结果，但由于成本较高，可能阻碍一些实验室参与。

② 满足溯源性特定基准值的要求，以及与参考实验室或其他组织一致的法定要求。

③ 需要独立的指定值对整个总体偏差进行检查。

参与者在计量上具有溯源性，是满足测试质量的重要保障。当计量溯源性和质量控制体系广泛执行时，可以得到重复性好、分散性低的结果。依据一个独立可溯源的指定值进行测试，对溯源的有效性提供了一个有效的额外检查。

1. 参考实验室的测量结果

能力验证样品指定值和不确定度的确定，可以从一些有检测资质的认可实验室挑选出来作为参考实验室，通过使用一个充分小的不确定度的方法获得。这种方法确定的指定值准确度较高，与使用有证标准物质效果等同，还可使样品设计根据计划要求进行有效的调整。它的缺点是需要付出较多的时间和经费支出，例如，测试前需要制定严密的样品检测程序，并有严格的质量保证措施。样品测试方法的验证需要持续研究，有效预防和消除可能发生的潜在的干扰。

2. 使用有证标准物质

有证标准物质(reference material)指附带有证书的标准参考物质，是在可追溯程序的控制下获得鉴定的标准物质。能力验证计划能直接使用有证标准物质，尤其对于相互协调计划，理想的方法是采用有证标准物质作为考核样，因为标准物质附有准确的指定值和不确定度，是一种相对简单的方法。它能提供一个独立于参与者测试结果的标准值，并提供相应的溯源再现性。这种方法的缺点是，在能力验证计划中天然基质的有证标准物质通常不能大量供应，使用成本较高。参与者很容易识别并推测样品的认可值，反而不利于计划的实施，达不到预期目标。

3. 能力验证样品与认可的标准物质直接比对

在重复性条件下，选用一个合适的较小不确定度的有证标准物质，与测试样品一起，采用相同的分析方法，按照一个随机的顺序多次分析。如果有证标准物质同能力验证测试样品在基质和浓度、种类、被测物鉴定等方面具有密切的可比性，那么能力验证样品的结果类似于建立在有证标准物质被鉴定值校准功能上的测试得到的，可以追溯到有证标准物质值，达到较高的要求。但是，要判断有证标准物质在各个方面与能力验证样品要求充分相同是困难的。如果两者之间存在不同，在指定值不确定度的计算中必须包含这些不确定因素。

4. 专家实验室的公议值

指定值由一组专家实验室在严格的质量控制程序下，采用标准方法重复检测能力验证样品，达成共识的公议值。这种方法用在按“经验分析方法”定义测试参数时，或日常测试实验室结果与少数法律仲裁实验室认可的结果一致时特别有价值。实际上，公议值的获得如同使用一个小的不确定度和一个标准物质定值一样需要付出许多精力。由于专家实验室数量毕竟不多，不确定度和公议值变异可能会放大。如果这些实验室只采用常规程序分析能力验证样品，所得的结果不会比大多数能力验证的参与者的平均水平更好。对于来自专家实验室的结果，是个昂贵的选择，除非专家实验室也是能力验证计划的参与者，而且会出现一致值漂移的现象。

5. 使用测试物质的成分

使用测试物质的成分是指将已知含量(或浓度)的被测物质或含有被测物的样品添加到浓度接近0的空白基质中，得到添加值。使用测试物质的成分时应注意基质中原有的被测物必须充分独立或者知道它的准确浓度；固体被测物直接添加到纯的基质中难以充分混均匀；即使基质类型相似，添加的被测物同基质的结合比样品基质中天然存在的被测物可能更松散，因此回收率可能较实际情况高。如果能够克服这些问题，指定值可由所使用样品的被测物比例和已知浓度(或纯度)简单决定。根据被测物纯度的不确定度或样品中被测物浓度以及测定质量和容量的不确定度就可以估算指定值的不确定度。当能力验证样品是均质液体，被测物的添加操作相对简单。

6. 参加实验室的公议值

从所有参与实验室的测定结果得到的公议值是最常用的一种方法。它特别适合经过认真考虑的简单和常规的分析，成本比较低，在那些有方法依据或明确定义的计划中广泛应用。公议值并不是指所有参与者同意经过可重复试验得到的精密度而决定的限值，而是大多数参与实验室无偏差的、容易确认的分布模型。通常使用参与者测量结果的集中趋势来推论一个合适的被测物的最有可能的值作为指定值，用它的标准偏差作为它的估计不确定度。经验表明，参加实验室的公议值通常很接近成分比例、专家实验室公议值、从有证标准物质或参考实验室得到的。这种方法的主要缺点是它们不是独立于参与者的结果；当参与实验室的数量比较少时，它们的不确定度可能偏大。

缺乏独立性，存在潜在的影响：①指定值是遵从总体结果的，由于存在各种干扰因素，不能准确地测出总体的偏差；②如果大多数结果存在偏差，从参与实验室的测定结果得到的公议值偏离真实结果，因而会导致无偏差结果的参与者却得到了不真实 Z 值，是不公平的；③如果参与实验室的测定结果串通，结果过于集中，公议值的标准偏差过小，导致一些实际无偏差结果的参与者可能由于公议值标准偏差的减小而偏离。

当参与者的数量低于 15，即出现小样本时，公议值的统计不确定度将会高于可接受的要求，Z 值应包含的信息会因此而减少。能力验证提供者和参与者都必须提防这些可能性（应当对其他指定值方法可能产生的误差都予以同样的注意）。一旦发现这种情况，通常能很快被纠正。能力验证的好处之一是参与者能够注意到不明显的一般性问题和具体的实验室问题。尽管这种方法得到的公议值有明显的缺陷，但大量的实践表明，只要提供者注意可能出现的问题和使用合适的计算方法，使用公议值的能力验证就能进行得很好。

二、数据的正态分布检验

指定值选定后，应建立一个适合的统计方法计算相关统计量。由于基于正态分布的传统统计方法在实际应用过程中受到离群值的影响，使到统计量和统计推断的结果发生较大的变化，导致数据分析出现不合理的甚至完全错误的结论。因此在统计分析试验数据前，应进行必要的数据分布类型检验，以便采取必要的处理程序和正确选择统计方法。

1．偏度和峰度

如果曲线是不对称的，且曲线的一个末端（统计学术语中称为尾部）长于另一端，这种图形所对应的分布称为偏峰（skewed）分布。曲线的右端明显地长于左端，称为右偏峰（skewed right）或称为正偏峰（positive skew），相反的曲线称为左偏峰（skewed left）或称为负偏峰（negative skew）。因此，偏度的“方向”指的是较长尾端的方向，而不是大部分数据聚集的方向。大多数统计软件包都有偏度系数的计算程序。偏度系数等于 0，表示非偏峰分布，正数表示正偏峰，负数表示负偏峰。

与计算偏度系数一样，大多数统计软件包也可以计算峰度系数。正态分布的峰度系数为 3，但大多计算机程序将其减去 3，因此正态分布的峰度系数为 0。当峰度系数为正数，表示曲线是尖峰态（leptokurtic），曲线尾部所占比例一般较小；当数值为负数时，表示曲线是平峰态（platykurtic），曲线尾部所占比例通常较大。

2．正态分布检验

许多统计学检验方法都是基于数据是正态分布的假设。正态曲线从均值处向两侧延伸出大于两个标准差（SD）的范围。因此对于只有正数的资料，如果均数小于 2SD，可能存在偏峰。通过这个检测并不能保证曲线就是正态的，但不通过检测，就一定能说明分布不是正态的。如果 SD 随着均数的增加而增加，数据就是偏峰分布。

更规范的正态性分布检验方法是采用偏度系数和峰度系数检验方法。如果两个系数值均小于 2.0，那么可以假设数据是服从正态分布的。更好的方法是直接对数据进行正态性检验，而且可以用统计软件来完成计算过程。如 Wilks-Shapiro 正态性检验，用于数据是否来自一个正态的总体。Anderson-Darling 正态性检验则更加灵活，可以对数据进行各种分布的检验。两个方法都是检验数据偏离正态的程度，只要 P 值大于 0.05，就可以判断数据是正态分布；如果 P 值小于 0.05，表明数据的分布与正态分布之间的差异有统计学意义。

Wilks-Shapiro 正态性检验：检验假设为 H_0：样本来自正态分布；H_1：样本不来自正态分布。

来自同一总体的样本值按升序排列为 X_1、X_2、…、X_n。统计量 W 计算见式(4-38)。

$$W=\frac{\left[\sum_{i=1}^{n/2}a_i(X_{n+1-i}-X_i)\right]^2}{\sum_{i=1}^{n}(X_i-\bar{x})^2}\quad\cdots\cdots\cdots\cdots\cdots\cdots\cdots\cdots\cdots\cdots\quad(4\text{-}38)$$

其中 a_i 从 W 检验专用的数表中查得，查表确定临界值。W 计算值与临界值比较。

Anderson-Darling 正态性检验：检验假设为 H_0：样本来自正态分布，H_1：样本不来自正态分布。

来自同一总体的样本值按升序排列为 X_1、X_2、…、X_n。统计量 D 计算见式(4-39)。

$$D=\frac{\sum_{i=1}^{n}\left(i-\frac{n+1}{2}\right)X_i}{n^{3/2}\sqrt{\sum(X_i-\overline{X})^2}}\quad\cdots\cdots\cdots\cdots\cdots\cdots\cdots\cdots\cdots\cdots\quad(4\text{-}39)$$

查表确定临界值，D 计算值与临界值比较。

三、结果的稳健统计法

传统统计方法常用于衡量在某个确定的参数模型(如正态分布)下结果的优良性，如估计量的方差、均方误差、检验的水平、功效等。实际上，一般不可能找到描述它的严格模型，常用的参数模型只是一种近似的描述。实际数据中含有 10 % 左右的过失误差(离群值)是常见的事，而数据中含有少量离群值也会使一些经典统计分析变得毫无价值，甚至导致错误的统计结论。稳健统计技术是针对实际情况中假设模型通常只是对实际数据的一种近似从而导致传统统计方法推断失误而发展起来的，可使极端结果对平均值估计的影响减至最小。它是国际上实验室能力验证中最常使用的统计方法，也是《能力验证结果的统计处理和能力评价指南》和 ISO 13528：2009《实验室间比对的能力验证用统计方法》推荐的统计技术。

1. 稳健性和假设模型

统计方法的稳健性(robustness)是指统计方法对数据分布偏离假定模型的不敏感性。如果数据分布与假定模型相差较小时，统计方法的性能变化也较小，则称它是稳健的。稳健统计具备 3 个基本属性：①当假定模型成立时，具有接近最优的性能；②当实际数据分布与假定模型有较小的偏离时，它的性能变化也较小，是次优的；③当实际情况偏离假定模型较大时，它的性能也不会变得很差。前两条属性规定了一个稳健统计方法在假定模型及其附近都有优秀的性能。这就能保证假定模型近似正确，以及数据中含有少量离群值时，仍然能得到比较正确的结论。第三个属性是为了防止相当不理想的情况出现，即在实际数据分布与假定模型相差比较大时，或数据中含有较多离群值时，稳健统计方法不会表现出很糟糕，也不会导致完全错误的结论。因此，可以非常容易理解稳健统计的基本假设是休伯邻域模型，也即重复测定的基本假设。

2. 能力验证统计参数

能力验证的指定值确定后，组织者就能评价参加实验室的分析结果与指定值之间的差异，这种差异需要将参加实验室的分析结果转变为对实验室和顾客易于理解的“分数”。一个有效的分数系统包括分析测量整个范围，分数的依据必须与各轮能力验证相一致。这样的分数在连续的轮数中才能进行比较，分数的数值还应该与标准统计量的累积概率密切相关，以减少单个范围的分歧和防止产生一小部分可疑的分数。稳健统计包含结果数、中位数、均数、标准四分位数间距（NIQR）、稳健变异系数（CV）或相对标准偏差（RSD）、最小值、最大值和极差等统计量。

(1) 样本的中位数（median）

中位数是指在总体中有一半个体的数值比它小，一半个体的数值比它大的观测值，是重要的统计量，量度数据集中和分散程度的指标，其作用类似平均值，是广泛使用的一种优良的稳健估计参数，它受离群值影响很小。当总体分布为正态时，样本均值比样本中位数明显好，但当总体分布为偏离正态分布时，样本均值的渐近方差增加很快，而样本中位数的渐近方差则相对比较平稳。计算中位数时，将所有结果按升序或按降序排列，当结果总数 N 为奇数，则中位数为一个单一的中心值，即 $X_{(N+1)/2}$。如果 N 为偶数，则中位数是两个中心值的平均值即 $(X_{N/2}+X_{[(N/2)+1]})/2$。

(2) 均数（mean）

均数是描述区间和定量数据集中趋势的统计量，分为算术平均数和几何平均数，没作特别说明时，一般是指算术平均数或平均数。计算式见式（4-40）。

$$\overline{X}=\frac{\sum X}{N} \qquad (4\text{-}40)$$

式中：

$\overline{X}$——平均值；

X——测定值；

N——测定次数。

(3) 众数（mode）

众数是指在总体中出现频率最高的数，用于描述数据的集中趋势。如果数据围绕均数对称分布，均数、中位数和众数相等。

(4) 极差（range）

极差是一组数据中最大值与最小值之差，是描述数据离散趋势的统计量，它的优点是容易计算。但当样本比较大时，极差值容易波动，不够稳定。极差的计算结果会随着数据的增多或研究的重复进行而发生较大的变化。由于极差只取决于样本中最大值和最小值，当样本中出现一个较大的或较小的测定结果时，极差值就可能增大很多。而且，样本含量越大，得到较大或较小的测定值的机会可能会越多。另外，极差只采用了最大值与最小值，未能反映资料中其他测定结果的变异程度。

(5) 方差和标准差

见式(4-41)、式(4-42)。

$$S^2=\frac{\sum(X-\bar{x})^2}{N} \quad (4\text{-}41)$$

$$S=\sqrt{\frac{\sum(X-\overline{X})^2}{N}} \quad (4\text{-}42)$$

数据中每个个体值越接近均数，S 值越小，数据趋于集中。

(6) 变异系数(coefficient of variation，CV)

变异系数是用于描述数据变异程度的测量值，计算公式见式(4-43)。

$$CV=\frac{SD}{\overline{X}} \quad (4\text{-}43)$$

式中 SD 为离均差平方和的平均值的算术平方根，其量纲与 $\overline{X}$ 的相同。CV 值是不含量纲的数字，这使一系列有不同量纲的测量值变得容易比较。但是，变异系数存在一些不足之处：①不能将 CV 以某种方式引入到任何一种检验中；②将每个数值乘以一个常数，$\overline{X}$ 和 SD 都会增加，而 CV 则不会改变。但是，如果将每个数值加上一个正数，$\overline{X}$ 会增加而 SD 不会增加；CV 会随着均数的增加而下降。因此，对于定量数据，CV 是比较有用的指标，但不能用于区间资料。

稳健 CV 是变异系数，计算公式见式(4-44)。

$$CV=\frac{NIQR}{X_M}\times 100\% \quad (4\text{-}44)$$

其中 X_M 为中位值。

(7) 四分位数间距(Interquartile range，IQR)

四分位数间距(IQR)是一个很有用的描述稳健样本离散程度的统计量，与标准偏差类似。它是第 3 四分位数(Q_3)与第 1 四分位数(Q_1)之差($IQR=Q_3-Q_1$)。将一组检测数据按从小到大顺序排列，第 1 四分位数 Q_1(first quartile)位置在从首位数起到四分之一的位置。第 3 四分位数 Q_3(third quartile)在从首位数起到四分之三的位置，即第 1 四分位数比 25% 的检测数据大，第 3 四分位数比 75%的检测数据大。第 2 四分位数(Q_2)就是中位数。因为四分数间距只处理中间 50%的数据，因此它受极端值的影响要比极差小很多，应用更广泛。标准四分位数间距(NIQR)是一个结果变异性的量度，类似标准差，它等于四分位间距(IQR)乘以因子 0.741 3(NIQR＝0.741 3IQR)。

3. 定量结果常用的统计量

能力验证结果常需转换成一个能力统计量以便于说明和衡量与指定值的偏差。定性结果通常不需要经过计算，定量结果常用的统计量如下：

(1) 偏差和 Q 分数(偏差百分比率)

对一个测试结果 x 评价，首先需计算 x 与真值间的偏差(D)[见式(4-45)]。

$$D=x-X \quad (4\text{-}45)$$

式中：

x——参加实验室的结果值；

X——真值。

在实际应用中，常用指定值 X 代替真值使用。如果 x 不是以浓度表示的测定值，应根据检测数据的性质须对结果实行变换。有时这种变换是必要的，比如，稀释的结果以几何尺度变化，因而可以进行对数变换。

Q 分数是测定值与指定值的误差。它建立在相对偏差而不是标准化数值的基础上。计算见式(4-46)：

$$Q=\frac{D}{X}\times100\% \quad\cdots\cdots\quad (4\text{-}46)$$

其中，D 是测定值与真值间的偏差，X 为真值。评分模式与分析误差直接相关，不需要参考可能来源于试验数据或强制执行操作标准的 σ 值。如果经检验离群数据较少，且所有参加实验室所得结果的平均值用作真值的评估值，则 Q 值的总体分布必定以 0 为中心；如果参加实验室同参考实验室的测试结果在同一个总体范围内，且参加实验室也使用参考实验室的公议值检测方法，则 Q 值的总体分布也必定以 0 为中心。大部分情况下，Q 值的实际分布可被用于检验基本假设是否正确。

能力验证提供者在制定标准以评估参加实验室的测试能力是否合格时，需要考察 Q 值的分布。Q 值的总体分布无法预测，实际上，经验数据表明其分布经常接近正态分布。

Q 值可能接近于零，在这种情况下，测定值与总体均值相同。用 Q 值作为 Z 值的替代值，Z 在相对标偏差基础上获得的。Q 值评估方法优点在于直接给出了测试结果的测量误差。可以与实验室检测目的相适应的操作标准相比较。如果参加实验室使用不同的操作标准，则 Q 值可以与最合适的任一标准相比较。当能力验证提供者在决定调整操作标准时，能很容易地将以前的结果同修订过的标准评价结果相比较。Q 值评估方法在职业卫生检测能力验证计划中仍然使用，这种评分方式的缺点是不能立即评价单一测试结果的水平。

(2) 百分数(或秩)

百分率差适用于浓度的变化，参加者较易理解，百分数或秩用于高度离散或偏态分布的结果和次序响应，或不同的响应值有限时的情形。实际应用时，不要轻易使用该方法。

(3) Z 比分数

Z 比分数是广泛使用的分数系统，能够有效地减少单个范围的分歧，分数范围是所有结果大到任何分析化学可以比较，且读者容易理解，国际协调规程推荐应用。大多数能力验证计划是通过偏差和标准差目标值的比来表示的。计算见式(4-47)。

$$Z=\frac{x-X}{\sigma} \quad\cdots\cdots\quad (4\text{-}47)$$

式中：

x——参加实验室的结果值；

X——真值；

σ——标准差目标值，是正态分布标准差的表现形式。

在某些情况下，技术小组可能会在特定的能力验证中使用对实际变异评估值(S)来替代标准差的目标值。这种模式既适用于 X 和 S 由参加者结果推导出的情形，亦适用于 X 和 S 不是由全部参加者结果推导出的情形，例如对指定值和变动性可作出明确规定时。在这种情况下，S 的确定应在排除离群结果后预约评估，或使用权威方法对每个测试项目，每种测试材料每轮次能力验证进行整体评估。由于每轮次测试的 S 可能不同，各实验室间在每轮次的 Z 值不能直接比较。但由固定的标准差目标值计算出的 Z 值更为适用，在多轮次能力验证中，获得的 Z 值可以相互比较，能反映出一个或一组实验室的总体趋势。标准差目标值的取值应该切实、可行、并被各参加实验室所接受的值，以客观评估参加室的测试活动是否通过或失败。

标准差目标值 σ 的选择方法如下：

① 由实验室以往的性能确定：能力验证提供者可在以往建立的对实验室性能充分了解的基础上确定 σ 值。实验室性能可随时间发生改变，很多证据也反映了实验室在性能需求上是逐步增长的。因此这种方法确定的 σ 值，对评分方案的连续适用产生影响。

② 参考标准方法：当规定使用标准分析方法时，可以在协作试验中获得的重复性标准偏差代替 σ 值。

③ 通过法规：σ 值可以作为在一次特殊测试后，为解释数据的精密度而设置的评估值。因为它直接与测试数据相关，如果能够通过公式计算，那是理想的评分规则。在方法性能特点上有特殊要求的某些法规中就经常使用这个方法。

④ 参考常规模式：σ 值可以从精密度的常规模式获得，如“Horwitz 曲线”。虽然这种方法提供了常规重现性曲线，但从特定方法获得的经验值可能造成偏差。

Z 比分数是在假定指定值和 σ 值是对总体平均值和标准偏差良好的估计的情况下使用，如果参加实验室的所有数据是满足测试要求的，以及是接近正态分布的或数据经过变换后服从正态分布，Z 可以作为标准正态差异来粗略解释。如果一个数据群发现是多种形态分布的，那么有可能的话选择一种模型作为指定值的支撑数据和代表性的方法来计算 Z 分数。Z 比分数的缺点是参加实验室的测量结果没有考虑用不确定度来评价能力，理论上也会引起低估实验室能力的事件发生。事实上，难以制定完全令人满意的计分方法。考虑到分析的多个类型，来自于不同轮次或不同分析物在一个单次能力测试的综合分数，可用于一个实验室或一个计划或组织者作为回顾的目的，但也可能掩盖不满意的个别分数。所以分数的选择要综合考虑各方面因素，尽可能以满足目标来评价。

同样实验室检测能力的统计评价会受目标值的标准偏差选择的影响。在能力验证计划中，经常会用参加实验室结果的一致值来计算指定值。指定值是 N 个结果的稳健均值/中位值，指定值的标准偏差通常是来自相同数据的稳健标准偏差除以 $\sqrt{N}$，也有用稳健 SD 或来自于“Horwitz equation”得到的 S 作为指定值的目标标准偏差。一个目标标准偏差是否合适，可通过使用“bootstrap”(一种用于评价稳健均值标准偏差是否接近无偏差的方法)可以获得无偏倚的评价。这种比较已经用于各种能力验证计划。

(4) 稳健 Z 比分数和离群值

为了评价参加实验室的结果，使用基于稳健总计统计量的 Z 比分数(中位值和标准化 IQR)。在大多数能力验证计划中均设计了样品对，分别计算两个 Z 比分数，即实验室间 Z 比分数(ZB)和实验室内 Z 比分数(ZW)。它们分别基于结果对的和与差值。

假设测试结果对来自从样品 A 和样品 B 两个样品。把样品 A 所有结果的中位值和标准化 IQR 分别写为中位值(A)和标准化 IQR(A),样品 B 也类似写成中位值(B)和标准化 IQR(B)。就样品 A 而言,简单的稳健 Z 比分数(用 Z 表示),计算见式(4-48)。

$$Z=\frac{X_M-\mathrm{IQR}(A)}{0.741\,3\mathrm{IQR}} \cdots\cdots (4\text{-}48)$$

当根据样品对的结果 A 和 B 计算 ZB 和 ZW 时,首先计算结果对的标准化总和(S)和标准化差值(Z)见式(4-49)。

$$S=(A+B)/\sqrt{2}$$

$$D=\frac{|A-B|}{\sqrt{2}} \cdots\cdots (4\text{-}49)$$

通过计算每个参加实验室的标准化和及标准化差值,可以得出总体的 S 和 D 的中位值和标准化 IQR,即中位值(Z)、标准化 IQR(S)和标准化 IQR(D),这些总计统计量通常在报告表中列出,便于参加者自己计算 Z 比分数。实验室间 Z 比分数(ZB)和实验室内 Z 比分数(ZW)计算见式(4-50)、式(4-51)。

$$ZB=\frac{S-X(S)}{0.741\,3\mathrm{IQR}} \cdots\cdots (4\text{-}50)$$

$$ZW=\frac{D-X(D)}{0.741\,3\mathrm{IQR}} \cdots\cdots (4\text{-}51)$$

其中,X(S)是总体标准化 S 的中位值 X(D)是标准化差值 D 的中位值。

依据这些 Z 比分数来评定实验室的结果。把离群值定义为 Z(包括 ZB 和 ZW)绝对值大于等于 3 的结果或结果对,在结果统计表中,离群值在其 Z 比分数值后以(§)标出。当实验室的 Z 比分数 $2<|Z|<3$,处于在有问题的区间,应鼓励实验室认真地检查它们的结果偏差较大的原因。

对认为是离群的结果进行说明时,必须考虑 Z 比分数的符号和能力验证计划的设计。对于均一对和分割水平对,一个正的实验室间离群值(即 $ZB\geqslant 3$)表明该样品对的二个结果太高。而一个负的实验室间离群值(即 $ZB\leqslant -3$)表明其结果太低。在样品对中,$ZW\geqslant 3$ 实验室内离群值,表明其二个结果间的差值太大。对于只设计一个样品浓度的验证计划,当稳健 Z 比分数处于离群值时,Z 比分数的符号可以表明结果太高(正)或太低(负),但不能确定离群是由于实验室间系统误差还是由于实验室内随机误差,或者由二者所造成。

(5) En 值

常用于测量比对计划和测量审核活动。计算见式(4-52)。

$$En=\frac{x_{\mathrm{lab}}-x_{\mathrm{Ref}}}{\sqrt{U_{\mathrm{lab}}^2+U_{\mathrm{Ref}}^2}} \cdots\cdots (4\text{-}52)$$

其中 x_{lab} 是实验室的测量结果,x_{Ref} 是被测物品的参考值,U_{lab} 为参加者结果的不确定度,U_{Ref} 是指定值的不确定度。

4. 能力验证数据的分类、排序和能力评估

(1) 数据的分类和能力评估

在计算了 Z 值结果和统计分布频率后,可依据测试结果分布的位置确定实验室的能力状况。通常 Z 值大概趋于 0 和单位标准偏差的均数范围内,表示测试系统处于“表现良好”的状态。Z=1,有 68.3%的值处于平均值(中位值)1 倍标准差的范围内;Z=2,有 95.5%的

值处于两倍标准差的范围内；$Z=3$，有 99.7%的值处于 3 倍标准差的范围内。在一个运行良好的实验室中，测试结果出现$|Z|\geqslant 3$的可能性很小。一般将 Z 比分数分为：

$|Z|\leqslant 2$，满意；

$2<|Z|<3$，有问题；

$|Z|\geqslant 3$，不满意或离群的结果。

将 En 值分为：

$|En|\leqslant 1$ 满意结果；

$|En|>1$ 不满意结果。

Z 比分数具有广泛的可比性。但使用任何分类结果都必须慎重，使用统计量作为评价标准，变动性的估计必须可靠，即基于足够的观察以减少极端值的影响和降低不确定度。Z 比分数应服从正态分布，偏差的平方服从 x^2 分布，对严重影响综合能力评价的极端值应进行检查。虽然评估结果的分类，对参加实验室可能产生一定的心理安慰作用，但从科学的观点来看是不完善的，长期连续测定的评估结果采取分类方式不被推荐。必要时可以在 Z 比分数评价基础上的"结果判定"方式来评价实验室的能力。

有时，某些实验室出具的数据，在能力验证计划中为离群结果，但可能仍在其相关标准规定的允差范围之内，鉴于此，利用参加能力验证计划的结果来对实验室的能力进行判定时，通常不作出"合格"与否的结论，而使用"满意/不满意"或"离群"的概念描述。当利用测量审核对实验室的能力进行判定时，可利用 En 值或参照相关技术标准(包括统计技术方面的标准)进行判定。

(2) 实验室排序

在能力验证中，可根据一轮的整合评估值或长期评估指标对所有参加实验室进行排序。目的是比较所有参加实验室的能力水平，便于实验室了解各自的检测水平，用于激励排序落后的实验室加强检测能力建设。要表示某测试数据在整体中的位置，使用图示法表示能力，如直方图、误差柱状图和 Z 比分数次序图更加直观。这些图示法可用来表示：①参加者结果的分布；②多个检测项目数据间的关系；③不同方法的分布比较。

四、软件统计能力验证数据

1. Excel 软件统计数据

由于能力验证需要对实验室大量的检测结果进行数据处理，工作量比较大，借助常用软件 Excel 的数据处理功能，就能实现方便、快捷的数据统计处理。利用 Excel 对数据列的排序功能实现数据的排序，操作时选择需要排序的区域，点击"排序"功能健，即可完成。要获得数据列的中位值既可通过观察已排好序的新数列得到，也可利用 Excel 自带的函数 Median 得到，它的用途是返回给定数值集合的中位数。求取四分位数可利用 Excel 的 Quartile(array，quart)统计函数，array 是指想求取四分位数的数列，quart 是返回四分位数参数，quart 可取 0、1、2、3、4 五个数值。Quart=0，表示返回该数列的最小值；quart=1，返回该数列的低四分位数(Q_1)；quart=2，返回该数列的中位值(Q_2)；quart=3，返回该数列的高四分位数(Q_3)；quart=4，返回该数列的最大值(Q_4)。四分位数间距=Quartile(array，3)－Quartile(array，1)。利用 Excel 的 Average、Stdev、Max、Min 函数可以直接得到平均值、标准偏差、最大值、最小值等。

2. Matlab 软件统计数据

Matlab 软件是一套高性能的数据分析和计算软件，它将统计分析与 Matlab 数据处理融为一体，可以用于科研数值的统计分析。利用软件中的 Median(x)函数可计算数列 x 的中位值。Quantile(x,p)可计算数列 x 的分位数，p 为概率值，取值范围为 0～1。当 $p=0$、0.25、0.5、0.75、1 时，Quantile(x,p)值分别表示数列的最小值、低四分位数、中位值、高四分位数和最大值。还可以利用 Prctile(x,p)函数可计算数列 x 的百分位数。p 为概率值，它的取值范围为 0～1.00。当 $p=0$、0.25、0.50、0.75、1.00 时，Prctile(x,p)函数值分别表示数列的最小值、低四分位数、中位值、高四分位数和最大值。除外 Matlab 软件还提供了 Iqr(x)函数可直接计算数列 x 的高四分位数和低四分位数之差，即四分位数间距。

3. SPSS 软件直接统计数据

(1) 数据正态性检验

从 Analyze 中选择 Desecriptive statistics、Explore…，选择分析变量并点击 Dependent list 方框边箭头按钮，点击 Plots 按钮，选择 Normality plots with test，点击 Continue 和 OK。

(2) 计算 Z 比分数

从 Analyze 中选择 Desecriptive statistics、Descriptives…，选择分析变量并点击按钮将它们移至 Variable(s)方框内，点击 Save standardized values as variables 的方框，点击 OK。

4. SAS 软件统计数据

正态性检验(W 检验)程序：

```
DATA t;
INPUT x@@;
CARDS;
(输入数据以空格键隔开)……
PROC UNIVARIATE NORMAL PLOT DATA=t;
VAR x;
 RUN;
```

得到 W 和 D 值，与临界值比较。

5. 应用实例

广东省疾病预防控制系统食品检测实验室蔬菜粉中铅检测能力验证计划，依据 GB 5009.12—2010《食品安全国家标准　食品中铅的测定》方法检测。其中一个浓度的蔬菜粉中铅检测结果评定见表 4-11。

表 4-11　蔬菜粉中铅检测结果评定

实验室代码	测定结果		Excel 软件统计				Matlab 软件统计			
	A	B	标准化和 S	标准化差 D	ZB	ZW	标准化和 S	标准化差 D	ZB	ZW
001	10.9	12.6	16.62	1.202	−0.74	−0.15	16.62	1.202	−0.70	−0.14
002	10.9	12.7	16.69	1.273	−0.56	0.00	16.69	1.273	−0.53	0.00

续表 4-11

实验室代码	测定结果		Excel 软件统计				Matlab 软件统计			
	A	*B*	标准化和 *S*	标准化差 *D*	*ZB*	*ZW*	标准化和 *S*	标准化差 *D*	*ZB*	*ZW*
003	11.6	12.5	17.04	0.636	0.37	−1.31	17.04	0.636	0.35	−1.25
004	11.9	12.7	17.39	0.566	1.30	−1.46	17.39	0.566	1.23	−1.40
005	10.8	12.9	16.76	1.485	−0.37	0.44	16.76	1.485	−0.35	0.42
006	11.5	12.8	17.18	0.919	0.75	−0.73	17.18	0.919	0.71	−0.70
007	11.2	12.4	16.69	0.849	−0.56	−0.88	16.69	0.849	−0.53	−0.84
008	10.9	11.9	16.12	0.707	−2.05	−1.17	16.12	0.707	−1.95	−1.12
009	11.8	12.9	17.47	0.778	1.49	−1.02	17.47	0.778	1.41	−0.98
010	10.3	13.0	16.48	1.909	−1.12	1.31	16.48	1.909	−1.06	1.25
011	11.3	12.8	17.04	1.061	0.37	−0.44	17.04	1.061	0.35	−0.42
012	11.3	13.1	17.25	1.273	0.93	0.00	17.25	1.273	0.88	0.00
013	11.2	13.2	17.25	1.414	0.93	0.29	17.25	1.414	0.88	0.28
014	11.3	12.4	16.76	0.778	−0.37	−1.02	16.76	0.778	−0.35	−0.98
015	10.2	12.4	15.98	1.556	−2.42	0.58	15.98	1.556	−2.30	0.55
016	10.5	12.7	16.40	1.556	−1.30	0.58	16.40	1.556	−1.23	0.55
017	10.6	12.9	16.62	1.626	−0.74	0.73	16.62	1.626	−0.70	0.70
018	10.9	12.7	16.69	1.273	−0.56	0.00	16.69	1.273	−0.53	0.00
019	11.3	12.4	16.76	0.778	−0.37	−1.02	16.76	0.778	−0.35	−0.98
020	11.4	12.8	17.11	0.990	0.56	−0.58	17.11	0.990	0.53	−0.55
Q_1	10.88	12.48	16.62	0.78			16.58	0.68		
Q_3	11.33	12.90	17.13	1.43			17.24	1.43		
IQR	0.45	0.43	0.51	0.65			0.54	0.68		
NIQR	0.333 6	0.315 1	0.380 1	0.484 9			0.397 2	0.506 7		
中位数	11.3	12.8	16.90	1.27			16.90	1.27		
稳健 CV %	2.95	2.46	2.25	38.1			2.25	38.1		
最大值 (Max)	11.9	13.2	17.47	1.909			17.47	1.909		
最小值 (Min)	10.2	11.9	15.98	0.566			15.98	0.566		
极差 *R*	1.7	1.3	1.48	1.34			1.48	1.34		

五、分析系数评价法

在定量分析中，试验结果的评价往往采用准确度和精密度进行评价。准确度是指测定结果与真实值（或参考值）的相符程度，与试验的系统误差有关，一般用偏差或相对偏差系数（CB）来表示；精密度则是指多次重复测定结果与均值的离散程度，与试验的偶然误差有关，一般用变异系数（CV）来表示。它们从侧面反映试验方法的优劣或操作者的技能水平和熟练程度。基于试验结果既能反映出测试数据的精密度又能反映其准确度需要，可采用分析系数法对结果进行评价。

1. 分析系数（coeficient of analysis，CA）

分析系数（CA）是涉及勾股定理分析测定结果的不精密度和不准确度，是将准确度和精密度两项指标综合考虑，采用数学方法对 CB 和 CV 进行处理而得到的一项综合指标。

原理：将变异系数（CV）和偏差系数（CB）代表直角三角形的两个直角边，R 代表斜边，其关系见图 4-3。

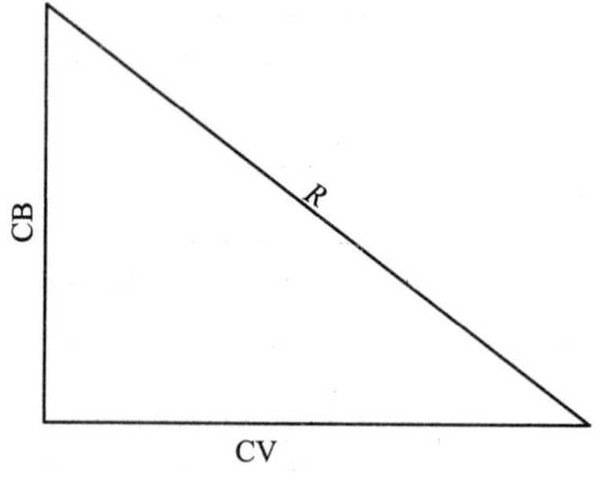

图 4-3 变异系数和偏差系数的关系

根据勾股定律得式（4-53）。

$$R^2 = CV^2 + CB^2 = \left(\frac{S}{x}\times 100\%\right)^2 + \left(\frac{|A-x|}{A}\times 100\%\right)^2 \quad \cdots\cdots\cdots\cdots (4\text{-}53)$$

注：$CV = \frac{S}{x}\times 100\%$

$$CB = \frac{|A-x|}{A}\times 100\%$$

式中：

R——试验或操作者技能水平的不良指数，代表不精密度和不准确度综合水平的指标；

S——标准偏差；

x——测定均值；

A——参考值。

CB 是一个同 CV 可比的术语，是分析不准确度的一个尺度。当实验室有标准样品时，就可以根据检测结果和以上统计量间的关系计算出对应于每一种分析方法或每一个分析工作者的不准确度和不精密度。

分析系数是从 100%满意中除去不满意部分（R）即为满意部分（CA），分析系数 CA=100$-R$；精确系数 $Cp=100-CV$；准确系数 $CAc=100-CB$。CV 和 CB 越小，R 越小；CP 和 CAc 越大，CA 越大，说明试验的精密度和准确度越高，分析质量越高。

评价标准：CA 在 95% 以上为分析质量优秀，90%～95%为良好，80%～90%为及格，80%以下为不及格。由分析系数法的基本原理可知，分析系数（CA）是评价实验室质量控制的一个综合指数，它既可以反映分析中的随机误差，又可以反映分析中的系统误差。它总是低于或等于 CP 和 CAc，可以解决同一实验室对同一样品测定值的 CP 和 CAc 参差不齐而难以综合评定其质量等级的难题。因此将它用在分析质量控制中是一种简便统计方法，不但适用于实验室内部检验质量控制，也适用于各实验室间的分析质量控制，与其他质量控制手段相结合将有助于对分析方法及其检测结果作出更为合理地、科学地评价。

2. 应用实例

2010年广东省疾病预防控制中心对所辖市（县）疾病预防控制中心理化实验室进行水样中砷测定能力验证。样品中砷含量参考值为0.349 mg/L，采用原子荧光分光光度法平行测定5次。评价标准为：CA值在95％以上为分析质量优秀，90％～95％为良好，80％～90％为及格，小于80％为不及格。

其中18个参加实验室测定结果的统计分析数据见表4-12。分析质量越好，实验室的CV和CB值均越小。通常两个参数值均小于5％，CA值在95％以上，表明其精密度和准确度均较好，分析质量为优秀。18个参加能力验证的实验室，大部分的CV值均低于5％，CB值却大于5％，导致CA值小于95％。虽然方法的精密度较好，但由于存在不同程度的系统误差，分析质量仅表现为良好或及格。10和15实验室CB大于20％，CA小于80％，表明测量存在较大的系统误差，准确度均较低，实验室的分析质量差。只有当精密度和准确度都高时，分析系数CA才会高。

表4-12　18个理化实验室测定结果的统计分析

实验室	均值 (x)	标准偏差 (s)	CV %	CB %	CP %	CAc %	CA %	评价
1	0.295	0.003 0	1.0	14.5	99.0	85.4	85.5	及格
2	0.365	0.000 4	0.1	5.8	99.9	94.3	94.2	良好
3	0.324	0.004 8	1.5	7.0	98.5	93.8	92.9	良好
4	0.306	0.003 2	1.1	12.8	98.9	88.6	87.2	及格
5	0.318	0.006 3	2.0	9.6	98.0	92.1	90.2	良好
6	0.322	0.002 8	0.9	7.0	99.1	93.4	93.0	良好
7	0.374	0.003 4	0.9	8.7	99.1	91.5	91.3	良好
8	0.376	0.003 8	1.0	7.8	99.0	91.0	92.1	良好
9	0.333	0.007 0	2.1	0.9	97.9	94.5	97.7	优秀
10	0.422	0.002 9	0.7	23.5	99.3	77.7	76.5	不及格
11	0.294	0.003 1	1.1	14.8	98.9	85.2	85.2	及格
12	0.317	0.001 9	0.6	7.5	99.4	91.8	92.4	良好
13	0.378	0.002 4	0.6	10.4	99.4	90.5	89.5	及格
14	0.394	0.001 1	0.3	14.2	99.7	85.7	85.8	及格
15	0.274	0.004 3	1.6	21.4	98.4	79.4	78.5	不及格
16	0.316	0.001 9	0.6	7.8	99.4	91.6	92.2	良好
17	0.341	0.010 2	3.0	6.1	97.0	99.0	93.2	良好
18	0.295	0.003 0	1.0	14.5	99.0	85.4	85.5	及格

六、质量控制图

实验室质量管理的第一要素是选择和执行适当的实验室内质量控制(internal quality control,IQC)程序。实验室内部的质量控制是分析人员对分析质量进行自我控制的过程,通过实验室的质量控制,把所有的误差,其中包括系统误差、随机误差,甚至过失误差,减少到预期的水平;可以及时发现某些偶然的异常现象,采取相应的补救措施。质量控制图成为分析检测实验室内部质量控制的一种重要手段,运用和分析质量控制图,可以对试验分析过程中出现的误差进行连续不断的监视,并通过质量控制图把监测的情况记录下来,可以发现系统是否处于统计控制状态,鉴别脱离控制原因。当实验室检测质量出现失控现象或呈现失控趋势时,从控制图上能即时反映出来,达到预警提示的作用,使工作人员及时发现系统因素,及时采取措施消除系统因素,使所获得的数据和信息更加可靠,保证常规分析数据的质量。

质量控制图的作用主要有:①及时直观地展示出分析过程是否处于统计控制中,当控制图表示出失控的时候,它能指出在什么时间、什么位置和多大置信水平下发生了问题,往往还能指出问题的性质,如平均值单向趋势漂移、变动性突然增大等;②可以对被控过程特性作出估计;③控制图是日常试验工作中决定观测值取舍的最好标准和依据;④控制图是检验各实验室间数据是否一致的有效方法;⑤控制图可检验测量过程是否有明显的系统偏差,并能指出偏差的方向。

1. 质量控制图理论基础

实验室最常用的质控图,也称 Shewhart 质量控制图,由 Shewhart 于 1924 年首先提出,并用于工业品的质量控制。Shewhart 认为,对于一个可测量的特性会由于偶然事件而引起小量的变差,这种偶然的系统变差在任何生产、检验、测量或试验系统中是必然存在,即使在理想的条件下获得的一组检测结果,也会存在一定的偶然误差,而且受外因作用是稳定的,并导致分析结果的变异。这种变异使在进行重复某一检测时,分析结果总是上下波动,并按一定的规律分布。分析结果的变异是可以测量和用图标出,并可利用系统本身给出的控制限来发现作用于系统的干扰因素,当某一个结果的偏异超出了控制限的允许范围时,运用数理统计的方法,就可以判断这个测量结果是异常的、不可靠的。质量控制图的基本原理是:如果某一波动仅仅由个体差异或随机测量误差所致,那么观察结果服从正态分布。它的价值在于能检测测试系统可能导致失控的趋势,使测试结果避免系统误差的影响。

(1) 正态性

假定给出样本数据的总体在数理统计学上是正态分布的,这个正态总体在实际上往往是不存在的理想状况,但是它是一个固定的数学分布,其中主要是偶然变差频率在起作用。在这样的系统中,算术平均值的上下变差大约相等,并且小的变差比大的多。

(2) 控制限

函数正态分布可以用两个参数来描述,就是算术平均值 μ 和标准差 σ。平均值定出了分布的中心,标准差表示数据的展开情况。在正态分布函数 $f(x)=\frac{1}{\sigma\sqrt{2\pi}}\exp\left[-\frac{1}{2}\left(\frac{x-\mu}{\sigma}\right)^2\right]$中,68.26%是在 $\mu\pm1\sigma$ 的范围内,95.44%是在 $\mu\pm2\sigma$ 的范围内,99.73%是在 $\mu\pm3\sigma$ 的范围内(见

图 4-4)。当一个测定值是在指定的控制限以内时,并假定只有正态偶然变差出现在体系中,就称做“在控制中”。若存在控制限以外的值,则说明存在大于正态偶然变差的因素,这样的值称为“控制外”的值。

确定控制限有两种情况:①没有标准物质时,根据被测样品数据画出,可用于检查精度的变化情况;②有标准物质时,可根据已知的平均值($\overline{X}$)、标准差(S)或极差(R)画出中心线及控制限。

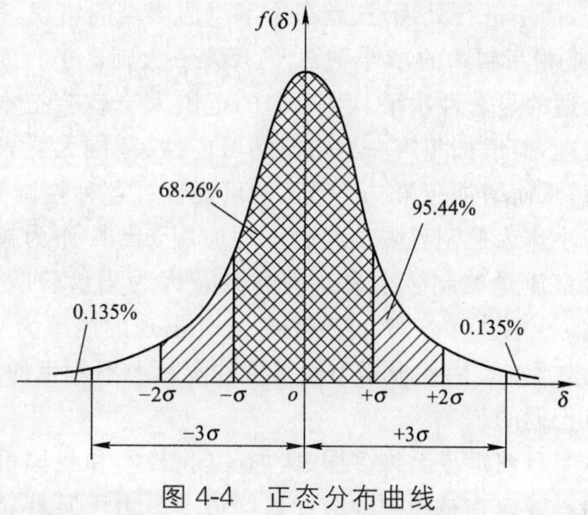

图 4-4　正态分布曲线

(3) 3σ 质量控制图的二类错误

质量控制图能不能真正起到控制作用,关键在于上、下控制限能不能准确地把正常状态和不正确状态分开。也就是根据什么来制定判断正常状态的准则问题,从数理统计学原理可知,制定任何统计判断标准都不是绝对的,都可能犯错误。

用质控图判定检测过程是否处于受控状态时,存在两类错误:第一类错误(α 错误),即假阳性的错误,检测过程本来在控制状态,误报为失控;第二类错误(β 错误),即假阴性错误,检测过程已经失控,但仍报为在控。第一类错误的发生概率往往取决于控制界限。这两种错误是矛盾的,即减少第一类错误,但增大了第二类,反之亦然。这两类错误均会造成人力和经济等方面损失。

例如:一个检验方法的质量特性值按图 4-5 所示 A 的曲线分布。在 A 状态时可能出现 C 值,当检验由 A 状态变为 B 状态时,也可能出现 C。因此,对于出现 C 值原因的判断,就会出现两种犯错误的可能性。

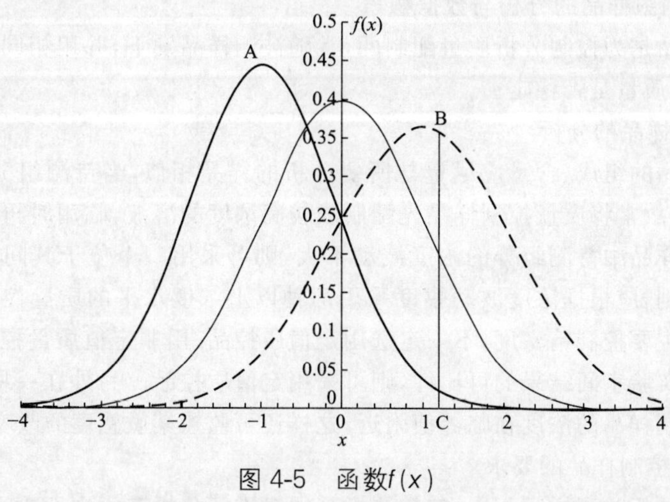

图 4-5　函数 $f(x)$

如果检验状态没有变化,C 值是由于 A 本身所出现的,而误认为 C 值是由于检验变成 B 状态时才出现的。因而停止检验,查找原因,结果事倍功半,这就犯了以真为假的错误,称第一类错误。如果检验状态已发生了变化，C值是由于B状态出现的，而看成是A状态时出现的，而不进行处理，这就产生了以假当真的错误，称第二类错误。由此可见，这两种错误α和β是相互制约的，β小则α大，反之β大则α小。因此，就要权衡这两种错误的可能性，来确定合适的显著性水平。如果取的范围太窄就会把本应是正常状态下出现的数据，当作不正常处理，而增加犯第一类错误的可能性；范围太宽，就使已经发生变化的检验数据仍看成正常值，从而增加犯第二类错误的可能性。各种控制界限的确定，均以两类错误判断的总损失为最小作为控制界限。经验证明应用$x\pm 3s$作为控制界限造成的总损失比较小，我国临床实验室质量控制多采取这种方式。因为当检验质量特性值服从正态分布$N(\mu,\sigma)$时，特性值在$\mu+3\sigma$与$\mu-3\sigma$上、下界限之外出现的概率为0.27%，大于$\mu+3\sigma$或小于$\mu-3\sigma$的概率约为0.1%。因此根据小概率事件实际上不发生的原理，如果它发生了，就判断为异常，一般是有把握的。

目前世界上许多国家，如美国、日本和我国都是用三倍标准差法来确定控制界限，而把中心线定在被控制的统计量均值上。由于某些特殊的需要，也可以取两倍标准差或四倍标准差作为控制界限。根据具体情况，选择合适的控制界限。

(4) 质量控制图的基本组成

质量控制图虽有多种类型，但基本组成相同，由中心线、上警告限、下警告限、上控制限、下控制限等构成。

① 参考值：即图的中心线，可以是测定值的平均值，也可以是标准物质的已知值。用CL表示。

② 目标值：即图的上、下警告限之间区域。用UWL和LWL表示。

③ 实测值的可接受范围：即图中的上、下控制限之间区域。用UCL和LCL表示。

④ 辅助线：上、下各一线，在中心线两侧与上、下警告限之间各一半处。

用UAL和LAL表示。

(5) 质量控制图样品的分析与数据积累

质量控制样品是为控制分析质量配制的，常随被测样品发下，并用相同的方法同时进行分析，以检查分析质量是否稳定。

① 质量控制样品的分析

质量控制样品的组成、含量应尽量与所要分析的样品相似，当待测组分的含量很小时，其浓度极不稳定，故常将质量控制样品先配制成较高浓度的溶液，临用时再按规定方法稀释至要求浓度。如样品中待测组分的浓度波动不大，则可采用一个位于其间的中等浓度的质量控制样品。否则，应根据浓度波动幅度采用两种以上浓度水平的质量控制样品。一般实验室内质量控制主要控制精密度，不一定选用定值质控品，用非定值质量控制样品即可。但如果考虑到不同实验室间结果的可比性，则可采用定值质控品。另外在一些定性试验中，至少有一个质量控制样品的浓度在临界值附近，这样还可监控其敏感度的改变。

② 分析质量控制样品的要求

分析方法与分析被测样品相同，与被测样品同时进行分析。每次至少平行分析两份，分析结果的相对偏差不得大于标准分析方法中所规定相对标准偏差(变异系数)的两倍，否则应重测。建立质量控制图，至少需要积累质量控制样品重复试验的20个数据，此项重复分析应在短期内陆续进行。如果各次分析的时间间隔较长，在此期间可能由于气温波动较大而影响测定结果，必要时可对质量控制样品的测定值进行温度校正。当质量控制样品的分析数据积累至 20 个以上时，即可计算绘制质量控制图所需参数值。

③ 数据建立和积累

在进行实验室内质量控制时，首先要设定质量控制样品的均值。均值必须在实验室内使用现行有效的测定方法进行确定。定值质量控制样品的标准值只能作为确定均值的参考。为了确定均值，新批号的质量控制样品应与当前使用的质量控制样品一起进行测定。根据 20 次或更多独立批获得的至少 20 次质量控制测定结果，计算出平均数和标准差。对数据进行异常值检验，如果发现异常值，数据超出 $\bar{x}\pm3s$ 范围，需将此数据剔除，再重新计算余下数据的均值和标准差，以此均值作为质控品的暂定均值。并以暂定均值作为下一个月质量控图的均值进行实验室内质量控制。一个月结束后，将该月的质量控制结果与前 20 个质量控制测定结果汇集在一起，计算第一个月累积平均数和标准差，又作为下一个月质量控制图的均值和标准差。连续 3 个月～5 个月重复上述操作过程。以最初计算暂定均值的质量控制数据和 3 个月～5 个月的质量控制数据汇集的所有数据计算的累积平均数和标准差作为质量控制样品有效期内的常用均值和标准差，并以此作为以后实验室内质量控图的均值和标准差。对个别在有效期内浓度水平不断变化的项目则需不断调整。

④ 质量控制图的绘制

根据分析质量控制样品积累的数据计算所需参数，绘制成所需的质量控制图。随后将控制图所依据的各原始数据顺序点在图的相应位置上。其中有超出控制限者应予剔除，如剔除的数据较多使其总数少于 20 个时，尚需补充新的分析数据，重新计算各参数并绘图，标出数据点。如此反复进行，直至落在控制限内的数据≥20 个为止。落在上下辅助线范围内的点数应占总点数的 68%。如落在此范围内的点数少于 50%，则由于分布不合适，这种图不可靠。连续七点位于中心线的同一侧，表示所得数据失控，此图不适用。用于绘制质量控制图的合格数据，即处于控制状态的数据愈多，则该图的可靠性愈大。在质量控制图的使用过程中，还应通过积累更多的合格数据，如以每增加 20 个数据为一单元，逐次计算新的均值来调整中心线的位置以不断提高其准确度。逐次计算新的控制限来调整上、下控制限的位置以不断提高灵敏度，直至中心线和控制限的位置基本稳定为止。

2. 常用质量控制图

质量控制图是简单、有效的统计技术之一，最初用于工业生产过程的质量控制，随后用于实验室分析数据的质量控制。Westgard 等为了解释 Shewhart 控制图制定了许多规则，进行应用研究。在质量控制中，将使用的多批次质控样品的测试结果(平均值或极差)做纵坐标，测试的批次做横坐标即制得 Shewhart 图。如果一次检测中一个特定质控样品有多个测试值，可使用独立值 x 或平均值 $\bar{x}$ 来建立控制图。控制图是在数据服从正态分布 N(μ，σ^2)的基础上制成，它包含了所标记数值的随机误差。不同的独立值和检测方法应选择相应的 σ 值，根据真值 μ 和标准差目标控制值 σ，在图上可以标出五条水平线 μ、$\mu\pm2\sigma$ 和 $\mu\pm3\sigma$。一个分析测试系统在质量控制图中，大约有 1/20(5%)的分析结果落在 $\mu\pm2\sigma$ 之外，这条水平线叫“警戒限”；只有占结果(x)的 3/1 000(0.3%)的数值落在 $\mu\pm3\sigma$ 范围之外，这条水平线叫“控制限”。这种极端结果的出现可以认为是失控，分析系统的运行出现异常。在实际应用中，用参数 μ 和 σ 的估计值 $\bar{x}$ 和 S 来制作控制图（见图 4-6）。如果 $\bar{x}$ 和真值 μ 之间呈现显著差异，表示分析系统存在一个持续性偏差。

单个测试结果的质量控制图判断规则：如果出现下列 8 种情况之一，则有理由认为数据的波动不仅仅是随机测量误差引起的，可能存在某种系统误差：

① 测试结果标示落在控制限之外；②连续 3 个测试结果中有两个结果标示落在警戒限和控制限之间；③连续 9 个测试结果标示落在均数水平线的同一侧；④连续 6 个测试结果稳定地增加或减少；⑤连续 14 个测试结果标示交替上下；⑥连续 5 个测试结果中有 4 个结果标示点距中心线距离超过 1 个标准差；⑦中心线一侧或两侧连续 15 个测试结果标示点距中心线距离都在 1 个标准差以内；⑧中心线一侧或两侧连续 8 个测试结果标示点距中心线距离都超出 1 个标准差范围。

两个不同的质量控制样品同时测试时，应分别绘制控制图，判断规则为：如果出现下列情况，表示分析系统失控：

①至少一个测试结果标示落在控制限之外；②两个测试结果标示落在警戒限之外；③在一个控制图上，当前测试结果和前一次测试的一个结果标示落在警戒限之外；④在两个控制图上，连续四个测试结果标示落在均数水平线的同一侧；⑤在任何一个图上，连续 9 个测试结果标示落在均数水平线的同一侧。

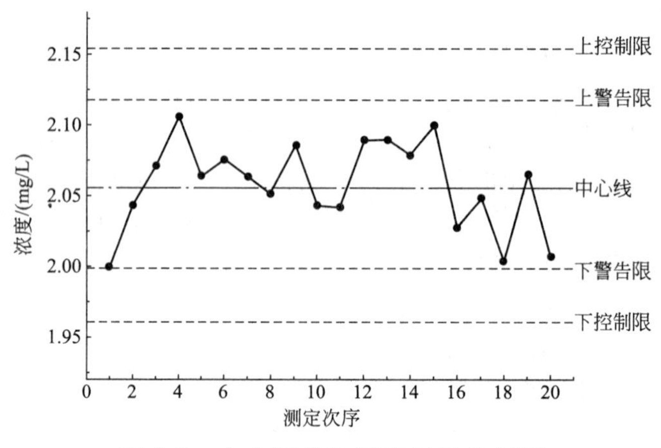

图 4-6　水中氟化物测定质量控制图

质量控制图可以直观地展示分析过程是否处于受控状态，检验分析过程中是否存在明显的系统误差和随机误差，可为试验可疑结果的取舍提供依据，是检验实验室间测试结果是否一致的有效方法。

（1）平均值质量控制图

这种质量控制图是用于检验测量过程是否存在过失误差，检验平均值漂移以及数据缓慢波动的有效方法，主要用于观察分布的平均值的变化。平均值质量控制图是最常用方法，反映分析方法的精密度变化。

平均值质量控制图组成包括：中心线，以总均数 $\bar{x}$ 估计 μ；上、下控制限，按 $\bar{x}\pm A_1\sigma$ 值绘制；上、下警告限，按 $\bar{x}\pm\frac{2}{3}A_1\sigma$ 值绘制；上、下辅助线，分别位于中心线即上、下警告限之间一半处,即 $\bar{x}\pm\frac{1}{3}A_1\sigma$。质量控制样品浓度和组成尽量与实际样品相似,用同一方法在不同时间内重复测定,至少累积 20 个数据,不可将 20 个重复试验同时进行。按式(4-54)和式(4-55)计算总体平均值 $\bar{x}$、标准偏差 σ。

$$\bar{x}=\frac{1}{n}\sum_{i=1}^{n}x_i \quad \cdots\cdots (4\text{-}54)$$

$$\sigma=\sqrt{\frac{\sum(x_i-\bar{x})^2}{n}} \quad \cdots\cdots (4\text{-}55)$$

如果用 $S=\sqrt{\frac{\sum(x_i-\bar{x})^2}{n-1}}$ 代替 σ,则用 $\sqrt{\frac{n-1}{n}}A_1$ 代替 A_1。

表 4-13 为平均值控制图控制限 A_1 值的参数表,可根据测量次数 n 获得相应的 A_1 值来计算。

表 4-13 平均值控制图控制限 A_1 值的参数表

n	2	3	4	5	6	7	8	9	10	11	12	13
A_1	3.760	2.394	1.880	1.596	1.410	1.277	1.175	1.094	1.028	0.973	0.925	0.884
n	14	15	16	17	18	19	20	21	22	23	24	25
A_1	0.848	0.816	0.788	0.762	0.738	0.717	0.697	0.679	0.662	0.647	0.632	0.619

(2) 均数-标准偏差质量控制图($\overline{X}$-S 质量控制图)

定量测定中,数据常呈正态分布,多数数据集中在均值附近,其离散的程度常用标准偏差来表示。均值及标准偏差就成为这一分布的两个特征值,也成为绘制质量控制图时两个基本依据。$\bar{x}$-S 质量控制图是 Henry 和 Segalove 在 $\overline{X}$-R 质量控制图上进行了修改,以 20 次独立测定质量控制样品的结果计算 $\bar{x}$ 及标准偏差 S,以 $\bar{x}\pm 2S$ 为警告限,以 $\bar{x}\pm 3S$ 为控制限,成为广为应用的 Levey-Jennings 质量控制图。从质量控制图的体系来说,它属于单值质量控制图中的 x 质量控制图,这种质量控制图的数据获取需要较长周期,费用较高,但方法比较简单,易于推广。

均数-标准偏差质量控制图绘制:中心线,以总均数 $\bar{x}$ 绘出,可以是测定值的平均值,也可以是标准物质已知值;上、下控制限线,按 $\bar{x}\pm 3S$ 值绘制;上、下警告限线,按 $\bar{x}\pm 2S$ 值绘制;上、下辅助线,分别位于中心线即上、下警告限之间一半处($\bar{x}\pm S$)。

(3) 极差(R)质量控制图(R-控制图)

R-控制图是检验变动性漂移以及数据快速波动的一种有效方法,还能用于检验误差的存在,是检验平行测定误差的工具。

极差质量控制图组成部分包括:中心线,以总极差均数 $\overline{R}$ 绘制;上控制限按 $D_4\overline{R}$ 值绘制;

上警告限按 $\overline{R}+2/3(D_4\overline{R}-\overline{R})$ 值绘制;下控制限为 $D_3\overline{R}$,极差愈小愈好,故极差控制图没有下警告限,但有下控制限。

极差质量控制图的绘制:在分析操作比较稳定的情况下,获取至少 20 d 的测量数据。

每天在测定未知样品的同时，对控制样品平行测定2次，至少获得20对测定值，每对数值的极差值计算见式(4-56)。

$$R_i = |X_{i1} - X_{i2}| \quad \cdots\cdots (4\text{-}56)$$

其中 X_{i1}、X_{i2} 表示两次测定值。

如果质量控制样品一次不止测定两次，则极差、总平均极差依据式(4-57)、式(4-58)计算。

$$R_i = \max(x_{i1}) - \min(x_{in}) \quad \cdots\cdots (4\text{-}57)$$

$$\overline{R} = \frac{1}{n}\sum_{i=1}^{n} R_i \quad \cdots\cdots (4\text{-}58)$$

其中 $\max(x_{i1})$、$\max(x_{in})$ 表示测定值中的最大值和最小值，n 为每批次检测时应用同浓度质量控制样品的个数。

表4-14为 R-控制图的控制限常数值表，可根据平行测量次数 n 查得相应的 D_3、D_4 和 A_2 值。

表4-14 极限控制图的控制限 D_3、D_4 和 A_2 常数

每批测定的平行样品数 n	2	3	4	5	6	7
D_3	0	0	0	0	0	0.076
D_4	3.267	2.575	2.282	2.115	2.004	1.924
A_2	1.88	1.02	0.73	0.58	0.48	0.42

(4) 均值-极差质量控制图($\bar{x}$-R 质量控制图)

均值-极差质量控制图又称均值-范围质量控制图，是 Levey-Jennings 最初引进的方法，是由均数部分质量控制图和极差质量控制图部分组成的控制图，能够同时观察到均数和极差的变化情况和变化趋势。两者联合使用，可以用来观察分布的全面变化情况，保证检验的准确度和精密度。这种控制图不仅对均值的变化反映灵敏，而且用极差图及时监视了分析数据的变化情况，能在许多场合使用。其缺点是不易控制样品中多种干扰分析因素。有时虽然用控制样品测定时，结果尚未超出控制界限，但由于样品中干扰物的影响，使样品的测量结果不够准确可靠。均值-极差质量控制图由均数控制部分和极差控制部分组成。

绘制 $\bar{x}$-R 控制图时，在分析操作比较稳定的情况下，用单份质控品作两次平行测定，至少连续测定20次，获得20对测定值。

根据 $\bar{\bar{x}} = \frac{1}{n}\sum \bar{x}_i$ 和式(4-58)计算全对数值的平均值 $\bar{\bar{x}}$ 和总平均极差 $\overline{R}$，然后绘制均值 $\bar{x}$ 及极差 R 两个质量控制图。前者以 $\bar{\bar{x}}$ 为中心线，$\bar{\bar{x}} \pm A_2\overline{R}$ 为上、下控制限；$\bar{\bar{x}} \pm 2/3A_2\overline{R}$ 为上、下警告限；后者以 $\overline{R}$ 为中心线，以 $D_3\overline{R}$ 为控制下限，$D_4\overline{R}$ 为控制上限，$\overline{R}+2/3(D_4\overline{R}-\overline{R})$ 为上警告限。

如奶粉中硝酸盐(以 $NaNO_3$ 计)采用离子色谱测定制作质量控制图，连续20 d平行两次测定奶粉中硝酸盐质控样品，结果见表4-15。查表4-14得，当 $n=2$ 时，$D_3=0$，$D_4=3.27$，

$A_2=1.88$。

$\overline{\overline{x}}=\frac{1}{n}\sum_{i=1}^{n}\overline{x}=\frac{1}{20}\times726.2=36.3$；$\overline{R}=0.55$；上、下控制限 $\overline{\overline{x}}\pm A_2\overline{R}$ 分别为 37.3、35.3；上、下警告限 $\overline{\overline{x}}\pm2/3A_2\overline{R}$ 分别为 37.0、35.6；极差上、下控制限 $D_4\overline{R}$、$D_3\overline{R}$ 分别为 $3.27\times0.55=1.79$、0；上警告限 $\overline{R}+2/3(D_4\overline{R}-\overline{R})=0.55+0.827=1.38$。绘制质量控制图见图 4-7。

表 4-15　奶粉中硝酸盐(以 $NaNO_3$ 计)测定结果　　单位为毫克每千克

序号	测定值		平均值 $\overline{x}$	极差 $\overline{R}$
	x_1	x_2		
1	36.9	36.4	36.7	0.46
2	35.1	36.3	35.7	1.18
3	36.1	35.6	35.8	0.49
4	37.1	37.0	37.1	0.13
5	36.5	35.9	36.2	0.59
6	35.6	36.1	35.9	0.50
7	37.3	37.0	37.1	0.26
8	37.2	36.8	37.0	0.44
9	35.7	36.7	36.2	1.00
10	36.0	35.0	35.5	1.03
11	36.4	36.9	36.7	0.50
12	37.0	37.5	37.3	0.50
13	36.5	36.1	36.3	0.40
14	36.8	36.1	36.5	0.70
15	36.9	36.2	36.6	0.70
16	35.6	35.2	35.4	0.40
17	36.5	36.0	36.3	0.50
18	35.8	35.5	35.7	0.30
19	36.8	36.2	36.5	0.60
20	35.9	35.5	35.7	0.40
Σ			726.2	11.48

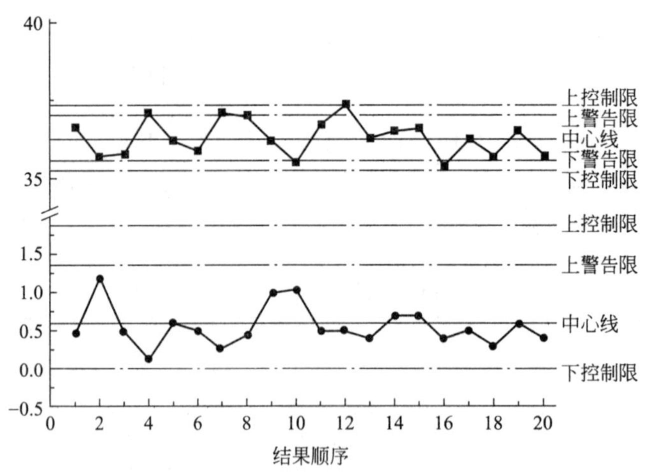

图 4-7　奶粉中硝酸盐测定 $\bar{x}$-R 控制图

（5）回收率质量控制图

回收率质量控制图主要用于测试样品的加标回收率的控制，反映方法的准确度，故又称为准确度控制图。准确度控制图是直接以被测样品的加标回收率测定值绘制而成。由于加标回收率在相同的分析方法和相同的分析操作中，还直接受加标量大小的影响，因此，必须对加标量有所规定：①加标量应尽量与样品中相应待测物质的含量相等或相近；②当样品中待测物质含量小于测定下限时按测定下限的量加标；③在任何情况下，加标量不得大于样品中相同待测物质含量的三倍；④加标后的测定值不得超出方法的测定上限。

单一加标回收率质量控制图的适用性常因样品浓度悬殊而受到限制。在中、高浓度时，加标回收率受样品浓度波动的影响非常小。但低浓度样品的浓度波动对加标回收率的影响就比较大，低浓度样品常常需要分别绘制不同浓度范围的加标回收率控制图。

回收率质量控制图组成包括：中心线，以总平均回收率 $\bar{p}$ 值绘制；上、下控制限，按 $\bar{p}\pm 3S_p$ 值绘制；上、下警告限，按 $\bar{p}\pm 2S_p$ 值绘制。

绘制回收率控制图时，每次测定应取两份样品，其中一份加入已知含量的标准物质，加标后的总量应在分析方法最高质量浓度的 0.5 倍～0.9 倍，同时对两份样品进行测定，回收率测定值（p_i）按式（4-59）计算。

$$p_i=\frac{m_a-m_o}{\mu} \quad \cdots\cdots\cdots\cdots \quad (4\text{-}59)$$

其中 m_a、m_o、μ 分别表示加标样品测定值、原样品测定值和加标量。

在分析状态正常的情况下，至少测定 20 个样品和加标样品，得到回收率的一组数据，按式（4-60）、式（4-61）计算出总体的平均加标回收率 $\bar{p}$ 和加标回收率的标准偏差 S_p（见表 4-16）。将计算结果依次打点在质量控制图上，得到如图 4-8 回收率质量控制图。应用质量控制图时，可在每 10 份样品中随机抽取 2 份～3 份样品进行加标回收率试验，并将计算的回收率描点在控制图中。在连续不断监视扫描点的基础上，加以分析判断，就能发现运行状态是否正常。以分光光度法测定食品中总磷含量的数据绘制回收率质量控制图见图 4-8。

$$\overline{p} = \frac{1}{n}\sum_{i=1}^{n} p_i \quad \cdots\cdots (4\text{-}60)$$

$$S_p = \sqrt{\frac{1}{n}\sum_{i=1}^{n}(p_i - \overline{p})^2} \quad \cdots\cdots (4\text{-}61)$$

式中：

p_i——回收率测定值；

$\overline{p}$——平均加标回收率；

n——回收率测定个数或次数。

表 4-16　食品中总磷加标测定结果

序号	加标量 mg/L	测定值-本底值 mg/L	回收率 p_i %	$(p_i-\overline{p})^2$
1	0.300	0.301	100.3	3.00
2	0.300	0.296	98.7	0.00
3	0.350	0.352	100.6	3.89
4	0.350	0.326	93.1	29.78
5	0.400	0.402	100.5	3.61
6	0.400	0.398	99.5	0.81
7	0.450	0.448	99.6	0.91
8	0.450	0.446	99.1	0.26
9	0.500	0.502	100.4	3.24
10	0.500	0.489	97.8	0.64
11	0.550	0.548	99.6	1.07
12	0.550	0.546	99.3	0.45
13	0.600	0.556	92.7	35.20
14	0.600	0.601	100.2	2.45
15	0.800	0.789	98.6	0.00
16	0.800	0.798	99.8	1.32
17	1.20	1.12	93.3	27.74
18	1.20	1.19	99.2	0.32
19	2.00	2.01	100.5	3.61
20	2.00	1.98	99.0	0.16
21	2.50	2.45	98.0	0.36
22	2.50	2.49	99.6	1.00
Σ			2 169.3	119.85

$$\bar{p}=2\ 169.3/22=98.6\%, S_p=\sqrt{\frac{119.85}{22}}=2.33$$

上、下控制限（$\bar{p}\pm 3S_p$）分别为 106.6%、91.6%；上、下警告限（$\bar{p}\pm 2S_p$）分别为 103.3%、93.9%。

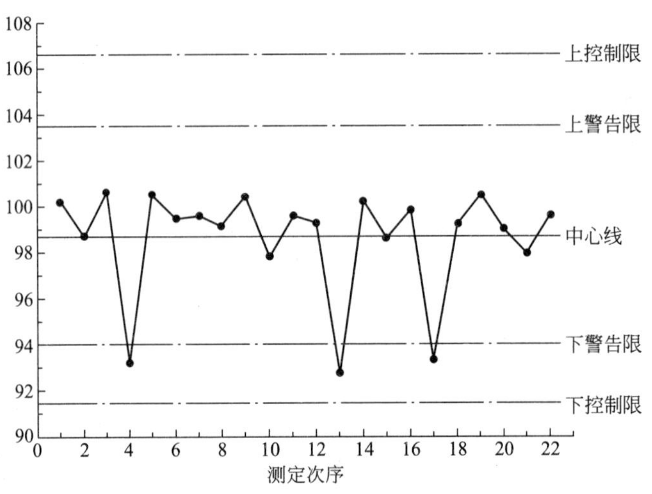

图 4-8 食品中总磷测定回收率控制图

（6）多重质量控制图

上述介绍的几种质量控制图都是使用单一标准物质或质量控制样品，但在日常分析中，经常遇到的样品并不总在一个浓度水平上，而是在一个浓度范围内，为适应测试样品浓度多变的情况，避免分析人员对单一浓度质量控制样品的测定值产生偏见而导致习惯性误差，可采用多样控制图。当对多个浓度高低不等，但相差不太大的质量控制样品分别进行测定时，所得标准偏差值很相近，则可视为一个常数，这是使用多重质量控制图的前提。控制图组成包括以 0 为中心线，$\pm 2S$ 作为上、下警告限，以及 $\pm 3S$ 作为上、下控制限。

绘制多重控制图时，每次应取一份某种浓度的质量控制样品进行分析，对不同浓度的质量控制样品至少进行 20 次测定，计算平均浓度和标准偏差。纵坐标是某种标准物质或质控样品的单一测定值与平均值之间的差值，横坐标是测定的次序。可以得到多重质量控制图的空白图，在测定样品的同时，随机取用某种浓度的质量控制样品，穿插在待测样品中进行分析，计算测定结果与所用质量控制样品标准浓度之间的偏差，并标在控制图上加以检验。如质量控制样品测定值超出 $0\pm 3S$ 值，指示测定结果失控。

（7）Z 比分数质量控制图

Z 比分数质量控制图（Z-score charts）也称多规则质量控制图，Levy-Jennings 质量控制图由于采用未定值质量控制样品，其 x 和 S 由各实验室自行测定。因此，这种质量控制图只能监测精密度，不能判断准确度，且一张质量控制图只能显示一种浓度的质控样品测定值。Z 比分数质控图与多重质量控制图一样适用于使用多个质量控制样品进行质量控制的情况下，可在同一质量控制图上同时记录不同质量控制样品测定结果。可同时监测精密度和准确度，及时指示存在的误差大小和性质，并能将高、中、低不同浓度质控样品的测定值在同一张质量控制图上表示出来，简单直观。控制图组成以 0 为中心线，以 $\pm 2Z$ 作为上、下警告限，以 $\pm 3Z$ 作为上、下控制限。

绘制多重控制图时，应每次取一份某种浓度的质量控制样品进行分析，对质量控制样品至少进行 20 次测定，计算平均浓度和标准偏差。根据式(4-62)计算 Z 比分数。

$$Z=\frac{x_i-\bar{x}}{S} \quad \cdots\cdots (4\text{-}62)$$

其中为特定质量控制样品的第 i 个测定值，$\bar{x}$ 为该质量控制样品的测定均值，S 为标准偏差。因此，Z 比分数实质是计算质控样品测定值偏离均值相当于多少个标准差。滴定法测定食盐质控样品中碘含量的 Z 比分数质量控制图见图 4-9。

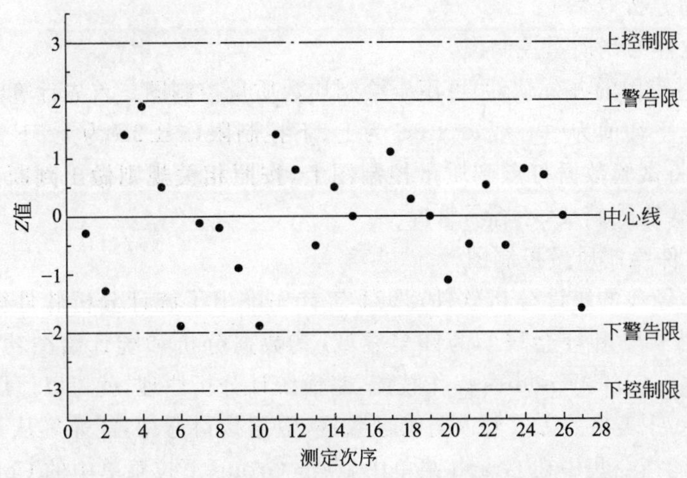

图 4-9　食盐中碘含量测定 Z 比分数质量控制图

Z 比分数质量控制图使用 Westgard 多规则质量控制规则：

1(2S)——一个质量控制测定值超出 $\bar{x}\pm 2S$ 控制线，预警(2S)；

1(3S)——一个质量控制测定值超出 $\bar{x}\pm 3S$ 控制线，失控，提示随机误差或者随机误差和系统误差同时存在；

2(2S)——两个连续的质量控制测定值同时超出 $\bar{x}+2S$ 或 $\bar{x}-2S$ 控制线为失控，提示系统误差；

R(4S)——同一批测定中，两个不同浓度质量控制样品的测定值之间的差值超出 4S 控制线，失控，由随机误差造成；

4(1S)——4 个连续的质量控制测定值同时超出 $\bar{x}+1S$ 或 $\bar{x}-1S$ 控制限，失控，提示系统误差；

$10\bar{x}$——10 个连续的质量控制测定值同时处于均值 $\bar{x}$ 的同一侧，失控，提示系统误差。

若任一质控值超出 $0\pm 3Z$ 值，指示失控。当出现警告时，需使用其他规则做进一步的全面分析后，才能确定这批测试结果是否失控，即同时用 1(3Z)、2(2Z)、R(4Z)、4(1Z)和 10(0)等规则检查质量控制值，如质量控制值满足这些规则中的任一个规则，表明失控。若这些情况均未发生，说明测定结果仍在控制中，未超出允许误差范围。倘若不出现 1(2Z)警告，但符合 4(1Z)和 10(0)规则其中之一，也指示结果失控。

多规则质量控制，可根据实验室具体条件来决定如何选用 Westgard 规则组合。根据 Westgard 的功率函数曲线图，使用 1(2S)质量控制规则有较高的假失控概率(P)，当 $N=1$ 时，$P=5\%$；当 $N=2$ 时，$P=10\%$。使用多规则 Z 比分数值质量控制图的目的正在于提高检出误差的能力，降低假失控概率，减少重复测试的浪费。

3. 常用质量控制图绘制工具和软件

质量控制图是分析实验室内部质量控制的有力工具，要制备质量控制图不容易，使用专业软件统计分析检测数据。掌握一些常见的统计绘图软件，可以简化绘图过程，及时发现试验异常现象，提高分析效率。

(1) Excel 软件绘制质量控制图

Excel 是普遍使用的办公软件，可用于绘制均数质量控制图。首先计算测量数据的平均值和标准偏差，以平均值为中心线，$\bar{x}\pm3S$ 为上、下控制限，$\bar{x}\pm2S$ 为上、下警告限，$\bar{x}\pm S$ 为上、下辅助线，再将试验数据打点到质量控制图上，按照相关规则做出判断。用 Excel 绘制质量控制图的步骤比较繁杂，不容易掌握。

(2) SPSS 软件绘制质量控制图

SPSS 软件是经典的统计分析软件，1984 年首先推出了统计分析软件微机版本 SPSS/PC+，应用于自然科学和社会科学的许多领域，其数据分析和统计绘图功能齐全，操作简单，用户只要掌握一定的 Windows 操作技能，略懂统计分析原理，就可以使用该软件。SPSS 软件采用类似 Excel 表格的方式输入与管理数据，数据接口通用，能兼容从其他数据库中读入数据。软件功能指令集中在 Graph 菜单中，点击 Group 下拉菜单中的 Control 项，将弹出 Control Chats 对话框，从中选择所要绘制的质量控制图类型，设置好参数，就可绘制出需要的质量控制，如均值-极差控制图等。

(3) Matlab 软件绘制质量控制图

Matlab 软件广泛用于信号和图像处理、控制系统设计、测试和测量、财务建模和分析等领域。Maflab 软件提供了大量的图形绘制函数，可在直角坐标系或极坐标系中绘制直线图、柱状图、饼状图和表面网格图等，能方便地将数据转化成图形。使用 Matlab 软件提供的 Subplot 函数可在 Figure 界面中同时绘制两个子图，并分别设定中心线和上、下控制限。将 Visual Basic 软件的界面设计功能和 Maflab 软件的计算和图形处理功能联合使用，在 VB 中调用 Maflab 的 ActiveX 方法，实现应用系统的无缝集成，运用 Maflab 与 VB 编程方法，可实现复杂数据统计和图表的制作功能。利用 Maflab 软件的绘图命令，可以很方便地完成各种质量控制图的制作，但因其涉及计算机编程，一般分析用户不易掌握。

(4) Minitab 软件绘制质量控制图

Minitab 软件是现代质量管理统计的领先者，强大的功能和简易的可视化操作深受广大质量学者和统计工作者的青睐。Minitab 作为 6 sigma 的一个统计工具软件，大大简化了统计计算。Minitab 功能菜单包括基础和高级统计工具、回归分析、方差分析、时间序列分析图表等。可以直接从分析仪器及 Excel 导入数据，设置相应参数，根据需要选择控制图类型，直接绘制各种质量控制图，同时可判异常数据并加以标注。

(5) Minidata 软件绘制质量控制图

Minidata 是一个全面的统计过程控制软件，包括 Minidata-SPC 及 Minidata-Real Time 两部分，主要是用于管理分析质量数据并形成相关的质量报告用于日常的质量管理，质量数据既可从检测仪器设备中自动读取，也可由用户输入。Minidata 的主要功能包括：从测量仪器或设备中采集质量数据、手工输入测量数据、SPC 实时监控分析、SPC 控制图及工序能力分析等。Minidata 的过程质量控制图有平均值-极差控制图($\bar{x}$-R)、平均值-标准偏差控制图($\bar{x}$-S)，单值移动极差控制图(I-MR)等。输入数据后，点击统计菜单中所需控制图的子菜单，设置分析参数值，就可直接生成控制图，利用判异规则对异常数据标记。

七、Youden 图

Youden 图是美国国家标准局(NBS)的分析、统计学家尤登(Youden W J)提出的，将同时测定的对样品(split samples)两个结果绘制成图，称为双样图。Youden 图中对结果的双变量分析有约 95%置信概率椭圆的特性，并用虚线来标明每个样品的中位值。这个椭圆是通过在双变量 Z 比分数空间中，再标定一个约 95%的置信区间(为圆)转换为原始数据空间来估算的。

对样品(A、B)的基体、性质、组成基本相同，待测物的浓度相近。实验室由相同人员在相同时间、地点，使用统一方法测定两个样品。组织者将两个样品的测定值分别用 x 和 y 表示，建立 x-y 坐标图。将测定值(x_i，y_i)作为一个点标在 x-y 坐标图上，并注明该实验室的代码；在 x 轴上通过平均值 $\bar{x}_A$，作一条与 x 轴垂直的直线；在 y 轴上通过 $\bar{y}_B$ 作一条与 y 轴垂直的直线；两条直线的交点为中心点($\bar{x}_A$，$\bar{y}_B$)，即为 A、B 两个样品的测定平均值。这两条线将图分成四个象限。如果各实验室之间不存在系统误差，只有随机误差存在时，两个样品的测量结果存在四种可能：A、B 都高、A、B 都低、A 高 B 低、A 低 B 高。这种数据的分散性由随机误差所致，相应实验室的测定值应均匀地分布在这四个象限中，成为一个圆形。如果各实验室之间存在系统误差，而且相对于随机误差这系统误差比较明显，两个样品的测量结果基本上只存在两种可能，即两高、两低，而较少出现一高一低。大量试验证明，如果一个实验室对一个样品测得的结果偏高，对另一个类似的样品也会得到偏高的结果，反之亦然。所以各实验室的测定值大部分分布在第三象限(数据偏低)和第一象限(数据偏高)，即数据沿着与 x 轴成 45°的方向呈椭圆形分布。

A、B 两个样品的标准差为 S_A、S_B，总体标准差计算见式(4-63)。

$$\overline{S}=\sqrt{\frac{(n_A-1)S_A{}^2+(n_B-1)S_B{}^2}{n_A+n_B-2}} \quad \cdots\cdots (4\text{-}63)$$

由于对样品浓度相差较小，系统误差相同，两个结果的差值($D_i=A_i-B_i$)，仅包含两次测定的随机误差，不包含系统误差。因此 D_i 的标准差 S_d[见式(4-64)]反映实验室测量的精密度。两个结果之和($T_i=A_i+B_i$)，包含两次测定的随机误差和系统误差，T_i 的标准差 S_t [见式(4-65)]是实验室间的总标准偏差，反映测量的准确度。

$$S_d=\sqrt{\frac{\sum_{i=1}^{n}(D_i-\overline{D})^2}{2(n-1)}} \quad \cdots\cdots (4\text{-}64)$$

$$S_t=\sqrt{\frac{\sum_{i=1}^{n}(T_i-\overline{T})^2}{2(n-1)}} \quad \cdots\cdots (4\text{-}65)$$

其中 $\overline{D}$、$\overline{T}$ 分别表示极差的平均值和每次两个测定结果之和的平均值。尤登双样图法质量控制的评价：所有参与者的测试结果经去掉离群数据后制作 Youden 图，以两个样品 A 和 B 的测定均值线的交点($\overline{x}_A$，$\overline{y}_B$)为圆心，以 $2S$ 为半径作圆，在测定结果服从正态分布下，应有 95%的测定点落在此小圆内，再以 $3S$ 为半径作圆，应有 99%的测定点落在此大圆内。所以，在用尤登双样图进行质量控制评价时，将落在小圆内的测点认为是可接受的；而落在大圆之外的测点认为是不可接受的；落在两圆之间的测点则是可疑的。位于椭圆外的所有点都标上相应的实验室代码，这些点可能并不意味着离群。因为数据离群标准($|Z|\geqslant 3$)的置信水平约为 99%，而椭圆只有 95%的置信概率。因此能够预期大约有 5%的参与者的测试结果将在椭圆外。然而能力验证的数据通常包含一些离群值，一般将有多于 5%的点在椭圆外。椭圆以外的点，大体相当于那些 z 比分数大于 2 或小于－2 的值。因此，建议结果落在椭圆之外但还不是离群值($2<|z|<3$)的参与者复查他们的测试结果。

如果参与者两个样品的结果异常地高或低，将落在椭圆的右上象限(通过中位值线划分)或者在左下象限。这些参与者的结果存在明显的系统误差分量(即实验室间变异)。位于右上方的参与者，两结果皆大，呈正室偏倚；位于左下方的参与者，则两个结果皆小，呈负室偏倚。这些参与实验室应从样品预处理、标准物质及标准溶液准确性、仪器设备运行状态、检测方法和过程等方面查找造成检测结果系统误差的原因。随机误差分量(即实验室内变异)明显高于其他参加者的实验室将处于椭圆外，且(通常)在左上或右下象限，即一个样品的结果过高，而另一个过低。这些实验室应从仪器设备、方法、环境条件、人员操作技术等方面查找影响检测结果稳健度的原因。然而 Youden 图只是说明数据的分布、误差情况(随机误差或系统误差)及分散状态，并不能用来定量评价结果，结果的定量评价还是由 z 比分数确定。

Youden 图的制作过程：①将每个参加实验室的样品对测定结果(A，B)分别点在平面坐标上；②以 $O'(\overline{x},\overline{y})$ 为 Youden 图的中心，作平行于 x 轴和 y 轴的坐标线，在 45°角线上作椭圆的长轴；③计算标准化总和 S 和标准化差 D、标准四分位数 NIQR(S)和 NIQR(D)；④计算椭圆长短轴，长轴半径＝2.448×NIQR(S)，短轴＝2.448×NIQR(D)；⑤长轴方向为过 O' 点的 45°角线方向。

八、Z 比分数图

1. Z 比分数序列柱状图

Z 比分数序列柱状图是稳健统计分析中最常用的图形，包括 Z 比分数(Z、ZB 和 ZW)柱状图、偏离中位值柱状图、偏离均值柱状图等。在直角坐标中，以横坐标表示 Z 比分数(Z 或 ZB 与 ZW)，根据试验总体结果，确定其范围，如可取－5～＋5、－6～＋6 等。而纵坐标是将 Z 比分数按大小(最下端的 $Z<0$，但 $|Z|$ 在负值中为最大)顺序排列，在纵坐标上注明相应的实验室代码，Z 比分数值用水平横条表示，且横条的长短表示 Z 比分数值的大小。由于纵坐标的极值通常为±5 或±6，如果有的实验室的 Z 比分数绝对值大于纵坐标的极值，即 $|Z|>$

5 或 6，则以横条长度略为超过极值来进行表示。在图中 ZB＝±3 处各有一条实垂线，为结果是否出现离群值的临界线。这种图形能清晰地表示各参加实验室能力验证的结果，根据“横条柱”是否达到或超过临界线能分辨出离群值。每个实验室很容易将自己的测试结果与其他的参加实验室的测试结果进行比对。

2. *Z* 比分数序列直方图

Z 比分数序列直方图也可用来比较参加能力验证实验室的能力。它是在直角坐标中将纵坐标作为 *Z* 比分数值(*Z*、ZB 和 ZW)，而横坐标表示实验室代码。将 *Z* 比分数值从小到大排列(最左边的 $Z<0$，且 |Z| 最大)，*Z* 比分数用垂直条带表示，并在横坐标上标注相应的实验室代码，相当于将 *Z* 比分数序列柱状图在平面直角坐标系上旋转了 90°。这种图形也能清晰地表明各参加实验室能力验证的结果。如代表实验室的“直方条”超过了临界线，即 $Z=\pm3$ 的两条水平实线，则表明所代表的实验室检测结果出现了离群值。

Excel 软件绘制 *Z* 比分数图：以广东省疾病预防控制系统实验室蔬菜中镉能力验证计划结果为例绘制 *Z* 比分数图。①将实验室代码与测定结果平均值输入 Excel 表中，统计 Q_1、Q_3、NIQR、中位数和 *Z* 值等。②以 *Z* 值为横坐标、实验室代码为纵坐标，绘制 *Z* 比分数序列柱状图(见图 4-10)。③以实验室代码为横坐标、*Z* 值为纵坐标，绘制 *Z* 比分数序列直方图(见图 4-11)。

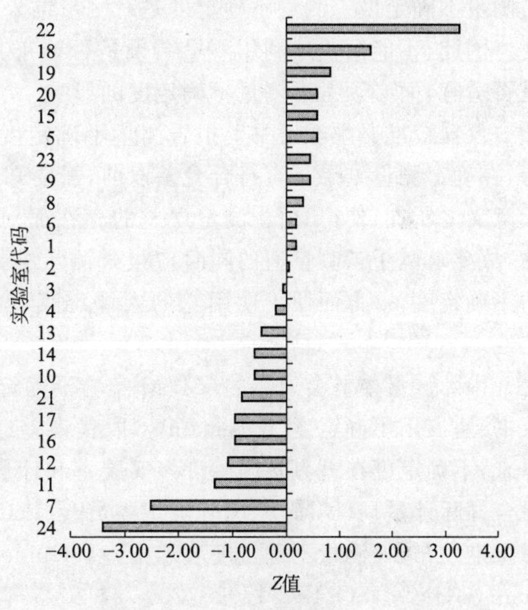

图 4-10　*Z* 比分数序列柱状图

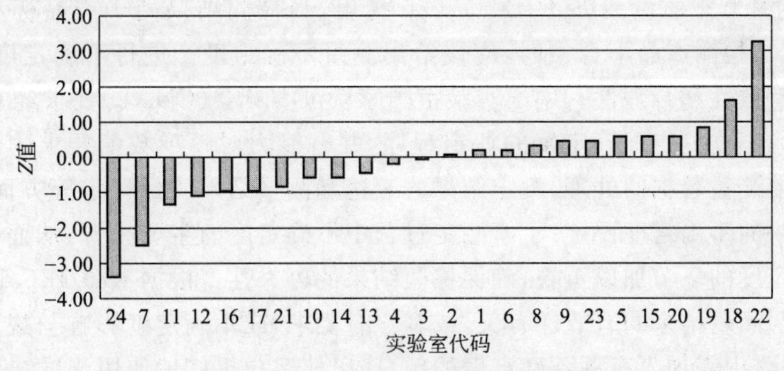

图 4-11　*Z* 比分数序列直方图

第六节　不确定度评定

在科学技术、工农业生产、国内外贸易、化学分析、校准以及日常生活的各个领域上都用到测量,而很多重要标准的制定和国际贸易的决策都建立在定量分析的结果基础上,测量的结果可以用于估计收益、判定某些材料是否符合特定规范或法定限值,或估算价值。这就要求测量或校准实验室能够证明其结果的质量,特别是通过度量结果的可信度来证明结果的适宜性。因此实验室应具有相应的质量保证措施来确保其所提供的检测结果具有适宜性、可信性和溯源性。

在实际测量中,由于测量的客观真值无法得知及测量条件的不完善及非理想化,人们对测量相关内容和要求的认识不足,使得被测量值不能被确切地知道,任何测量与理论值之间都存在差异,而且这种差异大小无法确定,是以一定的概率分布在某个区域内,这个区域就是测量不确定度。测量不确定度是对测量结果的不可信程度或对测量结果有效性的怀疑程度。因此,不能简单地利用测量结果是否处于其标准值允许误差范围以内来判定测量结果是否适宜,而必须考虑测量不确定度的影响。

仪器校准必须在证书上报告测量不确定度,检测报告需要测量不确定度来确定合格与否,在确定测量结果是否符合允差以前,需要知道不确定度。这就是引入测量不确定度的重大意义之所在,使得"由于测量误差的存在而对被测量值不能确定的程度"得到更科学的评估,故要求赋予被测量值的同时应报告测量结果的不确定度。在报告测量结果时给出相应的不确定度,一方面便于使用它的人评定其可靠性,另一方面也增强了测量结果之间的可比性。

国际计量委员会通过的《BIPM 实验不确定度的说明建议书 INC-1(1980)》(以下简称建议书)建议用不确定度(uncertainty)取代误差(error)来表示实验结果。自 20 世纪 80 年代以来,不确定度在世界各国的许多实验室和计量机构使用。1993 年国际标准化组织(ISO)、联合国际计量局(BIMP)、国际电工委员会(IEC)、IFCC、IUPAC、IUPAP、OIML 7 个国际组织批准发布了《测量不确定度表示指南》(Guide to the expression of uncertainty in measurement,GUM),ISO/IEC 17025:2005 自 2005 年颁发以来,测量不确定度成为很多申请认可检测实验室的关注焦点。我国正按 ISO/IEC 17025 的规定,开展实验室认可活动、规范实验室管理、保证检测工作质量。ISO/IEC 17025 指出,当检测结果处于产品标准要求的临界值,有可能判定被检测产品不合格时,应该给出测量不确定度。进行不确定度分析,可以保证检验结果的有效性和合理性。中国实验室国家认可委员会(CNAL)要求经 CNAL 认可的检测实验室必须建立测定不确定度的评定程序,并有能力对每项数值要求的测量结果进行不确定评定。使测量数据的处理、测定结果的表达和测量结果质量评定等方面与国际接轨。通过对测量结果的不确定度评定,了解测定过程中不确定度的主要来源,从而对在检测过程中易产生不确定度的环节加以重视,确保检验结果的可靠性。根据 ISO/IEC 17025 的要求,如果不确定度与测量结果的有效性有关,或客户有要求,或不确定度影响与规范限量的符合性时,则测试报告中需加入有关不确定度的信息,以使客户更好地使用测试结果。

在检测校准工作中,测量结果是否有用,在很大程度上取决于测量不确定度的大小,报告不确定度的测量结果,才是完整的和有意义的。测量不确定度意味着对测量结果的可信性、有效性的怀疑程度,是定量说明测量结果质量的参数。不确定度愈小,测量结果与被测量的真值愈接近,质量就越高,水平越高,其使用价值越高;不确定度越大,测量结果的质量越低,水平越低,其使用价值也越低。所以不确定度的表示是用一个恰当的定量值表示,这个值包含两个数值，一个是该余量（或称区间）的宽度，另一个是置信概率，说明对“真值”在该余量范围内有多大把握。

测量不确定度是对任何测量的结果存有怀疑。如制作再良好的温度计，但对每一次测量，即使是最仔细的，总是会有怀疑的程度。由于对任何测量总是存在怀疑的程度，所以需要知道怀疑程度有多大？因此测量不确定度实质上就是对真值所处范围的评定，也是对测量误差可能大小的评定、也是对测量结果不能肯定程度的评定。

《国际计量学基本和通用术语词汇表》将“测量不确定度”定义为：表征合理地赋予被测量之值的分散性，与测量结果相联系的参数。定义中的合理指应考虑到各种因素对测量的影响所做的修正，特别是测量应处于统计控制的状态下，即处于随机控制过程中；相联系指测量不确定度是一个与测量结果联系在一起的参数；参数可以是标准偏差也可以是可信区间，该可信区间表示真值以指定概率落在该区间，且在该区间内结果是准确、精密的。在测量结果的完整表示中应包括测量不确定度。

测量不确定度评定的意义可归纳为：①测量不确定度是对测量结果质量和水平的科学表达；②测量不确定度及通用计量名词术语是各学科之间联系和交往的共同语言；③通过测量不确定度可以分析影响测量结果的主要成分，从而提高测量结果的质量；④通过评定测量不确定度可以评价校准方法的合理性；⑤通过评定测量不确定度评价各实验室间比对试验的结果；⑥通过评定测量不确定度可以知道或给出结果判定的风险。

一、不确定度分类及概念

由于测量不完善和人们的认识不足，所得的被测量值具有分散性。为了表征这种分散性，测量不确定度用标准偏差表示。标准不确定度（standard uncertainty）是用标准差表示测量结果的不确定度，统一用符号 u 来表示。这是测量不确定度的第一种表示方法。对于不确定度分量，常在 u 后加小脚标表示，如 u_1、u_2、…、u_n 等。

此参数可以是诸如标准偏差或其倍数，或说明了置信水准的区间的半宽度。它不是一个点，而是一个分布区间，恒为正值，是对误差的度量。测量不确定度由多个分量组成。其中一些分量可用测量结果的统计分布估算，并用试验标准偏差表征；另一些分量则可用基于经验或其他信息的假定概率分布估算，也可用标准偏差表征。测量结果应理解为被测量之值的最佳估计，而所有的不确定度分量均贡献了分散性，包括那些由系统效应引起的分量。测量不确定度用标准不确定度和扩展不确定度（U）来表示。

测量不确定度一般来源于随机性和模糊性，前者归因于条件不充分，后者归因于事物本身概念不明确。这就使得测量不确定度一般由若干分量组成。按其数值评定方法的不同，分为统计不确定度与非统计不确定度两种，即一些分量是由测量序列结果的统计学分布得出的，可表示为标准偏差（A 类不确定度）；另一些分量是根据经验和其他信息确定的概率分布得出的，也可用标准偏差表示（B 类不确定度类）。

不确定度的 A 类评定（type A evaluation of uncertainty）指用对样本观测值的统计分析进行不确定度评定的方法。

不确定度的 B 类评定（type B evaluation of uncertainty）指用不同于统计分析的其他方法进行不确定度评定的方法。

合成标准不确定度(combined standard uncertainty)指当测量结果是由其他量的值求得时,按其他各量的方差或(和)协方差算得的标准不确定度,可以理解为一种误差产生的分散性称为平方差,两种误差共同产生的分散性称为协方差。合成前,所有不确定度分量必须以标准不确定度即标准偏差表示。

扩展不确定度(expanded uncertainty)又称展伸不确定度或范围不确定度,确定测量结果区间的量,合理赋予被测量之值分布的大部分可望包含于此区间。

包含因子(coverage factor)为求得扩展不确定度,对合成标准不确定度所乘之数字因子。

自由度(degrees of freedom)在方差的计算中,和的项数减去对和的限制数。

二、测量不确定度与测量误差

试验标准差是分析误差的基本手段,也是不确定度理论的基础。因此从本质上说不确定度理论是在误差理论基础上发展起来的,其基本分析和计算方法是共同的。但在概念上存在比较大的差异。测量误差则是表明测量结果偏离真值的差值。经过修正的测量结果可能非常接近于真值(即误差很小),但由于认识不足,人们赋予它的值却落在一个较大区间内(即测量不确定度较大)。在测量不确定度的发展过程中,从传统上理解它是表征(或说明)被测量真值所处范围的一个估计值(或参数);也有一段时期将其理解为由测量结果给出的被测量估计值的可能误差的度量。但误差概念和误差分析在用于评定测量结果时,有时显得既不完备,也难以操作。而测量不确定度是一种更为完备合理、可操作性强的评定测量结果的方法。早在20世纪70年代初,国际上已有越来越多的计量学者认识到使用不确定度代替误差更为科学。测量误差与测量不确定度的区别见表4-17。

表4-17 测量误差与测量不确定度的区别

内容	测量误差	测量不确定度
定义	测量误差用来定量表示测量结果与真值的偏离大小。 测量结果减去被测量的真值。 测量误差是一个确定的值,在数轴上表示为一个点	测量不确定度用来定量表示测量结果的可信程度。 表征合理地赋予被测量之值的分散性,与测量结果相联系的参数。 测量不确定度是一个区间,可以用诸如标准偏差或其倍数或说明了置信水准的区间的半宽度表示
特性	客观存在,不以人的认识程度而改变	客观存在,但以人对被测量、影响量和测量过程的认识程度有关
意义	表明测量结果偏离真值	表明测量值的分散性
可操作性	由于真值未知,所以不能得到测量误差的值。当用约定真值代替真值时,可以得到测量误差的估计值。 没有统一的评定方法	可以根据试验、资料、理论分析和经验等信息进行分析评定,合理确定测量不确定度的置信区间和置信水准(或置信水平或置信概率)。 由权威国际组织制定了测量不确定度评定和表示的统一方法GUM,具有较强的可操作性。 不同技术领域的测量不尽相同,有其特殊性,可以在GUM的框架下制定相应的评定方法

续表 4-17

内容	测量误差	测量不确定度
分类	按性质分随机误差、系统误差，它们都是无穷多次测量时的理想概念	按评定方法分类：用测量列结果的统计分布评定不确定度的方法称为 A 类评定方法，并用试验标准偏差表征；用基于经验或其他信息的假定概率分布评定方法称为 B 类评定方法，也可用标准偏差表征
表述方法	是一个带符号的确定的数值，非正即负（或零），不能用正负号（±）表示	约定为（置信）区间半宽度，恒为正值。当由方差求得时，取其正平方根值。 完整的表述应包括两个部分：测量结果的置信区间（测量结果不确定度的大小），以及测量结果落在该置信区间内的置信概率（或置信水平或置信水准）
结果修正	可以用已知误差对未修正测量结果进行修正，得到已修正测量结果	不能用测量不确定度修正测量结果。对已修正测量结果进行测量不确定度评定时，应评定修正不完善引入的不确定度
自由度	不存在	可作为不确定度评定可靠程度的指标。自由度是与不确定度的相对标准不确定度有关的参数
与分布的关系	无关	有关
合成方式	误差等于系统误差加随机误差。 由各误差分量的代数和得到	当不确定度各分量彼此独立无关时，用方根方法合成，否则要考虑相关项
置信概率	不需要，且不存在	当了解分布时，可按置信概率给出置信区间

三、不确定度的来源

在实践中，测量不确定度可能有很多来源，例如取样、样品处理、基体效应和干扰、环境条件、仪器和容量器具的不确定度、参考值、测试方法等。典型的不确定度来源应包括：

(1) 取样：当内部或外部取样是规定程序的组成部分时，如不同样品间均匀性的随机变化、取样程序存在的潜在偏差、取样量的代表性偏差等影响因素构成了测量结果的不确定度分量。

(2) 样品前处理方法：大多数样品需经过预处理才能测量，由于不同样品前处理方法间的回收率差别可能较大，造成测量结果相差很大。在食品和化妆品无机元素测定中，干灰化法的回收率较低，存在系统偏差。样品前处理方法是测量不确定度的主要来源，而在通常的测量不确定度评定中极少考虑这一影响因素，不确定度结果偏低。

(3) 样品储存条件：样品采集后很多情况下不能立即测定，当测试样品储存一段时间，储存条件可能影响结果。如海产品中磷酸盐和多聚磷酸盐、甲胺、三甲胺、铵等含量受储存时间、温度等因素影响。储存时间和条件也是不确定度来源。

(4) 样品基体的影响:复杂基体的被测试物的回收率或仪器的响应可能受基体成分的影响,不同分析物影响程度不同。改变的热力情况或光分解影响,样品中被分析物的稳定性在分析过程中可能发生变化。当用加标样品来估计回收率时,样品中被分析物的回收率可能与加标样品的回收率不同,因此需考虑引入的不确定度。

(5) 空白修正:高空白值影响测定结果,在痕量分析中尤为重要,空白修正值有不确定度。

(6) 仪器的影响:包括分析天平、前处理仪器和测量仪器等的影响。分析天平校准的准确度和精度级别等直接影响测定结果;前处理仪器和测量仪器的温度控制器在规定范围内的偏离,影响分析结果。

(7) 试剂纯度:标准溶液和标准物质本身存在一个不确定度,在放置过程中和测量中还存在某些不确定度。许多有机物(如苏丹红、防晒剂等)不是100%的纯度,可能含有无机盐,对于这类物质的纯度,制造商通常只标明不低于规定值。一些反应试剂,由于纯度不够,造成测试空白偏高,影响测定结果。因此试剂纯度会引进一个不确定度分量。

(8) 测量条件:容量瓶、移液管等可能与校准温度不同的环境温度下使用。总的温度影响应加以修正,但是液体和玻璃温度的不确定度应加以考虑。当材料对湿度的可能变化敏感时,如灰分、水分等的测定,湿度也是重要的因素。

(9) 假设的化学反应定量关系:当假定分析过程按照特定的化学反应定量关系进行的,可能有必要考虑偏离所预期的化学反应定量关系,或反应的不完全或副反应。

(10) 计算影响:选择校准模型,如对曲线的影响用直线校准,会导致较差的拟合;标准溶液与样品基质成分不同,采用标准曲线法测定、计算,会产生较大偏差,引入不确定度。数字修约导致最终结果不准,有必要考虑不确定度。

(11) 随机影响:测量中存在随机影响,引入一个不确定度。

(12) 操作人员的影响:在移取溶液、溶液定容、滴定终点的判断等,不同人员操作会有偏差,应计算不确定度。

由于不确定度来源广泛且结构复杂,在不确定度评定时,应列出有关来源的完整清单,避免重复计算来源。由于获取方法和系统引入的不确定度所设计的试验非常复杂,有时不得不求助于B类评定方法,方法的主观性很强。

四、A类和B类不确定度的评定

不确定度评定方法基于所考虑的不确定度来源的范围以及评定不确定度所站的角度不同而异。多种可应用于化学量测的不确定度评定方法,主要分为基于《测量不确定度表示指南》(GUM)的方法和非GUM方法两大类。国内大量有关化学量测的不确定度评定文献主要基于GUM方法,较少利用方法验证数据和协作试验信息等其他评定方法。

A类不确定度的评定,主要是通过试验对一定的观测量进行统计分析以标准差表征其量值,其可靠性不仅与重复测量次数有关,而且还与概率分布的类型有关。并非所有的不确定度都能够用统计的方法来评定。对于不能进行 n 次重复测试的情况,就不能利用A类计算方法进行统计处理,这时可利用有关估计值进行判断,计算出B类不确定度。

1. A类不确定度评定方法

用对观测量进行统计分析的方法来评定标准不确定度,称为不确定度A类评定。所得到的相应标准不确定度称为A类不确定度分量，A类不确定度由测量数据的试验标准偏差表征，A类不确定度评定步骤为：按贝塞尔方法(Bessel method)、极差法等方法计算出试验标准偏差 $S(x)$。

(1) 单次测量值作为被测量的估计值

在重复性条件或复现性条件下，对 x_i 进行 n 次独立测量，计算结果的最大值与最小值之差 R(极差)，在可以估计接近正态分布前提下，单次测量结果 x_i 的标准差 $S(x_i)$ 可以按式(4-66)近似地评定。

$$u(x)=S(x)=R/C \quad \cdots\cdots (4\text{-}66)$$

极差系数 C 及自由度 v 查表4-18、表4-19得到。

表4-18 极差系数C及自由度v

n	2	3	4	5	6	7	8	9
C	1.13	1.64	2.06	2.33	2.53	2.70	2.85	2.97
v	0.9	1.8	2.7	3.6	4.5	5.3	6.0	6.8

表4-19 A类评定不确定度的自由度

n	2	3	4	5	6	7	8	9	10	15	20	1
Bessel公式法	1	2	3	4	5	6	7	8	9	14	19	—
最大误差法	1.9	2.6	3.3	3.9	4.6	5.2	5.8	6.4	6.9	8.3	9.5	0.9
极差法	0.9	1.8	2.7	3.6	4.5	5.3	6.0	6.8	7.5	10.5	13.1	—

(2) 在重复性条件或复现性条件下，对一被观测值得出 n 个观测结果，求出算术平均值($\bar{x}$)，即该观测结果的最佳值，当用算术平均值作为测量结果时，按式(4-67)、式(4-68)计算。

$$S(x)^2=\frac{1}{n-1}\sum_{i=1}^{n}(x_i-\bar{x})^2 \quad \cdots\cdots (4\text{-}67)$$

$$u(\bar{x})=\frac{S(x)}{\sqrt{n}} \quad \cdots\cdots (4\text{-}68)$$

其中，n 是测量次数，自由度均 $v=n-1$；$S(x)$ 是 n 次测量结果的标准差，是 x_i 的概率分布的总体标准差 σ 无偏估计，表征了 x_i 的分散性。从式(4-68)可知，当测量次数 n 增大，$S(x)$ 减小，通常 n 取10次。

(3) 当对被测量 x_i 进行重复性条件下或复现性条件下的 n 次独立测量，得到 x_{i1}、x_{i2}、…、x_{in}，平均值为 $\bar{x}$，如有 m 组被测量数据，可按式(4-69)计算。

$$u^2(x_i)=S^2=\frac{1}{m(n-1)}\sum_{i=1}^{m}\sum_{i=1}^{n}(x_i-\bar{x})^2 \quad \cdots\cdots (4\text{-}69)$$

如果这 m 组被测量数据分别按其重复次数算出了各次测量标准差 S_i，自由度为 $v=m(n-1)$，则 S 按式(4-70)计算。

$$u^2(x_i)=S^2=\frac{1}{m}\sum_{i=1}^{m}S_i^2 \quad \cdots\cdots (4\text{-}70)$$

使用贝塞尔公式时，为保持测量的样本参数尽量接近总体的期望值，A类评定重复测量次数应足够多，但有些样品只能承受一次检测或随着检测次数的增加其参数逐次变化，根本不能作A类评定，有些检测和校准则因难度较大费用太高不宜作多次重复测量，在兼顾检测工作量时，一般取试验次数 $10 \leqslant n \leqslant 20$。只有当A类评定不确定度分量对合成标准不确定度的贡献较小时，n 稍小些也不会有很大的影响。

A类评定一般是采取对日常开展检测和校准的测试系统和具有代表性的样品进行预先评定，除非进行非常规检测和校准对常规检测和校准的A类评定，如果测量系统稳定又在B类评定中考虑了仪器的漂移和环境条件的影响，则完全可以采用预先评定的结果。

2. B类不确定度评定方法

用不同于对观测量进行统计分析的方法来评定标准不确定度，称为不确定度B类评定，所得到的相应标准不确定度称为B类不确定度分量。它不依赖于对样本数据的统计，而根据试验、资料或其他信息来估计，含有主观鉴别的成分。

B类评定标准不确定度是根据经验、技术资料，以及假设的概率分布估计，用标准差来表征。这些信息主要来源于：①过去的测量数据；②校准证书、检定证书、测试报告及其他证书文件；③生产厂家的技术说明书；④引用的手册、技术文件、研究论文和试验报告中给出的参考数据及不确定度值等；⑤测量仪器的特性和其他相关资料等；⑥测量者的经验与知识；⑦假设的概率分布及其数字特征。

B类不确定度评定步骤：

(1) 在信息比较欠缺的场合(在某些B类估计中)，也许只能估计不确定度的上限和下限，不得不假定每个值都以相同可能性落在上下限之间的任何地方。如果是根据经验和有关信息资料，分析判断被测量误差可能值的落入区间 $(-a, +a)$，并根据被测量值的概率分布，由要求的置信水平 p(包含概率)估计得到因子 k_p，则B类标准不确定度计算见式(4-71)。

$$u(x)=\frac{a}{k_p} \tag{4-71}$$

其中，a 为误差区间的半宽度；k_p 为置信水平 p 的因子。常用几种不同分布的包含因子 k_p、标准不确定度 $u(x_i)$ 见表4-20。

表4-20 几种常用不同分布的包含因子 k_p、标准不确定度 $u(x_i)$

分布类型	使用情况	因子 k_p 值	$u(x_i)$
正态分布	① 估计值是对随机变化过程的重复测量作出的； ② 不确定度是以标准偏差给出，未给出分布； ③ 不确定度以置信水平，区间为 $x \pm a$ 给出，未规定分布	$k_p=1, p=68\%$ $k_p=2, p=95\%$ $k_p=3, p=99\%$	a $a/2$ $a/3$
矩形分布	① 证书或其他技术规范给出了界限，或无规定置信水平； ② 估计值是以最大区间 $(-a, +a)$ 形式给出的，但没给出分布形态	$k_p=\sqrt{3}, p=100\%$	$a/\sqrt{3}$

续表 4-20

分布类型	使用情况	因子 k_p 值	$u(x_i)$
三角分布	① 所获得的有关 x 信息不仅限于矩形分布，靠近 x 的数值比接近两边界的更加可能； ② 估计值是以最大区间$(-a,+a)$形式给出的，并给出具有对称分布分布形态	$k_p=\sqrt{6}, p=100\%$	$a/\sqrt{6}$
反正弦分布		$k_p=\sqrt{2}, p=100\%$	$a/\sqrt{2}$
梯形分布，$\beta=0.71$		$k_p=2, p=100\%$	$a/2$
两点分布		$k_p=1, p=100\%$	a

包含因子 k_p 的取值决定了扩展不确定度的置信水平，等于扩展不确定度与合成标准不确定度之比，即 $k=U/u_c$；$k_p=U/u_c$。包含因子有时也称覆盖因子，一般在 2～3 之间，当 $k=2$ 时，$p=95\%$；当 $k=3$ 时，$p=99\%$。下角标 p 为置信概率，表明测量结果落在该区间有多大把握，即置信区间所需之概率。

(2) 若由先验信息给出的扩展不确定度 U 为标准差的 k 倍时的 B 类标准不确定度，计算见式(4-72)。

$$u(x)=\frac{U}{k} \quad\cdots\cdots\cdots\cdots (4\text{-}72)$$

(3) 若由先验信息给出测量结果的“置信区间”及其概率分布，计算见式(4-73)。

$$u(x)=\frac{U}{k_p} \quad\cdots\cdots\cdots\cdots (4\text{-}73)$$

U 置信区间的半宽度，k 置信水平接近 1 的包含因子。

两类不确定度不存在那一类较为可靠的问题。一般来说，A 类比 B 类较为客观，并具有统计学上的严格性。测量的独立性、是否处于统计控制状态和测量次数决定 A 类不确定度的可靠性。

3. 自由度

由于不确定度是用标准差来表征，因此，不确定度的评定质量就取决于标准差的可信赖程度。而标准差的信赖程度与自由度密切相关，自由度愈大，标准差愈可信赖。所以，自由度的大小就直接反映了不确定度的评定质量。

对于一个测量样本，自由度等于该样本数据中 n 个独立测量个数减去待求量个数。对某量 x 进行 n 次独立重复测量，用贝塞尔公式估计试验标准差的自由度为 $n-1$。按估计相对标准差来定义的自由度称为有效自由度。

在 A 类标准不确定度的评定中，自由度用来表明所得到的标准(偏)差的可靠程度。通常限制数为 1，因为至少要观测一次，而多测的 $n-1$ 次是由测量人员自由选定的，故自由度 $v=n-1$。

对于 B 类评定的不确定度，其自由度一般通过相对标准不确定度来折算(见表 4-21)。

表 4-21　相对标准不确定度与自由度的关系

相对标准不确定度	0	0.10	0.20	0.25	0.30	0.40	0.50
自由度	∞	50	12	8	6	3	2

五、A 类和 B 类不确定度的合成

当测量结果受多个因素影响而形成若干个不确定度分量时，测量结果的标准不确定度通过多个标准不确定度分量合成得到的，称为合成标准不确定度。将 A、B 类各个不确定度分量通过方差或协方差来合成新的不确定，就是 A、B 类不确定度的合成。方差是标准偏差的平方，协方差是相关性导致的方差。合成标准不确定度[见式(4-74)]仍然是标准偏差，它同样表征了测量结果的分散性。

$$u_c=\sqrt{\sum_{i=1}^{m}u_i^2+2\sum_{1\leqslant i\leqslant j}^{m}\rho_{ij}u_iu_j} \quad \cdots\cdots (4\text{-}74)$$

式中：

u_c——合成标准不确定度；

u_i——第 i 个标准不确定度分量；

m——不确定度分量的个数；

ρ_{ij}——第 i 个和第 j 个标准不确定度分量之间的相关系数；

u_j——第 j 个标准不确定度分量。

1. 扩展不确定度和包含因子

(1) 扩展不确定度

在传统场合多用合成标准不确定度来表示测量结果的分散性，在实际使用中，往往希望知道测量结果的置信区间，因此规定测量不确定度也可用由合成标准不确定度的倍数或说明了置信水准的区间的半宽度表示。为了与标准不确定度区分，用不同的表示方法表示，并称为扩展不确定度，统一规定用字母 U 表示。于是可得标准不确定度和扩展不确定度的关系见式(4-75)。

$$U=k\times u_c \quad \cdots\cdots (4\text{-}75)$$

其中，k 为包含因子(也称为覆盖因子)。扩展不确定度 U 表示具有较大置信水准区间的半宽度。

若给定的置信概率或置信水平 p，得到对应与置信水准为 p 的扩展不确定度[见式(4-76)]。

$$U_p=k_p\times u_c \quad \cdots\cdots (4\text{-}76)$$

扩展不确定度是确定测量结果区间的量，合理赋予被测量之值分布的大部分可望含于此区间。它有时也被称为范围不确定度，即被测量的值以某一可能性(即置信水平)落入该区间中，因此大多数应用情况下，推荐使用扩展不确定度。

(2) 扩展不确定度的包含因子

合成不确定度与 k 的乘积，称为扩展不确定度(U)。扩展不确定度是测量结果的取值区间的半宽度，可期望该区间包含了被测量之值分布的大部分。而测量结果的取值区间在被测量值概率分布中所包含的百分数，被称为该区间的置信概率、置信水准或置信水平，用 p

表示，$0 \leqslant p \leqslant 1$。这时扩展不确定度用符号 U_p 表示，它给出了区间能包含被测量的可能值的大部分(比如95%或99%)。

包含因子是用于与输出量估计值的合成标准不确定度相乘，为求得扩展不确定度所乘之数字因子，有时也称为覆盖因子。包含因子的取值决定了扩展不确定度的置信水平。一般当 $k=2$ 时，$p=95\%$；当 $k=3$ 时，$p=99\%$。

(3) 包含因子的确定方法

扩展不确定度表示方法中，关键是确定包含因子。常用的方法有自由度法，超越系数法，简易法。

① 自由度法：采用有效自由度 v_{eff} 计算包含因子，见式(4-77)。

$$k_p = t_p(v_{\text{eff}}) \quad \cdots\cdots (4\text{-}77)$$

p 为置信概率，t 为在该概率和有效自由度下的 t 分布表值。

当有效自由度足够大扩展不确定度近似用式(4-78)表示。

$$U_{95} = 2u_c; U_{99} = 3u_c \quad \cdots\cdots (4\text{-}78)$$

② 超越系数法：当无法获得自由度信息，而大致知道测量分布且为对称分布时，可以根据分布的四阶矩(即超越系数)来确定其包含因子。设有若干个不确定度分量，每个分量对应的分布均对称，其超越系数 u_i(可查表得到)，合成标准不确定度为 $\gamma_4^{(i)}$。合成分布的超越系数见式(4-79)。

$$\gamma_4 = \frac{\sum_i \gamma_4^{(i)} u_i^4}{u_c^4} \quad \cdots\cdots (4\text{-}79)$$

其中 γ_4 为合成标准不确定度，其他符号意义同上。计算出 γ_4 结果后，查超越系数表，得到合成分布的包含因子。

③ 简易法：不知道自由度和有关合成分布的信息，被测量值的估计区间及其置信水平。取包含因子 $k=2$ 或 3。

2. 测量不确定度的评定和报告

在进行不确定度的评定时，同样也有一定的方法和程序，它同时要求分析人员注意产生不确定度的所有可能来源，主要分析那些最大的不确定度分量，因为合成不确定的数值几乎完全取决于那些重要的不确定分量。实际上初步的分析就可快速确定不确定度的来源，但某些情况下，检测方法的性质会妨碍对测量不确定度进行严密的计量学和统计学上的有效计算，这种情况下，至少应努力找出不确定度的所有分量并做出合理评定，而且确保结果的表达方式不会对不确定度造成错觉。当完成不确定度评估后，经过有关质量控制数据验证后，这一不确定度估计值能可靠地使用于该方法所得到的结果中。

报告测量结果所需要的信息取决于其预期用途。要求结果提供足够的信息以便重新评价结果，获得多信息比少信息好。测量结果报告的基本内容：

(1) 测量不确定度用合成标准不确定度表示法

测量不确定度用合成标准不确定度表示为：合成标准不确定度 u_c＋自由度。

(2) 测量不确定度用扩展不确定度表示法

扩展不确定度(U)＝合成标准不确定度(u_c)＋自由度(v)＋包含因子(k)＋置信水平(p)

通常在报告以下测量结果时使用合成标准不确定度：

①基本参数；②基本计量学研究；③复现国际单位制单位的国际比例。

除传统用合成标准不确定度外，其他报告一般采用扩展不确定度表示测量不确定度。

（3）数字位数与数据修约规则

① 最后报告的不确定度有效位数一般不超过两位，当保留两位有效数字时，按“不为零即进位”修约；当保留一位有效数字时，按“三分之一原则”进行修约。

② 被测量的估计值的位数也要根据给出的不确定度进行相应的修约，修约后的测量结果与不确定度数值的位数对齐，多余部分按“四舍六入、逢五取偶”的原则进行舍弃截断或进位截断。

（4）测量结果的最终表示

在最终表示测量结果的场合，规范和完整的表示方式有两种：

区间半宽度表示方式：测量结果＝最佳估计值±不确定度（单位）（置信水平，自由度）

标准偏差表示方式：测量结果＝最佳估计值（单位），不确定度（单位）（包含因子——扩展不确定度）

对于某些广泛公认的检测方法，如果该方法规定了测量不确定度主要来源的极限值和计算结果的表达形式，那么在实验室遵守该检测方法和测量结果报告要求的情况下，即被视为符合要求。

六、测量结果不确定度的评定基本步骤

测量结果不确定度的评定可归纳七个步骤，如图 4-12 所示，包括下列内容：

第一步：明确被测量，说明测量方法。清楚需要测量什么、各测量值的关系（包括被测量和被测量所依赖的输入量），及对已知系统影响量的修正。

第二步：识别不确定来源。建立数学模型时，首先要找到所有影响测量不确定度的来源。除了可以根据测量原理经过理论分析得到外，还可以从测量设备（仪器的最大允许误差、分辨率、标准器具不确定度和标准物质的不确定度等）、人员（读数的分散性）、环境（温度、湿度、振动、电磁场干扰等）等方面对被测量进行全面的考虑。做到不重复、不遗漏任何较大的不确定度来源。同时还要搞清楚不确定度的适用范围，有些不确定度来源可能无法从上述分析中发现只能通过实验室间比对或采用不同的测量程序才能识别，在某些检测领域特别是化学样品分析不确定度来源不易识别和量化测量不确定度只与特定的检测方法有关。对那些比最大分量的三分之一还小的分量不必评估，除非这种分量数目较多通常只需对其估计一个上限即可，重点应放在识别并仔细评估那些重要的分量上。

第三步：建立数学模型（或称测量模型）。在测量不确定度评定中，所有的测量值均应是测量结果的最佳估计值（即对所有测量结果中系统效应的影响均应进行修正），各输出量通过函数关系来确定。

第四步：逐项评定各测量不确定度分量。测量或估计所识别的每一个潜在不确定度分量的大小，根据不确定度来源或测量性质的不同进行不确定度的 A 类评定和 B 类评定。

第五步:计算合成标准不确定度。在获得的各测量不确定度分量后,它们可能与单个来源有关,也可能与几个不确定度来源的合成影响有关。将这些不确定度分量根据有关的规则进行合成,以得到合成标准不确定度。

第六步:扩展不确定度的评定。尽管合成不确定度可以定量地表示测量结果的质量,但是在商业、工业以及涉及健康、安全等领域,需要使不确定度具有更高的置信水准,因此需将其乘以适当的包含因子得到扩展不确定度。

第七步:报告测量结果及不确定度。

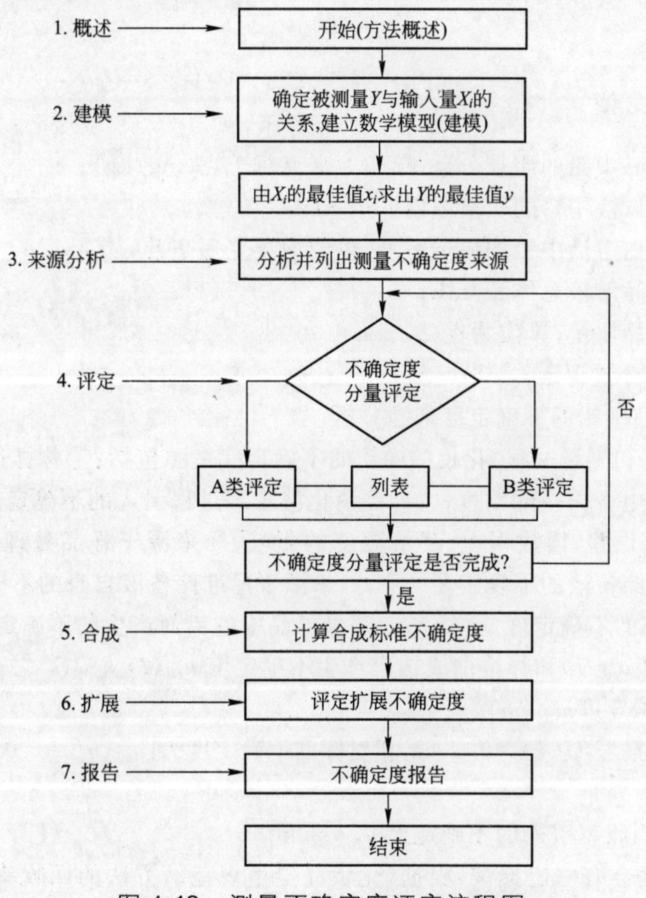

图 4-12 测量不确定度评定流程图

七、应用实例

1. 火焰原子吸收分光光度法测定化妆品中铅的不确定度评定

(1) 测量方法

用电子天平准确称取已均匀的化妆品约 1.5 g 于清洗好的聚四氟乙烯罐内,先加入 10 mL 浓硝酸(GR),再加入 10 mL 过氧化氢(AR),在水浴或加热器上预消化 1 h,盖上聚四氟乙烯罐内盖,用微波溶样系统消化。消解完毕、赶酸后,将样品移至 25 mL 容量瓶中,用纯水定容至到刻度,火焰原子吸收分光光度计测定化妆品中铅含量。

(2) 建立数学模型

通过对标准空白溶液及一系列已知浓度的标准溶液的测定,根据测得的一系列响应值,仪器自动用最小二乘线性回归法作出浓度-吸光度标准曲线[见式(4-80)、式(4-81)]。

$$A=bC+a \qquad (4\text{-}80)$$

式中:

A——吸光度;

C——浓度;

b——斜率;

a——截距。

$$\omega(\mathrm{Pb})=(C-C_o)\times V/m \qquad (4\text{-}81)$$

式中:

$\omega(\mathrm{Pb})$——样品中铅的质量分数,单位为毫克每千克(mg/kg);

C——测试液中铅的质量浓度(μg/mL);

C_o——空白溶液中铅的质量浓度,单位为微克每毫升(μg/mL);

V——样品溶液总体积/mL;

m——样品质量,单位为克(g)。

(3) 不确定度分量评定

1) 测量化妆品中铅的不确定度来源分析

根据数字模型和测量过程,化妆品中铅的不确定度来源包括:①称样过程引入的不确定度 $u_{rel}(m)$,来源于电子天平的精度;②样品消化液定容过程引入的不确定度 $u_{rel}(\mathrm{sample})$,包括定容容器的体积误差、读数误差、环境温度的影响;③来源于样品处理方法的回收率 $u_{rel}(\mathrm{spike})$;④铅标准储备液的不确定度 $u_{rel}(s)$,来源于标准储备液自身的不确定度和稀释成低含量的标准使用液的不确定度 $u_{rel}(V)$;⑤测量样品中的铅而产生的不确定度,来源于重复测量引入的不确定度 $u_{rel}(r)$ 和标准曲线拟合产生不确定度 $u_{rel}(l)$。

2) 称量的不确定度 $u_{rel}(m)$

根据天平检定报告,$U(m)=0.5$ mg,相对标准不确定度为:$u_{rel}(m)=0.000\ 5\ \mathrm{g}/1.500\ 0\ \mathrm{g}=3.33\times10^{-4}$。

3) 样品消化回收率引入的不确定度 $u_{rel}(\mathrm{spike})$

样品消化处理会有一定损失,根据《化妆品卫生规范》,方法的回收率范围为 82.7%~103.0%。回收率的不确定度按照 JJF 1059—1999《测量不确定度评定与表示》中的 5.8 计算[见式(4-82)]。

$$u_{rel}^2(\mathrm{spike})=(b_+ + b_-)^2/12 \qquad (4\text{-}82)$$

$$b_+=103.0\%-100\%=3.0\%$$

$$b_-=100\%-82.7\%=17.3\%$$

$$u_{rel}(\mathrm{spike})=0.058\ 6$$

4) 样品定容引入的不确定度 $u_{rel}(\mathrm{sample})$

根据 JJG 196《常用玻璃量器》的规定,20 ℃时,25 mL A 级容量瓶容量允差为±0.03 mL,按照矩形分布 $k=\sqrt{3}$,不确定度为 $0.03\ \mathrm{mL}/\sqrt{3}=0.017\ 3\ \mathrm{mL}$;容量瓶和溶液的温度与校正时

的温度不同(实际温差为 5 ℃),水的体积膨胀系数为 2.1×10^{-4}/℃,引起的体积不确定度为 25 mL×$2.1\times10^{-4}\times5/\sqrt{3}$=0.015 2 mL;定容时的估读误差±0.005 mL,引起的不确定度为 0.005 mL/$\sqrt{3}$=0.002 89 mL。

$$u_{rel}(\text{sample})=\frac{\sqrt{0.017\,3^2+0.015\,2^2+0.002\,89^2}}{25}=9.28\times10^{-3}$$

5) 标准溶液引入的不确定度 $u_{rel}(s)$

配备标准使用液产生的不确定度:铅标准曲线需要做 0.0、0.50、1.00、2.00、3.00、4.00 mg/L 6 个点。铅标准溶液的配制,以 1.00 mg /L 标准溶液为例:用 10 mL 移液管吸取 10 mL 铅标准储备液至 100 mL 容量瓶中,定容到刻度,得浓度为 100 mg/L 标准液;用 10 mL 移液管吸取 10 mL 标准液(100 mg /L)至 100 mL 容量瓶中,定容到刻度,得浓度为 10 mg/L 标准液,再用 1 mL 移液管吸取 1.00 mL 标准液(10mg /L)至 10 mL 容量瓶中,定容到刻度,得浓度为 1.00 mg/L 标准使用液。可用式(4-83)表示。

$$c_1=c\times\frac{V_2}{V_1}\times\frac{V_3}{V_4}\times\frac{V_5}{V_6} \quad\cdots\cdots\cdots\cdots\cdots (4\text{-}83)$$

式中:

c_1——铅标准溶液的浓度(1 mg/L);

c——铅标准储备液的浓度(1 000 mg /L);

V_2——100 mL 容量瓶的体积;

V_1——10 mL 移液管的体积;

V_3——10 mL 移液管的体积;

V_4——100 mL 容量瓶的体积;

V_5——1 mL 移液管的体积;

V_6——10 mL 容量瓶的体积。

铅标准储备液不确定度:质量浓度为 1 000 mg /L,标准物质证书给出相对不确定度为 0.2%,按正态分布 $k=2$,$u_{rel}(\text{Pb})=0.2\%/2=1.0\times10^{-3}$。

1 mL 移液管、10 mL 移液管、10 mL 容量瓶、100 mL 容量瓶的相对标准不确定度 $u_{rel}(V)$ 计算结果见表 4-22。

表 4-22 移液管、容量瓶的相对标准不确定度分量

移液管和(或)容量瓶	体积的不确定度 $u(V_1)$	估读产生的体积不确定度 $u(V_2)$	温度不同引起的体积不确定度 $u(V_3)^a$	$u_{rel}(V)^b$
1 mL 移液管	容量允差为±0.007 mL,0.007 mL/$\sqrt{3}$=4.04×10^{-3} mL	估读±0.005 mL,0.005 mL/$\sqrt{3}$=0.029 mL	1 mL×$2.1\times10^{-4}\times5/\sqrt{3}=6.1\times10^{-4}$ mL	5.01×10^{-3}
10 mL 移液管和容量瓶	容量允差为±0.02 mL,0.02 mL/$\sqrt{3}$=0.011 6 mL	估读±0.005 mL,0.005 mL/$\sqrt{3}$=0.029 mL	10 mL×$2.1\times10^{-4}\times5/\sqrt{3}=6.1\times10^{-3}$ mL	1.34×10^{-3}
100 mL 容量瓶	容量允差为±0.10 mL,0.10 mL/$\sqrt{3}$=0.058 mL	估读±0.005 mL,0.005 mL/$\sqrt{3}$=0.029 mL	100 mL×$2.1\times10^{-4}\times5/\sqrt{3}$=0.061 mL	8.42×10^{-4}

① 使用温度与校正温度不同,实际温度差取 5 ℃,水的体积膨胀系数为 2.1×10^{-4}/℃。

按照矩形分布，$k=\sqrt{3}$。

② $u_{rel}(V)=\sqrt{[u(V_1)]^2+[u(V_2)]^2+[u(V_3)]^2}/V$

$$u_{rel}(s)=\sqrt{[u_{rel}(Pb)]^2+[u_{rel}(V_1)]^2+[u_{rel}(V_2)]^2+[u_{rel}(V_3)]^2+[u_{rel}(V_4)]^2+[u_{rel}(V_5)]^2+[u_{rel}(V_6)]^2}$$
$$=\sqrt{(0.001)^2+(0.001\ 34)^2+(0.000\ 842)^2+(0.000\ 134)^2+(0.000\ 842)^2+(0.005\ 01)^2+(0.001\ 34)^2}$$
$$=5.74\times10^{-3}$$

6）标准曲线最小二乘法拟合引入的不确定度 $u_{rel}(l)$

铅标准曲线制备，配制的 6 个标准浓度，分别平行进样测定 2 次，吸光度见表 4-23。

表 4-23 标准曲线吸光度测定值

浓度 mg/L		0.0	0.50	1.00	2.00	3.00	4.00
吸光度	1	0.000 1	0.009 6	0.021 2	0.045 5	0.069 5	0.092 2
	2	0.000 1	0.009 5	0.021 1	0.045 6	0.069 6	0.092 3
平均值		0.000 1	0.009 55	0.021 15	0.045 55	0.069 55	0.092 25

计算得到 $a=-0.001\ 3$，$b=0.023\ 4$，$r=0.999\ 7$；数学模型为 $A=0.023\ 4c-0.001\ 3$。

化妆品铅重复测定数据见表 4-24（$n=12$），试剂空白吸光度为 0.002、0.003，铅浓度为 0.141、0.183 mg/L，平均值为 0.162 mg/L。

表 4-24 化妆品样品测定结果($n=12$)

A	0.052	0.049	0.051	0.051	0.049	0.052	0.052	0.050	0.048	0.050	0.052	0.050
c mg/L	2.19	2.05	2.12	2.12	2.03	2.15	2.15	2.09	2.02	2.09	2.15	2.09

样品铅平均浓度 $c_0'=2.104$ mg/L，吸光度平均值 $\overline{A}=0.050\ 5$。化妆品铅含量计算：

$$\omega(Pb)=(2.104-0.162)\times25/1.500\ 0=32.7(mg/kg)$$

根据标准曲线浓度与吸光度计算拟合引入的不确定度见表 4-25。

表 4-25 标准曲线浓度与吸光度

标准溶液浓度 mg/L	A_j	$0.023\ 4c-0.001\ 3$	$[A_j-(0.023\ 4c-0.001\ 3)]^2$
0.0	0.000 1	−0.001 3	1.96×10^{-6}
0.0	0.000 1	−0.001 3	1.96×10^{-6}
0.50	0.009 6	0.010 4	6.4×10^{-7}
0.50	0.009 5	0.010 4	8.1×10^{-7}
1.00	0.021 2	0.022 1	8.1×10^{-7}
1.00	0.021 1	0.022 1	1.0×10^{-6}
2.00	0.045 5	0.045 5	0

续表 4-25

标准溶液浓度 mg/L	A_j	0.023 4c−0.001 3	$[A_j-(0.023\,4c-0.001\,3)]^2$
2.00	0.045 6	0.045 5	1.0×10^{-8}
3.00	0.069 5	0.068 9	3.6×10^{-7}
3.00	0.069 6	0.068 9	4.9×10^{-7}
4.00	0.092 2	0.092 3	1.0×10^{-8}
4.00	0.092 3	0.092 3	0

标准溶液平均浓度 $\bar{c}=1.75$ mg/L，$\sum_{j=1}^{n}[A_j-(0.023\,4c_j-0.001\,3)]^2=8.05\times10^{-6}$。

$u_{\mathrm{rel}}(l)$计算公式见式(4-84)

$$u_{\mathrm{rel}}(l)=\frac{S}{bc_0'}\sqrt{\frac{1}{p}+\frac{1}{n}+\frac{(c_0'-\bar{c})^2}{S_{xx}}} \quad\cdots\cdots\cdots\cdots\cdots\cdots (4\text{-}84)$$

$$=\frac{8.97\times10^{-4}}{2.104\times0.023\,4}\sqrt{\frac{1}{12}+\frac{1}{12}+\frac{(2.104-1.75)^2}{23.75}}=0.007\,6$$

残差标准偏差 S 计算公式为式(4-85)：

$$S=\sqrt{\frac{\sum_{j=1}^{n}[A_j-(bc_j+a)]^2}{n-2}} \quad\cdots\cdots\cdots\cdots\cdots\cdots\cdots\cdots\cdots\cdots (4\text{-}85)$$

$$=\sqrt{\frac{0.000\,008\,05}{12-2}}=8.97\times10^{-4}$$

$$S_{xx}=\sum_{j=1}^{n}(c_j-\bar{c})^2=23.75$$

式中：

n——测试标准溶液的次数，$n=12$；

p——测试样品的次数，$p=12$；

$\bar{c}$——各个标准溶液浓度的平均值，$\bar{c}=1.75$ mg/L；

c_0'——样品浓度的平均值，$c_0'=2.104$ mg/L；

b——标准曲线斜率，$b=0.023\,4$；

i——下标，第几个校准溶液；

j——下标，获得校准曲线的测量次数。

7）重复测量引入的不确定度(A 类不确定度)$u_{\mathrm{rel}}(c_i)$

单次测量的标准不确定度：$S(c_i)=\sqrt{\frac{1}{n-1}\sum_{i=1}^{n}(c_i-c_0')^2}=5.25\times10^{-2}$

则相对标准不确定度为：$u_{rel}(c_i)=S(c_i)/c_0'=5.25\times10^{-2}/2.104=2.49\times10^{-2}$

(4) 计算合成相对标准不确定度

各个不确定度分量计算值和所占总量的比例见表4-26。样品重复测量和方法的回收率引入的不确定度是不确定度的主要来源。

表4-26 化妆品中铅测定相对不确定度分量评定结果

序号	来源	符号	数值
1	样品称量	$u_{rel}(m)$	0.000 333
2	样品消化回收率	$u_{rel}(spike)$	0.058 6
3	样品定容	$u_{rel}(sample)$	0.009 28
4	标准溶液	$u_{rel}(s)$	0.005 74
5	标准曲线	$u_{rel}(l)$	0.007 6
6	重复性	$u_{rel}(c_i)$	0.024 9

合成相对标准不确定度：

$$u_{c,rel}=\sqrt{[u_{rel}(m)]^2+[u_{rel}(spike)]^2+[u_{rel}(c_i)]^2+[u_{rel}(sample)]^2+[u_{rel}(s)]^2+[u_{rel}(l)]^2}=0.065$$

(5) 扩展不确定度

合成标准不确定度：$u_c=u_{c,rel}\times\omega(Pb)=0.065\times32.7(mg/kg)=2.13\ mg/kg$。在95%置信水平下，包含因子取$k=2$，则扩展不确定度为：$U=k\times u_c=4.26\ mg/kg$。

(6) 结果报告

测定结果：32.7 mg/kg±4.26 mg/kg。

2. 原子荧光法测定水中汞的测量不确定度评定

(1) 测量方法

依据GB/T 5750.6—2006《生活饮用水标准检验方法》中的原子荧光法，通过对一系列已知浓度的汞标准溶液的测定，根据检测的荧光响应值，仪器自动用最小二乘线性回归法生成浓度-荧光强度标准曲线。

在相同的实验条件下，直接测定水样中的汞含量，仪器自动从标准曲线上计算与被测溶液荧光强度相应的浓度。

(2) 建立数学模型

原子荧光光度计利用校准曲线直接计算样品中汞的浓度，水中汞含量c(μg/L)可表示为式(4-86)。

$$c=x \quad\cdots\cdots\quad (4\text{-}86)$$

式中：

c——水样中汞元素含量，单位为微克每升(μg/L)；

x——仪器自动以标准曲线计算的被测溶液中汞含量，单位为微克每升(μg/L)；

曲线拟合回归方程(式4-87)：

$$y=a+bx \quad\cdots\cdots\quad (4\text{-}87)$$

式中：

y——荧光强度；

a——标准曲线的截距；

b——标准曲线的斜率。

水样中汞浓度的相对标准不确定度评定可以式(4-88)表示。

$$u_{\text{rel}}(c)=\frac{u_c(c)}{c}=\sqrt{\left[\frac{u_1(c)}{c}\right]^2+\left[\frac{u(c_{\text{Hg}})}{c_{\text{Hg}}}\right]^2+\left[\frac{u(V)}{V}\right]^2+\left[\frac{u_2(c)}{c}\right]^2} \quad \cdots\cdots (4\text{-}88)$$

式中：

$u_{\text{rel}}(c)$——水样中汞的相对标准不确定度；

$u_c(c)$——水样中汞的不确定度；

$u_1(c)$——工作曲线拟合引入的不确定度；

$u(c_{\text{Hg}})$——汞标准储备溶液引入的不确定度；

$u(V)$——将储备溶液稀释至使用溶液引入的不确定度；

$u_2(c)$——样品测量重复性引入的不确定度。

(3) 不确定度分量的来源分析

采用原子荧光光度法测定水样中汞的不确定度主要来自汞标准溶液、将储备溶液稀释为使用液、工作曲线拟合、样品测量重复性等环节引入的不确定度。

(4) 不确定度分量的测定

1) 重复测量引入的标准不确定度 $u_2(c)$(A类)

对水样中的汞进行8次重复测定结果见表4-27。

表4-27　水样中汞含量测定结果

测定序号	荧光强度值 y'	测定值 x' μg/L
1	592.85	8.350
2	593.17	8.354
3	592.16	8.340
4	592.55	8.346
5	593.55	8.359
6	592.72	8.348
7	592.65	8.347
8	593.62	8.360
$\bar{x}'$	8.350	

标准差：$S=\sqrt{\sum(x_i-x)^2}/\sqrt{n-1}=0.006\ 8$

则标准不确定度为：

$$\frac{u_2(c)}{c}=\frac{s}{\bar{x}'}=\frac{0.006\ 8}{8.350}=0.000\ 814$$

2）汞标准储备溶液引入的不确定度 $u(c_{Hg})$

已知汞标准储备液(GS B07—1274—2000)质量浓度为 100 mg/L，相对扩展不确定度为 0.3%，按矩形分布，$k=2$ 计算，则相对标准不确定度为：

$$\frac{u(c_{Hg})}{c_{Hg}}=0.3\%/2=0.001\ 5$$

3）将标准溶液稀释至使用液引入的不确定度 $u(V)$

① 1.00 mL 无刻度移液管引入的不确定度分量

包括三个部分。a)移液管体积刻度引入的不确定度。根据 JJG 196—2006《常用玻璃量器检定规程》，1.00 mL 移液管的容量允差为±0.007 mL，按矩形分布，$k=\sqrt{3}$，相对标准不确定度为：

$$\frac{0.007\ \text{mL}}{\sqrt{3}}=0.004\ 04\ \text{mL}$$

b）充满液体至移液管刻度的估读误差为±0.005 mL，按矩形分布，相对标准不确定度为：

$$\frac{0.005\ \text{mL}}{\sqrt{3}}=0.002\ 9\ \text{mL}$$

c）溶液温度变化引起体积的改变引入的不确定度，校准温度与使用温度不同，温度的变化 5 ℃，水体膨胀系数为 2.10×10^{-4}/℃，则 1.00 mL 移液管量取的体积变化为：1.00 mL×2.10×10^{-4}/℃×5 ℃=0.001 05 mL，按矩形分布，相对标准不确定度为：

$$\frac{0.001\ 05\ \text{mL}}{\sqrt{3}}=0.000\ 606\ \text{mL}$$

以上三项合成得出 1.00 mL 无刻度移液管引入的相对标准不确定度：

$$\frac{u(V_1)}{V_1}=\frac{\sqrt{0.004\ 04^2+0.002\ 9^2+0.000\ 606^2}\ \text{mL}}{1.00\ \text{mL}}=0.005\ 0$$

100 mL 容量瓶引入的不确定度分量：容量允差为±0.10 mL，0.10 mL/$\sqrt{3}$=0.058 mL；估读误差±0.005 mL，0.005 mL/$\sqrt{3}$=0.029 mL；温度的变化引入的误差 100 mL×$2.1\times10^{-4}\times5/\sqrt{3}$=0.061 mL。相对标准不确定度：

$$\frac{u(V_2)}{V_2}=\frac{\sqrt{0.058^2+0.002\ 9^2+0.061^2}\ \text{mL}}{100\ \text{mL}}=0.000\ 84$$

② 储备溶液稀释至使用液经两次稀释过程，引入的不确定度计算

100 mg/L 储备稀释成 1 mg/L 中间储备液引入的相对标准不确定度为：

$$\frac{u(f_1)}{f_1}=\sqrt{\left[\frac{u(V_1)}{V_1}\right]^2+\left[\frac{u(V_2)}{V_2}\right]^2}=\sqrt{0.005\ 0^2+0.000\ 84^2}=0.005\ 1$$

1 mg/L 中间储备液稀释成 0.10 mg/L 中间液引入的相对标准不确定度为：

$$\frac{u(f_2)}{f_2}=\sqrt{\left[\frac{u(V_1)}{V_1}\right]^2+\left[\frac{u(V_2)}{V_2}\right]^2}=\sqrt{0.005\ 0^2+0.000\ 84^2}=0.005\ 1$$

二次稀释过程引入的相对标准不确定度为：

$$\frac{u(V)}{V}=\sqrt{\left[\frac{u(f_1)}{f_1}\right]^2+\left[\frac{u(f_2)}{f_2}\right]^2}=\sqrt{0.0051^2+0.0051^2}=0.0072$$

4）工作曲线拟合引入的不确定度

原子荧光光度法测定水中汞，标准系列浓度测定结果见表 4-28。

表 4-28 汞工作曲线测定结果

质量浓度值(x) μg/L	荧光强度 y_j	$74.621x-30.203$	$[y_j-(74.621x-30.203)]^2$
0	7.3	−30.20	1 406.48
1.00	36.55	44.42	61.91
2.00	104.65	119.04	207.04
8.00	556.07	566.77	114.38
12.00	859.37	865.25	34.56
16.00	1 150.2	1 163.73	183.14
20.00	1 454.7	1 462.22	56.51
25.00	1 857.7	1 835.32	500.77

仪器自动给出：$a=74.621$；$b=-30.203$；$r=1.0000$。数学模型为：$c=x$，$y=74.621x-30.203$。根据贝塞尔公式，将上述相关数据带入其中计算试验剩余标准差：

$$S=\sqrt{\frac{\sum_{j=1}^{n}[y_j-(ax_j+b)]^2}{n-2}}=20.68$$

标准曲线引入的相对标准不确定度：

$$\frac{u_1(c)}{c}=\frac{S}{\bar{x}'b}\sqrt{\frac{1}{p}+\frac{1}{n}+\frac{(\bar{x}'-\bar{x})^2}{\sum_{j=1}^{n}(x_j-\bar{x})^2}}=\frac{20.68}{10.50\times 74.621}\sqrt{\frac{1}{8}+\frac{1}{8}+\frac{(8.35-10.5)^2}{612.0}}$$

$$=0.0134$$

式中：

n——测量标准溶液的次数，$n=8$；

p——实际测量时测定样品的次数，$p=8$；

$\bar{x}$——标准溶液浓度的平均值，$\bar{x}=10.50$ μg/L；

$\bar{x}'$——测定水样中汞浓度的平均值，$\bar{x}'=8.350$ μg/L；

b——工作曲线的斜率，$b=74.621$。

(5) 合成不确定度

不确定度分量汇总见表 4-29。

表4-29 不确定度分量一览表

不确定度分量	不确定度来源	量值	相对标准不确定度 u_{rel}
$u(c_{Hg})$	汞标准储备液	100 mg/L	0.001 5
$u(V)$	标准溶液稀释	—	0.007 2
$u_1(c)$	工作曲线拟合	0 μg/L～25 μg/L	0.0134
$u_2(c)$	样品测量重复性	8.350 μg/L	0.000 814

合成相对标准不确定度为：

$$u_{rel}(c)=\sqrt{u_{1\,rel}^2(c)+u_{rel}^2(\mathrm{Hg})+u_{rel}^2(V)+u_{2\,rel}^{\,2}(c)}$$
$$=\sqrt{0.013\,4^2+0.001\,5^2+0.007\,2^2+0.000\,814^2}=0.015\,3$$

则合成标准不确定度为：

$$u_c(c)=0.015\,3\times 8.350\ \mu g/L=0.128\ \mu g/L$$

(6) 测量不确定度报告

在95%置信水平下，包含因子取 $k=2$，则扩展不确定度为：$U=u_c(c)\times k=0.26\ \mu g/L$

则水中汞的测量结果表示为：8.35 μg/L±0.26 μg/L。

参考文献

[1] 刘世纯，戴文风，张德胜. 分析化验工. 北京：化学工业出版社，2005.

[2] 马聪，谭海玲，刘礼平，等. 副溶血性弧菌鉴定能力样品的制备. 中国食品卫生杂志，2011，23(6)：515-519.

[3] 彭少华，李艳，李从荣. 细菌感染实验诊断与分析. 北京：人民军医出版社，2006，4.

[4] 卢行安，曹志军，郑江. 食品微生物学能力验证菌落总数样品及其制备方法. 专利申请号：200510046537.2.

[5] 常金梅，蔡芷荷，吴清平，等. 菌种冷冻干燥保藏的影响因素. 微生物学通报，2008，35(6)：959-962.

[6] 蒋子刚，顾雪梅. 分析检验的质量保证和计量认证. 上海：华东理工大学出版社，1998：168-180.

[7] GB/T 15000.3—2008 标准样品工作导则第3部分：标准样品 定值的一般原则和统计方法

[8] 焦红，庞国芳，等. 食品化学实验室质量控制国际指南. 北京：科学出版社，2011.

[9] 承忠. 实验室间比对的能力验证及稳健统计技术. 理化检验 物理分册，2004，40(10)：533-538.

[10] VAN DER VEEN，A. M. H.，PAUWELS，J.. Uncertainty calculations in the certification of reference materials. 1-Principles of analysis of variance. Accreditation and Quality Assurance，2000(5)：464-469.

[11] THLEN D W. Statistical treatment of proficiency testing data. Accred Qual Assur，

1998(3):362-366.

[12] ISO Guide 43:1997 Proficiency testing by interlaboratory comparisons

[13] ÖRNEMARK U,BOLEY N,SAEED K,et al. Proficiency testing in analytical chemistry, microbiology,and laboratory medicine-working group discussions on current status,problems,and future directions. Accred Qual Assur,2001(6):140-146.

[14] WOOD R, THOMPSON M. Proficiency testing in analytical laboratories: how to make it work. Accred Qual Assur,1996(1):49-56.

[15] NORMAN G R,STREINER D L. 生物统计学基础. 北京:人民卫生出版社,2010.

[16] CNAS-GL02:2006 能力验证结果的统计处理和能力评价指南

[17] DIN ISO 13528:2009-01 Statistical methods for use in proficiency testing by interlaboratory comparisons

[18] 封跃鹏. 稳健统计技术及其在实验室能力验证数据处理中的应用. 化学分析计量, 2007,16(2):55-57.

[19] GAUNT W,WHETTON M. Regular participation in proficiency testing provides long term improvements in laboratory performance:an assessment of data over time. Accred Qual Assur,2009(14):449-454.

[20] THOMPSON M,ELLISON L R. Fitness for purpose-the integrating theme of the revised harmonised protocol for proficiency testing in analytical chemistry laboratories. Accred Qual Assur,2006(11):373-378.

[21] PRAPASRI P,KUNCHIT J,NARUEMOL P. Development of rice reference material and its use for evaluation of analytical performance of food analysis laboratories. Journal of Food Composition and Analysis,2009(22):453-462.

[22] BREIDBACH A,BOUTEN K,KRÖGER K,et al. Capabilities of laboratories to determine melamine in food-results of an international proficiency test. Anal Bioanal Chem,2010(396):503-510.

[23] KEY P E,FINGLAS P M,WOOD R,et al. An international quality assurance(proficiency testing) scheme for the quantitated determination of daidzein, genistein and glycitein in infant formula. Food Chemistry,2008(108):384-393.

[24] YOMOTA C,MATSUDA R,ARAKI E,et al. Results of the 1st to the 4 th Proficiency Testing on Food Analysis. Bunsekikagaku,2009,58(11):963-970.

[25] WONG S K. A comparison of performance statistics for proficiency testing programmes. Accred Qual Assur. ,2007(12):59-66.

[26] WAHEED S,SIDDIQUE N,ARIF M,et al. Findings of national proficiency test exercise for the determination of trace elements in edible mushroom reference material. Journal of Radioanalytical and Nuclear Chemistry,2008,277(3):539-548.

[27] THOMPSON M,MATHIESON K,DAMANT A P,et al. A general model for interlaboratory precision accounts for statistics from proficiency testing in food analysis. Accred Qual Assur. ,2008(13):223-230.

[28] 刁娟. 基于 Matlab 和 Excel 在能力验证中应用的分析与探讨. 工业计量,2011,21(1):17-20.

[29] 秦晓光. 室内质控的主要工具——质量控制图. 中华检验医学杂志,2003,26(11):710-712.

[30] 熊薇,葛宇. Youden 图在实验室能力验证中的应用及绘制方法. 计量技术,2008(4):63-69.

[31] ISO/IEC 17025:2005 General requirements for the competence of calibration and testing laboratories

[32] 中国实验室国家认可委员会. 分析化学中不确定度的评估指南. 北京:中国计量出版社,2002.

[33] ISABEL T,BOCHSTAELE E V,LOOSE M D. Trendsin qualityinthe analytical laboratory. Traceability and measurement uncertainty of analytical results. Trends Anal Chem,2004,23(7):480-490.

[34] JJF 1059—1999 测量不确定度评定与表示

第五章 

能力验证的组织与参加

能力验证是一个活动过程，可归纳为组织策划、计划实施和结果评价三个阶段。为了搞好组织策划工作并利于计划的后续实施和成功运作，国际计量组织、国际标准化组织和国际实验室认可组织制定了一系列规范和操作指南。这些文件有 ILAC G13《能力验证提供者能力要求指南》、ISO/IEC 指南 43-1《利用实验室间比对的能力验证　第 1 部分：能力验证计划的建立和运作》(GB/T 15483.1)、ISO 13528：2006《利用实验室间比对的能力验证中所用的统计方法》、CANS-GL03：2006《能力验证样品均匀性和稳定性评价指南》、CNAS-RL02《能力验证规则》、CNAS-WI21-01《能力验证组织和运作工作指导书》、CNAS-PD21《能力验证工作程序》等。本章根据这些规范要求，结合能力计划的具体情况构想每个阶段的内容，组织策划方面介绍了能力验证计划策划和组织的总体要求；组织实施方面则对如何有效组织计划作了简要描述；在整个能力验证活动中，样品制备是关键，样品质量的优劣直接影响到计划的成功与否，因此按专业详细介绍样品制备的关键技术、试验设计、样品制备条件的优化，以及样品质量、样品均匀性和稳定性的要求及检验方法等内容；结果评价和处置简单介绍了能力验证计划结果评价的通用要求，不同评价方法的结果比较，国家认证认可监督管理委员会对能力验证不满意结果的处理等。此外，本章还对如何参加能力计划作了扼要说明，便于参加者了解。

第一节　组织策划与实施

能力验证活动是一项系统性、专业性、技术性强的研究工作，涉及计划的组织者、实施者、参加实验室以及计划审批主管部门等。组织实施能力验证计划包括下列步骤：立项申请、立项论证、编制立项论证报告书、项目审批、组织、设计和实施能力验证计划、样品设计与制备、组织协调、样品发送、结果反馈、测量数据处理、能力评定、结果报告、技术分析、纠正措施、确认等。过程质量控制贯穿计划实施的每个环节，典型的能力验证计划质量控制流程见图 5-1。

一、能力验证计划的组织策划

我国实验室间比对和能力验证计划的提出主要有两种方式：一种是由计量行政管理部门或国家合格评定认可委员会提出，并委托技术过硬的单位实施。在量值统一领域，一般由国家计量测试中心执行；在实验室认可方面，则由国家认证认可监督管理委员会认可的能力验证提供者组织实施。另一种方式由技术领先的单位立项申报，由上述管理机构批准。

能力验证提供者在项目立项申请书中应说明市场对申请立项的需求情况，包括计划涉及的行业范围、技术指标，预计实施时间表，预期的特性量有哪些，计划实施的社会效益如何，计划实施途径及其可行性分析，潜在不确定影响因素分析等。还应说明立项理由和目的、本单位具有的专业技术人员状况、样品制备条件、试验测试条件，以及本单位该项目的技术在国内或国际同行中的水平。一般要求能力验证提供者对实施的项目具有较高的技术水平。

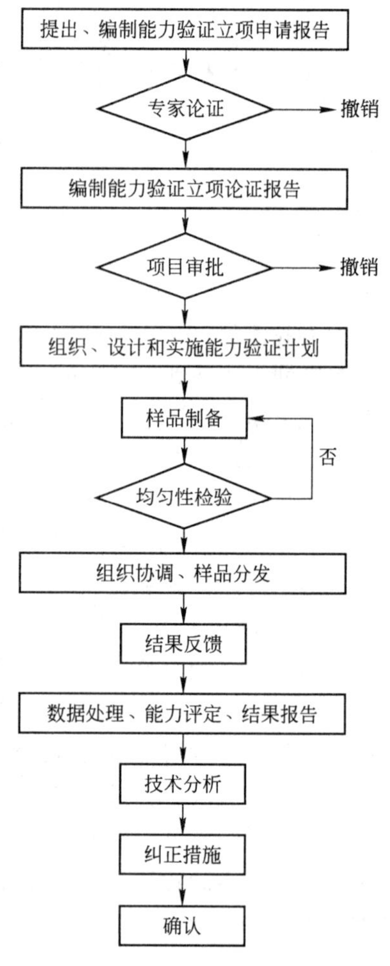

图 5-1　能力验证计划质量控制流程图

1. 能力验证计划策划的总体要求

任何能力验证计划的策划阶段都要求配备技术专家、统计学专家、计划协调人，确保制定周密的计划和计划成功运作。通过专家商议，协调人制定适用于某项具体能力验证的计划。制定计划应明确目标，详细考虑实施过程可能遇到的各种因素，所订具体方案应达成一致并文件化。一般应包括下列信息：①组织者的名称和地址（包括负责人、联络人及电话）；②协调者以及参与设计和实施验证计划的机构名称、专家姓名、地址和电话；③验证计划的性质和目的；④选择参加方法的程序，或适当时允许参加所需满足的准则；⑤参加计划（或参加部分计划，如抽样、样品处置、均匀性检验、稳定性检验和赋值等）的实验室名称和地址，以及期望参加者的数量；⑥获取、处置、校核和运送检测物品的说明；⑦所选检测物品的性质和检测性质，以及如何考虑作出这些选择的简要说明；⑧通知阶段提供给参加者的信息的说明，以及能力验证各阶段日程安排的说明；⑨能力验证计划预期的起始日期和目标日期或终止日期，包括参加者进行测试的日期；⑩对持续进行的能力验证计划，其分发检测物品的频次；⑪参加者进行检测或测量可能需要采用的方法或程序的信息；⑫所用统计分析的概述，包括指定值的确定和离群值的探测技术；⑬返回给参加者的数据或信息的说明；⑭能力评价技术的依据；⑮对检测结果和根据能力验证结果所作结论的公开程度的说明。

为了搞好策划并利于后续的实施，能力验证提供者应熟悉国家的指导性文件，包括国家质量监督检验检疫总局颁布的《国内计量基准、标准比对管理规范》，及中国合格评定国家认可委员会（CNAS）颁布的《能力验证组织和运作指导书》、《能力验证结果的统计处理和能力评价指南》、《能力验证样品均匀性和稳定性评价指南》等。建立能力验证计划运作质量体系或质量管理手册，手册内容包括一些政策和程序的概述，以及计划的质量要求和技术保障等，以获得参加者和参加者中数据使用者的信任。质量文件应包括下列条款：①质量方针；②协调机构的组织；③人员的培训和资格；④人员的职责；⑤文件控制；⑥审核和评审程序；

⑦能力验证计划的目标、范围、统计和格式;⑧运行程序,所有活动计划和运作程序都应规范化、文件化,这些文件可被列入质量手册,并满足 GB/T 15481、ISO/IEC 指南 43-1:1997 和 GB/T 1900。系列质量管理和技术能力的要求。运作程序包含样品制备、样品均匀性和稳定性检验、建立指定值程序、供方和分包方、后勤、数据分析等。

2. 计划的组织

通常要求组织者是国内外权威机构、行业龙头或该领域的技术领先者。一般能力验证机构由组织机构(如 CNAL)、实施机构(如 CNAL 下属的某专业能力验证工作组)、项目负责人、技术专家组成员、统计专家组成员、计划联系人等组成。具备制定能力验证计划的能力、掌握能力验证数据统计技术,具有一定管理职能的机构和具有能力验证计划提供者资格的实验室,在分析测试领域具有较高的检测技术能力和丰富的经验。能力验证计划提供者的资质和能力应满足 ILAC-G13:2000《ILAC 对能力验证计划提供者能力的要求》或 CNAL-AC04:2003《能力验证计划提供者认可准则》的要求,并得到权威认可机构(如 CNAL)的认可。参与制定计划的人员在实验室间比对设计、实施和报告等方面应具有足够的资格和经验。这些资格和经验应当包括适当的技术技能、统计技能和管理技能。协调者需要列出一个或多个适当人选组成的顾问小组,这些人选可以从诸如专业机构、签约实验室、计划参与者或数据的最终使用者中选取。顾问小组的作用有多方面,包括制定和评审能力验证计划在策划、执行、分析、报告和效果方面的程序。评价参加实验室的能力验证结果,并将能力验证计划所获结果与实验室能力评价结合分析形成验证报告,向评审实验室技术能力的机构提供建议。顾问小组还应解决参加实验室在检测过程中遇到的疑难问题,解决协调者和参加者之间的争议,自始至终对计划执行情况的评估。

CNAS T0513 能力验证计划由国家合格评定认可委员会组织,卫生部化妆品卫生许可检验机构广东省疾病预防控制中心负责实施。实施机构具有二十多年化妆品检验的丰富经验,化妆品检测技术处于国内前列,为计划的顺利开展提供技术保障,由具有十年质量控制工作经历、经验丰富、资深的正高级专业技术专家担任项目负责人,对能力验证计划的组织、策划、实施和运作非常娴熟、运筹帷幄。5 位正高级专业技术人员和 3 位中级技术人员组成专家小组,还有相应的统计专家、计划联系人和协助工作人员等。负责人合理调配专业人员,各司其职,保证能力验证计划按设计方案有条不紊地进行,高质量组织实施计划,取得圆满成功。

3. 计划的策划

组织实施者应根据实施的目的要求,配备技术专家、统计专家及协调者进行能力验证计划的设计。设计内容包括制定一项或多项测试项目、检测物品制备、结果统计、确定方法程序等。

(1) 统计设计

所采用的统计模式和数据分析技术应文件化,并对选用它们的背景材料作简要说明。对能力验证计划进行适当的统计设计至关重要。内容涉及检测的精密度和准确度,在要求的置信水平下检出参加实验室之间的最小差异,参加实验室的数量,待测样品数目和对每个样品重复检测的次数,估计指定值的使用程序,离群值的识别方法、报告所包含的信息等。

（2）检测物品的制备要求

由协调者（能力验证提供者）承担检测物品的设计和制备，样品制备也可以外包，但需对外包机构是否具备制备均匀并稳定的检测物品的能力和资质加以考核和确认。任何与检测物品有关的、可能影响实验室间比对完好性的条件，诸如均匀性、稳定性、抽样、在流转运输中可能损坏以及周围环境条件的影响等因素在策划和设计中应予充分考虑。能力验证样品设计还应充分考虑以下因素：①样品必须与常规分析中物质的类型、基质成分和浓度范围等大致相同。即检测样品的基质尽可能与实际样品接近、被测物的浓度水平一般以国家标准或行业标准或规范规定的限值为基础。②样品数量必须充分满足分析的要求，包括计划中要求重复分析的要求。必要时，除了能力验证计划所需要的检测样品外，还可以考虑制备额外数量的样品，在能力验证结果公布后，参加实验室可将剩余检测样品作为实验室的内质控标准物质。如英国能力验证提供者FAPAS实施的能力验证计划，通常提供测试要求数量的几倍量样品，参加实验室可以将这些剩余的样品用于日常检测质量控制。③考虑测试样品存在的潜在安全风险，并采取适当的措施将其告知测试样品分发者、检测实验室和检测人员。一方面，样品的运输必须满足国家法律法规的要求，含有某些高危特性的样品可能属于法律法规禁止运输的材料。另一方面，应充分考虑到运输环境条件对能力验证样品特征值的影响，某些特性值可能会因运输环境的变化导致能力验证计划无法实施。④样品稳定性分析评价时，需要规定一个日期，分析必须在该日期前完成。⑤被测物在样品基质中和放置过程中必须稳定存在，保证测试样品的均匀性和稳定性。

能力验证样品可以设计成单样品或双样品（在卫生微生物领域，称为混合样品），单样品指只设计一个样品，每个实验室通过测试一个样品的量值来评价检测能力。双样品是指成对样品出现，两个样品的特性或材料组分是等同的或存在细微的差别，前者称之为均匀对，后者称之为分散对或分割对，每个实验室同时测定两个样品，这时各实验室得到的是结果对。分割对检测样品设计要求两个样品的被测量值相近、但又不相同，实验室采用相同的检测条件测定其量值。为增加微生物鉴定能力验证项目的难度，组织方除在样品中添加目标菌外，通常还将制备含有一定量干扰菌与目标菌的混合样品。分割水平检测样品已成为国际上主要实验室认可机构常用的实验室间检测能力验证方法。分割水平样品检测既可以客观地评价参加实验室结果与计划指定值的偏离情况、实验室存在的系统误差，也可以客观地评价参加实验室在被测量水平下数据分散情况，即实验室随机误差，还避免了用同一检测样品作重复测量，或在同一轮能力验证中，包含两个完全一致的检测样品所伴随的问题。由于样品对浓度差一般控制在20%～30%，因此组织者应考虑采用的测试方法的精密度是否满足要求，参加实验室的技术水平能否达到要求，否则，测试结果难以实现预期目标。

（3）检测物品的管理

能力验证提供者或协调者应对检测物品的抽取、随机化、运送、接收、识别、标签、储存和处置等过程应文件化，还应制定用于检验检测物品均匀性和稳定性的程序文件。而且在分发给参加实验室之前应作均匀性检验，以确认检测物品是均匀的，样品间的差异不会对参加实验室的结果评价产生影响。同时也应确保整个能力验证实施过程中，检测物品充分稳定，不会产生显著变化，在稳定性检验规定的时间间隔进行稳定性检验，以确认所提供的检测物品是稳定的。计划分发的检测物品或材料，在性质上通常应与参加实验室的日常检测物品或材料相类似。还应注意，检测物品可能造成的危险，并采取适当的措施，告知可能遇到潜在危险风险的有关人员和部门，如检测物品分发者、检测实验室等。

(4) 预防串通措施

在一轮能力验证，一些参加实验室会怀疑他们的测试结果，尝试从其他参加实验室那里获得能力验证样品测试结果信息，并作为自己实验室检测结果的修正值或上报结果，这种行为叫做“串通”。更加糟糕的是少数参加实验室可能没有做任何的检测就报告结果，这种行为叫做“串改”。对于参加实验室来说，通过获得满意结果以证明其检测能力符合管理部门、认可组织、顾客的相关要求等。实验室参加能力验证应作为检验实验室检测能力和质量体系是否有效运行的一种手段。而不应把能力验证的结果作为考核和留用试验人员的重要依据，给试验人员造成巨大的心理压力。在对自己结果缺乏信心的情况下，他们宁愿与其他结果窜通或伪造结果。如果发生串通，能力验证的指定值和标准偏差均产生偏离，造成一些检测结果准确的实验室被误判，而客户、管理部门、认可组织也受到欺骗。

预防试验结果串通的技术措施有多种，这些方法配合使用，可以达到更好的效果，如利用随机分发样品设计、采用有证标准样品比对、要求实验室提供详细的检测原始记录、光谱、色谱图等。参加实验室进行随机编码，同一区域的实验室代码不能相连，从技术层面防止实验室结果串通。根据参加实验室数量，分成多个组，每组分派不同浓度的考核样品，以减少试验结果的串通，但相应地带来样品制作成本的增加，因此，分组数应适当、每组数据量满足统计要求，并使样品制备不会带来较大的成本增加为宜。

能力验证结果评价，往往采用参加实验室结果的中位数和标准四分位数计算各实验室的 Z 值，这种稳健统计法不能消除试验结果串通造成对评价结果的影响。如果实验室结果出现明显串通，稳健统计法的评价结果出现失真。采用专业实验室确定公议值和目标标准差，并作为参加实验室检测结果的评价参数值，能正确地评价实验室的结果，反映参加实验室的真实检测能力。必要时，将数据分组统计，以减小串通对评价结果造成的影响。从样品设计和统计方法选择两方面结合能较好地挫败串通，但给实施机构平添了很多工作量，结果统计比较繁琐，也不能从根本上杜绝结果串通现象。

实验室认可委、能力验证实施者应有效组织能力验证计划，加强教育宣传，采取必要的措施杜绝参加实验室测试结果串通现象。在能力计划中申明串通行为是禁止的，要求参加实验室签定协议，上报结果是真实检测值，不存在虚假；加强教育使实验室认识到，利用能力验证结果检验实验室检测能力是否维持或存在不符合项，以提高实验室能力、提升服务质量。通过教育，使参加实验室自觉遵守能力验证规则。

(5) 方法或程序的选择

一般参加者所选用的方法应与日常使用的程序一致，如果参加者自由选择所用的方法时，协调者应要求参加者提供所用方法的细节，以便利用参加者的结果进行比对时加以考虑，并对该方法进行评议。然而在某些情况下，能力验证提供者可以指示参加者采用指定的方法，这些方法往往是国家或国际上采纳的标准方法，并已通过适当程序(如协作试验)所确认。在这种情况下，参加者均采用同一种方法，所有参加者的结果更具有可比性，有利于对其能力进行评价。

(6) 数据处理设备

能力验证活动中,无论使用什么设备,都应能输入所有必要的数据、进行统计分析以及提供及时和有效的结果。校核数据输入的程序应得到执行,所有的软件都应予以验证、支持和备份。数据文件的存储和安全应受控。

(7) 指导书编写

指导书是提供给参加实验室在计划中必须遵循的所有方面的详细指令。应详细阐述可能对所给检测物品或材料的检测产生影响的因素,如对操作者的规范要求、所用设备和测量标准、测量环境、测量方法选择原则、检测日程安排。还应包括参加单位和实验室代码、结果的有效数字要求、报告应提供的信息、报告格式、结果报告期限等。在 CNAS T0513、CNAS T0580 和 CNAS T0581 中均编写了详细的作业指导书及相关文件,明确化妆品中的铅、砷、甲醇检测指标、检测方法、检测期限、结果报告要求、禁止实验室结果串通等内容,简明扼要,便于参加者阅读计划要求,按规定完成检测样品,并在规定期限内反馈检测结果和提供检测原始记录等相关信息,起到了良好的效果。在我国的量值比对中,已有检定规程,指导书可以相应简化。

(8) 能力验证计划的发展

为确保能力验证计划能适应当代新技术和科学的发展,需要引入新型样品或新方法、新程序。根据此类计划的结果对各个实验室的能力作出早期结论时一定要谨慎,如就能力验证的目的而言,当新型检测材料显示出不够充分均匀或稳定时,对被测量不予分级或计分,即可暂不作出评价。

二、能力验证的实施

在策划完成后,协调者应将计划文件化并与作业指导书、能力验证提供者的资质证明或能力证明材料,以及预计参加实验室的行业、数量、覆盖领域等信息上交国家认监委或计量行政部门审批。对由计量行政部门为统一量值组织的比对,由相应的计量行政管理部门批准执行。我国检测实验室的能力验证一般由 CNAS 秘书处能力验证处根据需求分析或 CNAS 的专业委员会提出,承办单位在方案制定完成后都要经 CNAS 批准。计划批准后才能开始实施,组织者先发布能力验证通知,内容包括项目的详细信息、报名程序、规则要求、联系方式等信息。通知中可以直接邀请有关实验室参加,实验室也可以自愿申请参加。通告可以采用多种形式,如在有关网站上发布能力验证信息、发书面邀请函、电话询问或传真函件等。然后协调者按预定计划实施样品制备、样品发送、结果统计、对参加实验室能力评价和报告编写等环节。

1. 样品制备和包装

样品制备是能力验证的基础,样品的质量决定能力验证成功与否。组织者应制定操作性强、合适的能力验证样品制备操作规程。详细规定制备样品的技术参数、样品材料选择原则、样品制备要求步骤、样品均匀性和稳定性检验要求等。能力验证样品在组成、含量、性质上应与实验室日常检测和测量的样品相同或类似,被检测的特性值量应覆盖某一个组成范围。为了确保能力验证结果的真实、可靠、公平,必须使参加实验室均获得相同的样品,每个样品的检测量不存在显著性差异。样品稳定性与样品的均匀性同样重要,只有样品足够稳定才能保证检测或测量结果的可比性。能力验证的目的是通过能力验证活动识别异常结果并寻找导致异常结果的原因,从而使所有参加实验室的结果能够趋于一致。当检测样品发送前通过了规定的检定程序,预先确认其量值是充分均匀的,那么导致结果不一致的原因主要为测量方法间的差异和实验室内部的差异。在方案设计时,已充分考虑了测试方法的影响,方法不应造成测试结果的差异。因此实验室结果的差异主要来自实验室间和实验室内这两方面的差异。为了评审实验室间和实验室内的这两种差异性,参加实验室必须同时检测两个相似样品即分割水平样品。

CNAS T0513 和 CNAS T0580 能力验证选用日常生活广泛使用的膏霜类、乳液状化妆品。目前化妆品检验依据《化妆品卫生规范》(2007 年版),铅、砷检验方法的回收率和精密度允许偏差范围较宽。采用单一水平设计比对样品更合适,制备两个不同浓度水平的样品,每个样品中均含有铅、砷两个待测特性量,两个样品中相同的待测特性量浓度接近略有差异。每个实验室只检测其中一个样品,均测定样品中的铅和砷。化妆品半成品则选择某有限公司常规生产的润肤霜、柔顺润泽护发素为基质材料,主要由基剂、保湿剂、皮肤调理剂、防腐剂及香料等原料组成。按照预先制定的能力验证计划样品制备指导书要求,将分析纯三水合乙酸铅(添加 EDTA 和乙酸)和三氧化二砷(添加氢氧化钠)配制成一定浓度的水溶液备用。将混料缸清洁和消毒,然后称取一定量的化妆品半成品投入混料缸中。设置一定的搅拌速度后,将预先配制好的铅、砷溶液分别加入混料缸中搅拌均匀。为避免两种溶液混合形成沉淀,不利于分散混匀,应在铅溶液加入搅拌基本分散后再加入砷溶液,充分搅拌 300 min。制备的样品委托 8 家广东省化妆品检测权威机构进行均匀性检验和定值检验。均匀性检验结果表明,样品充分均匀,从而确保能力验证过程中出现的离群值不由样品的差异所致。本章第二节将详细介绍样品制备过程。

样品包装充分考虑能力验证物品或材料的包装和运输方法可能对检测结果带来的潜在影响,保证物品或材料的均匀性、稳定性及原有特性。根据样品的性质和特点确定适当的包装和存贮条件,并保证在样品分发、邮寄过程中不会发生泄漏、破损、受到污染和污染外界环境,以及保证样品性质不会发生变化,如变质、挥发、发霉等。经均匀性、稳定性检验符合要求的样品及作业指导书以邮寄方式分发至各参加实验室。在 CNAS T0513、CNAS T0580 化妆品铅砷检测能力验证计划中,按设计方案,采用塑料瓶封装外加塑料袋,贴签后邮寄。将混合均匀的两个浓度的样品分别分装于经过洗涤、酸泡、去离子水清洗、干燥步骤处理的 50 mL 塑料瓶中,约 50 g/瓶。按照检测方法要求,样品量不少于 30 g,考虑到能力验证样品除了考核测定外,还可作为实验室的日常质量控制样品用,提供比规范方法规定更多的样品量。

样品均匀性按照 CNAS GL03:2006《能力验证样品均匀性评价指南》中单因子方差分析法检验样品的均匀性。样品编号后,采用随机数表随机抽取两组各 10 个号码,对应于两个浓度样品各 10 瓶,每瓶做两次平行检测。计算 F 值,$F<$临界值 $F_{a=0.05}(f_1,f_2)$,则表明样品内和样品间无显著性差异,样品是均匀的。

对于微生物样品来说,尽管多数涉及的能力验证项目仅要求定性鉴定的结果,然而组织方在制备样品后必须评测存活微生物的数量,避免样品因菌量太低或是不均匀(混合菌样品)而导致鉴定结果出现偏差。组织方可通过菌落计数的方法评估制备后样品的实际存活的菌量(CFU 或 MPN),并通过统计学方法进行方差分析(见表 5-1),以了解同批次样品间的变异程度。对抽取的每个样品,应在重复条件下至少测试两次。重复测试的样品应分别单独取样。为了减小测量中定向变化的影响(飘移),样品的所有重复测试应按随机次序进行。

表 5-1　微生物样品均匀性试验方差计算公式

变异来源	离均差平方和(SS)	自由度	均方(MS)	F 值
总变异	$\sum X^2 - \frac{\sum_i \sum_j X_{ij}}{N}$	$N-1$	—	—
样品间(组间)变异	$\frac{\sum_i (\sum_j X_{ij})^2}{n} - \frac{\sum_i \sum_j X_{ij}}{N}$	$K-1$	$SS_{样品间}/V_{样品间}$	$MS_{样品间}/MS_{分析}$
分析组	$SS_{总} - SS_{样品间}$	$N-K$	$SS_{分析}/V_{分析}$	

稳定性检验时间总跨度为 40 天,以均匀性检验所得结果为稳定性检验的第一次测定数据。10 天后在样品发放前分别从两个浓度样品中抽取 3 瓶,每瓶做两次平行检测,所得结果为第二次测量数据。第 40 天,在结果回收后,再分别从两个浓度样品中各抽取 3 瓶,每瓶做两次平行检测,所得结果为第三次测量数据。结果分别与第一次结果进行 t 检验评定。稳定性检验 t 值均小于 0.05 显著性水平下的 t 临界值,表明样品在测试过程中是足够稳定的。

对于微生物样品,尤其是经冷冻干燥后的样品,储藏温度的变化和时间的长短会对样品的稳定性造成较大的影响。评估储藏温度和时间的影响可设计合理的抽样方案,在冷冻干燥后的一定时间内分阶段及选取多个时点,如可以采用第一周每天抽检、第 10 天～第 20 天每 5 d 抽检、第 30 天～第 50 天每 10 d 抽检的方式,从置于 4 ℃、25 ℃(常温)、36 ℃及 42 ℃的环境条件中随机抽取 2 份～4 份进行微生物鉴定和计数,并通过统计学公式计算方差和标准差等指标,分析样品中存活的菌量是否处于预期数量的区间内。

2. 样品发放和保密措施

能力验证计划应为各个参加实验室的身份保密,参加者的身份仅为参与协调计划的极少数成员所知并为其保密,延续到随后向不良能力的实验室提出补救性建议或措施。在能力验证活动运作过程中除协调者分发检测物品或材料时,一切运作过程直至总结报告每个实验室都是以实验代码出现,目的是为各参加实验室保密。如果一组参加者或部分参加者出于改进工作而进行讨论和互相帮助的目的,在征得参加者同意可在组内放弃保密性。

依据预先制定的能力验证计划实施细节或操作规程,参加实验室随机编号,样品 A 和样品 B 随机分发到参加实验室。CNAS T0580 能力验证 A 发送到代码为 001～010、021～030、041～050、061～070、081～090 的实验室;样品 B 发送到代码为 011～020、031～040、051～060、071～080、091～097 的实验室。为了让标签醒目和清晰,选用了绿底粘贴纸作为背景材料,在粘贴纸上打印上样品编号(HZP＋实验室代码)。每瓶样品唯一编码,为防止出现差错，操作过程中双人配合，一人操作一人核对，完成后再经第三人复查，防止样品混淆。贴上标签后用防水透明胶纸圈贴，防止标签脱落和湿水而破烂或脱色。样品置于室温下能稳定存在，在作业指导书中注明样品室温存放。同时要求实验室在收到样品后，认真阅读作业指导书，核对、检查样品的完整性，填写样品状态确认表，并及时传真回组织单位。如实验室收到的样品出现袋破损、样品发生泄漏等问题，应及时与能力验证组织者联系，以便重新邮寄样品，再确认。

发放微生物样品时要注意运输过程须符合相关生物安全的要求。根据《人间传染的病原微生物名录》，如要开展一些第三类致病微生物（如大肠杆菌、副溶血性弧菌、非伤寒沙门菌等）鉴定的能力验证项目，包装可以借鉴《可感染人类的高致病性病原微生物菌（毒）种或样本运输管理规定》的要求，采用三层包装，第一层包装是壁厚的小玻璃瓶，内盛约 30 mg 冻干物。第二层包装是硬质离心管（50 mL），每管放置两个小玻璃瓶。第三层包装是塑料袋，每袋放置两个离心管。为了保证样品的稳定，需要提供样品一个稳定的环境。样品包装上，可以采用隔热泡沫塑料盒加冰砖密封特快专递方式传达到各实验室。所用泡沫塑料盒大小应该能容纳里面的所有东西，泡沫盒内加冰砖，然后将样品贴好标签按三级包装方法包装后置于已有冰砖的泡沫塑料盒中，将泡沫塑料盒密封后置于一纸箱中进行运输，从而最大程度地保证样品的稳定性。

第二节　能力验证样品制备过程

公共卫生领域涉及检测的样品种类复杂、项目繁多。检测样品包括生化样品，如血样、尿样、动物组织和器官等；环境样品如水源水、饮用水、室内和公共场所空气等；产品如食品、涉水产品、化妆品、消毒产品、卫生用品等。既要检测微生物、生化指标、毒理指标，如大肠杆菌、绿脓杆菌等；又要检测金属和非金属元素、农药残留、产品主成分、禁用和限用化学物质等。检测项目的浓度范围较宽，既有痕量甚至超痕量的环境背景含量检测，又有微量至常量的检测。检测样品的基质包含气体、液体和固体多种形态。由于实验室地域分布不同、各地经济发展不平衡等因素，实验室的检测能力存在一定的差异。能力验证设计时，样品的制备需要全面考虑各种因素，既要考虑测试样品容易获得，测试样品中被测物的一致性和均匀性，还要考虑不同级别、层次实验室所采用的检测方法之间可能存在的差异性。因此能力验证提供者应首先设计好能力验证计划，建立并执行样品制备程序，以确保制备满足设计要求的能力验证样品。

能力验证提供者负责测试样品的制备，测试样品制备可以外包，但要有足够的监控措施。制备测试样品的机构必须在分析测试领域具有相应的工作经验。制备的测试样品在分析过程中必须保证充分均匀和稳定，确保所有的实验室接收到的每一份样品之间不存在显著性差异。能力验证提供者应该清楚地给出建立均匀性样品的工作程序。

一、理化检验能力验证样品制备

1. 样品制备方法

能力验证样品可以通过外源和内源添加被测物，以及直接利用含有被测物的天然基质等方式制备。可以根据被测物在能力验证样品中的存在形式，选择合适的制备方法。如虾粉中的金属元素检测能力验证样品可以直接用干虾粉碎制备；猪肉中的盐酸克伦克罗（瘦肉精）检测能力验证样品可以通过喂养饲料中添加盐酸克伦克罗，屠宰后取肌肉部分或内脏制备。内源添加和含有被测物的天然基质制备样品，可以制取基质和被测物存在形式与实际样品完全相同的样品，但难以制取被测物含量与设计方案一致的样品。化妆品中的有害金属，有的是由于化妆品原料不纯而带入的，还有的可能是人为添加的，日常检测工作主要是检测是否人为不法添加。因此，制备化妆品金属检测能力验证样品，可以通过外添加金属化合物制取符合设计方案要求的样品，还可以制备各种浓度对样品，测试实验室内和实验室间的差异，更好地满足能力验证要求。

（1）直接利用含有被测物的天然基质材料制备

采集含有目标被测物且浓度水平满足设计要求的样品不是一件容易做到的事情。通常在正式采集原料样品之前，需要对拟采集的样品进行广泛调研，必要时还需采集一些试样对采样地点、样品种类进行筛查分析。在固体样品采集工作完成后，需要经过预处理、干燥、粉碎、过筛、混匀、装瓶和灭菌等一系列加工制备程序才能制成最终所需的能力验证样品。如虾粉中的砷、铜、镉等元素检测能力验证样品制备。首先经过调研分析选择合适产地的虾，鲜虾采集后除去外壳，取可食用部分，经去离子水清洗干净、正乙烷脱脂，在－50 ℃冷冻干燥。干虾样品经高速粉碎机搅碎成粉末，虾粉经 250 μm 孔径的筛网过滤。环境温湿度控制在一定条件下（如 20 ℃、50%），虾粉在搅拌器中充分混均匀，一些生化样品还应在低温下进行搅拌均匀、离心。根据测试样品的需要量，在干净瓶中装入足量样品，必要时通氮气，并立即封瓶。再经臭氧或紫外线消毒处理，用聚丙烯塑料袋真空包装，室温（20 ℃～25 ℃）存放。又如饮用水中钙、镁检测样品制备，可以采集某一自来水厂出厂水或某地的自来水，经过混匀、过滤、分装，再经消毒处理即得。有时天然基质材料不容易找到，样品中被测物的浓度不在设计的控制范围内。因此这种方法制备能力验证样品受到一定限制。

（2）两种或多种基质直接混合

当采用一种天然基质材料无法制备到符合预期目标的样品时，尤其是某个特性值太高或太低，可以考虑将两种或多种相似组成的基质材料混合，这种相似组成的基质仍然存在一定的差异。为了能均匀地混合，应对固体材料中颗粒结块进行预防控制。材料中水分含量是颗粒结块主要因素，如果材料风干较好，在混合过程中一般不会出现结块。如类似蔬菜的材料，如果混合时出现结块，则可能存在问题。有时颗粒结块是不可避免的，如含水量较低的大豆和花生粉仍是粘性的。要使不同基质材料很好地混合，还要求被混合材料的密度和颗粒粒径分布相似，以减小偏差风险。采用合适的工艺、正确运用颗粒粉碎和混合技术，一般能获得均匀性良好的固体材料。为确定制备的样品是否均匀，在分装前有必要对已混合的材料进行一次快速均匀性检验，即从混合好材料的不同部位取出几份以研究特性值的均匀性。如果要获取均匀性的一些信息则要从材料的不同部位取出更多份样品，一般认为 10 份就能提供有统计意义的结果，可以确定这些混合材料是否适合进一步加工。这种方法可以用于制备海产品中金属元素检测、大米中镉、铅等有害金属元素检测能力验证样品。

(3) 外添加被测物制备

制备满足设计要求的能力验证样品，在合适的基质中添加被测物是一种常用的方法。将已知含量或浓度的被测物（或含有被测物的样品）添加到浓度接近0的基质中，应注意到基质中原有的被测物必须充分独立或者先准确测定其含量。当添加微量的固体被测物到固体基质中时，要充分混匀比较困难。即使基质种类是合适的，添加被测物同基质的结合比典型样品基质中天然存在的被测物可能更松散，添加被测物回收率可能较实际情况高。要将极少量固态被测物直接添加到固体基质样品中有时难以实现。如食盐中碘检测能力验证样品的制备，通常食盐中的碘含量为25 mg/kg～50 mg/kg，而食盐的溶解度随温度变化不大，不能通过溶解浸润法制备。

对固体样品而言，瓶之间的均匀性是控制样品质量的关键技术指标。客观地讲，固体样品的均匀性是相对的，而不均匀性是绝对的。固体样品的均匀性既与样品的粒径大小有关，也与目标被测物的物理化学性质有关，有时可能还与样品中水分含量有关。制备含有机化合物的样品与制备含无机化合物样品的粒径要求也是不一样，测试无机物的样品粒径一般控制在200目以内，而测试有机物的样品粒径通常要求在80目左右。适当的添加方法可以使样品，甚至固体样品满足均匀性要求。如添加固体被测物采用刚好浸润技术，将被测物溶于适量溶剂中，并使溶液刚好完全浸润固体基质表面，再经过风干或烘干处理，能得到较合适的样品。选择的溶剂其蒸发速度应可以控制，因为蒸发速度太快，添加的被测物可能会再从微孔和微束中出来，不能很好地与基质表面结合，影响材料的稳定性。反之，蒸发速度太慢将会使基质中原有的其他组分溶出，甚至随溶剂蒸发损失。在溶剂蒸发过程中，添加的被测物不应随溶剂蒸发而损失。

添加的被测物在基质中应有足够的稳定性，通常化合物在一定的酸碱度和特定的介质中才能稳定存在。有时固体样品中的水分含量也可能直接影响到被测组分的稳定性。因此，制备样品应调节基质的酸碱度和改变有机溶剂的含量，必要时添加分散剂、稳定剂和溶剂等。如重金属元素在酸性溶液中稳定存在，制备含有铅、镉、汞、铜、铬、镍等的水样能力验证样品，应加入硝酸控制溶液的pH约2～3，同时加入一定量EDTA，作为稳定剂，以防止这些重金属化合物水解、析出。又如水中氟化物、亚硝酸盐、挥发酚等检测的能力验证样品制备，应加入适量的碱，使溶液呈碱性，稳定性好。液体样品制备成浓缩样品，参加实验室在测定时需要进一步稀释。制成浓缩样品可以提高测试组分的稳定性，通常高浓度测试组分在溶液中相对稳定，还可以减少样品包装量和样品制备的工作量。

对于某些基质的能力验证样品，外添加被测物不能获得具有特征期望值的基质，因为它可能使得能力验证样品与日常样品的性质完全不同。通常可以预期天然的与外添加被测物的样品主要差别是在结合形式上，这会产生萃取行为的差异。因此应检查外添加被测物的样品基质和自然基质的等效性，制备与实际样品基质相似的样品。

样品材料需要经过选材、干燥、预粉碎、称量、添加、粉碎混合、过筛、稳定、灭菌和分装等工序才能制备成固体能力验证样品。在项目设计时，应确定样品制备将要达到的预期目标。制备样品时最好保持所用材料的原有状态，样品制备过程通常会使均匀性和稳定性增加。水溶液样品制备一般包括试剂称量、溶解、稀释定容、分装密封、灭菌等步骤。有机溶液样品制备一般包括试剂称量、溶解、稀释定容、母液低温冷冻、分装密封等步骤。

2. 样品制备条件优化

在能力验证过程中，组织者通过制备满足比对要求的样品，分发到参加实验室测试，由测试结果判断实验室的检测能力。因此样品的质量决定了能力验证实施能否成功。能力验证样品可理解为满足能力验证计划目的而送交给参加实验室的一种或多种规定特性足够均匀和稳定的材料，或为满足能力验证计划而制备的标准样品。测试样品的均匀、稳定直接决定了能力验证计划结果的可靠性，制备均匀性和稳定性的样品对组织者是一个挑战。

样品的不均匀性会增加实验室间的差异性，从而影响结果评价。不均匀性有两种水平：一个是自然物质结构本身的异质性(分子水平)，另一个是物质分布的异质性。大部分情况下，样品材料是一个复杂的物质，不可能真正地均匀到分子水平，后者可以通过选择合适的机械设备得到改善，以确保样品的均匀性。多种方法可以改善样品的均匀性，如机械加工制备方法，使用机械制备过程中进行控制，从技术上确保样品的均匀性。制备固体样品需经过清洗、加热、烹煮、剪切、冷冻、干燥、研磨、粉碎、过筛、搅拌混匀等工序；液体样品具有较好的流动性和分散性，一般采用加热、提取、过滤、振摇、搅拌、混匀、冷冻、添加保护剂等操作，但这种方法只是单纯的技术手段，在缺乏具体影响因子研究时，往往需进行长时间的制备，剧烈的加工操作可能会破坏样品性状。样品经机械加工制备后，分析测试目标物的含量，从统计学方面进行分析计算，证明样品材料是均匀的，不会对参加实验室的结果造成明显差异，这种状态叫“足够均匀”。样品的均匀性有两个含义，一个是表明样品内的差异，称为瓶内(组内)均匀性；另一个是反映样品间的差异，称为瓶间(组间)均匀性。国际协调规程推荐检测程序是建立一系列的重复分析，多个样品在重复性条件下检测。样品制备后按计划要求分装，然后依据统计理论，随机抽取一定数量样品，采用准确度和精密度满足要求的测试方法测定。测试数据采用 ANOVA 法统计分析，如果分析结果没有发现明显的差异则可确定材料足够均匀。F 检验/t 检验法广泛用于各种定量分析的能力验证计划及标准物质研制的均匀性分析。ISO 13528:2005 推荐使用“样品间的标准偏差小于 $0.3\sigma p$(σp 是能力验证结果评价的允许目标标准偏差)”，则认为材料足够均匀和“符合目的”。由于极差和标准偏差只反映了总测定数据的离散性，往往掩盖了样品间或样品内的差异性，通常根据计划需求，采用 ANOVA 分析或 F 检验/t 检验，结果的变异差异，极值 Pearson 和 Stephens 检验等进行均匀性评价。另一种方法是基于近红外线光谱技术来评价样品的均匀性。光谱图被认为是物质物理和化学特性的指纹，通过红外线光谱的比较和控制图表的使用，同样可以达到评价样品均匀性。

统计分析模式直接影响到样品均匀性评价外，测试样品的抽样方法包括随机、随机分层和系统抽样方法等，样品分析方法和用于均匀性检验测定的最小取用量等均影响均匀性评价结果。抽样应考虑样品制备方法的潜在影响因素，应从材料中最可能出现差异的部位抽取，取样点的分布应对于总体样品有足够的代表性。检测分析方法应具有足够的灵敏度和不低于所有定值方法的精密度，应注明测量方法的最小取样量。

稳定性是指在一定时间内，在外界环境的影响下，物质的物理和化学特性保持不变的能力。样品的稳定性受基质的化学物质组成、制备工艺过程、贮存容器的材料和密封性能，以及贮存环境条件(如光、热、温度、湿度、重力、微生物等)的影响。选择合适的基质物质和加工工艺制备样品对样品稳定性非常重要，同时根据方法要求选用包装材料包装样品，采用可行的运输条件发送样品到参加实验室。

稳定性可分为长期稳定性和短期稳定性，长期稳定性是在规定储存条件下的不变性。研究时间周期为24个月～36个月，设定5个～6个时间点研究测定；短期稳定性是在规定运输条件下的不变性，通常在不同温度下研究温度对材料特性的影响，温度控制在－50 ℃～70 ℃之间。稳定性研究有经典稳定性研究和同步稳定性研究两种基本试验设计。在经典方法中，制备的样品在相同条件下随时间的推移进行测量，以直线为经验模型，截距等于测定得到的值，斜率趋近于零，则说明样品是稳定的。由于测量是在实验室内再现性条件下进行，其中包括了测量系统的不稳定性，因此会导致较高的不确定度。同步方法是将每个时间段的样品到期后放置在－70 ℃下保存，集中一起采用同一方法同时测定，以减少分析工作的次数。能减少测量重复性和实验室内再现性之间的差异，比经典方法得到较小的不确定度。

稳定性的研究应在规定的贮存或使用条件下，定期进行特性量的稳定性检验。检验时间间隔按先密后疏的原则设置，获得多个时间段的监测数据。当存在多个待定特性量时，可选择易变化的和具有代表性的待定特性量进行稳定性研究。

样品性状对稳定性影响较大，均匀的固体样品相对较液体的稳定，但固体样品在某种程度上是难以均匀的。乳液类样品在公共卫生检测样品中普遍存在，如食品中各种牛奶、果汁，化妆品中的洗发液、粉底液、洗面奶，消杀、洗涤产品中的洗手液、洗洁精等，研究这类样品的稳定性有一定的代表性。在乳液类样品制备时，将分散相以细小的液滴分散于连续相中，这种互不相溶的液相所形成的乳状液只是相对稳定。乳液中的电解质，外部施加的电场、温度、重力均影响稳定性。当乳液出现分层、变型和破乳时，表现出不稳定。一般采用人为应力条件测试或测定某些与稳定性有关的参数，推测样品稳定性，包括加速试验，如恒温加速老化试验、冷冻-熔化循环、离心加速试验，以及实时试验和流变学测量等。化学稳定性测试包括影响因素试验、加速试验和长期试验等。加速试验是在实验室中使用强化自然条件的方法使乳液服从于远远地超过实际可能经受条件来测定乳液的稳定性。离心法可以用来定量测量乳液的稳定性，原理是通过式(5-1)计算得到在通常情况下样品可稳定放置的天数。

$$T_1=\frac{4T_2\pi^2Rn^2}{g} \quad \cdots\cdots (5\text{-}1)$$

式中：

T_1——样品可稳定时间，单位为天(d)；

T_2——样品在离心力作用下出现分层时的时间，单位为小时(h)；

R——离心半径，单位为米(m)；

n——转速，单位为转每秒(r/s)；

g——重力加速度，等于9.8 m/s^2。

虽然这只是一种近似的计算方法，但作为估算乳状液的稳定性，即能稳定存放的时间是可行的。实时试验法是通过测定乳液的初始状态参数，包括在显微镜下或眼睛观察乳状液表观和粒子大小，仪器测定电导、光反射、相变温度和流变参数等。流变学测量法是在试验中使用搅拌器或振动器加速乳状液相的分离，持续时间为3 d，如发现相分离现象，则说明乳状液存在不稳定性。还可通过测量样品的粘度值来估算稳定性。

正交试验法是研究与处理多因素试验的一种科学有效的方法。正交法是通过正交表设计多因素试验研究，利用统计数学原理进行数据分析，它符合“以尽量少的试验，获得足够的、有效的信息”的试验设计原则。设计正交试验法的程序可归纳为八个步骤：①确定试验目的。试验目的有多种多样，如找出产品质量指标的最佳组合、确定最佳工艺条件、优化最佳化学反应条件和测试条件等。②选择样品质量特性指标。选择能提高或改进质量特性及因素效应。③选定相关因素。选择和确定可能对试验结果或质量特性值有影响的因素，可人为控制与调节的温度、pH 等因素，这些因素之间具有相互独立性。④确定水平，根据试验目的要求而确定。⑤选用正交表。从影响因素个数、水平数以及有无重点强化考察因素等方面综合考虑设计正交表。所选的正交表要能容纳所有研究的因素个数和因素水平数。⑥列出因素水平，制定试验方案。⑦实施试验方案。⑧实验结果分析，包括直观分析和方差分析。

制备均匀性、稳定性样品是成功组织、实施能力验证计划的关键。样品均匀性和稳定性受多种因素影响，通过优化研究选择合适的样品制备方法，设计最佳样品制备方案，确保制备满足计划要求的样品。以下以乳液类化妆品铅、砷测试样品制备为研究对象，采用外添加法控制样品中铅、砷含量。通过对样品混匀方式、投料量、添加物浓度、搅拌速度、温度控制等因素研究样品均匀性。研究样品制备工艺和环境温度对样品物理和化学稳定性的影响。建立样品制备技术规程，用于制备含铅和砷乳液类化妆品能力验证样品。

(1) 仪器和试剂

1) 仪器

AM-20 型多功能混合机（工作容积为 20 L）；原子吸收分光光度计，原子荧光光度计，AED 多孔电热消化器，超纯水器，恒温培养箱，pH 计，NDJ-1 型旋转式粘度计，地磅，电子天平（精确到 0.1 mg）。

2) 试剂

硝酸、盐酸（GR）、硫脲、抗坏血酸、氢氧化钠、三水合乙酸铅、冰乙酸、乙二胺四乙酸二钠（EDTA-2Na）、邻苯二甲酸氢钾、磷酸二氢钾、磷酸氢二钠（AR）、硼氢化钾（AR）、三氧化二砷（AR）、铅标准物质（1 000 mg/L）、砷标准物质（1 000 mg/L）。

铅标准储备液的配制[ρ(Pb)＝100 mg/L]：取铅标准溶液（1 000 mg/L）10.0 mL 置于 100 mL 容量瓶中，加（1＋1）硝酸溶液 2 mL，用水稀释至刻度，用于样品铅含量测定。

砷标准储备液的配制[ρ(As)＝100 mg/L]：移取砷标准储备溶液（1 000 mg/L）10.0 mL 置于 100 mL 容量瓶中，加 10％盐酸至刻度，混匀。

砷标准工作溶液[ρ(As)＝1.00 mg/L]：临用时移取砷标准溶液（100 mg/L）1.00 mL 于 100 mL 容量瓶中，加纯水至刻度，混匀，用于样品砷含量测定。

(2) 检测方法

pH 采用稀释法测定，铅、砷分别采用火焰原子吸收分光光度法和氢化物原子荧光光度法测定，粘度采用旋转粘度计法测定。

(3) 样品制备

样品制备工艺流程可归纳为如图 5-2 所示。

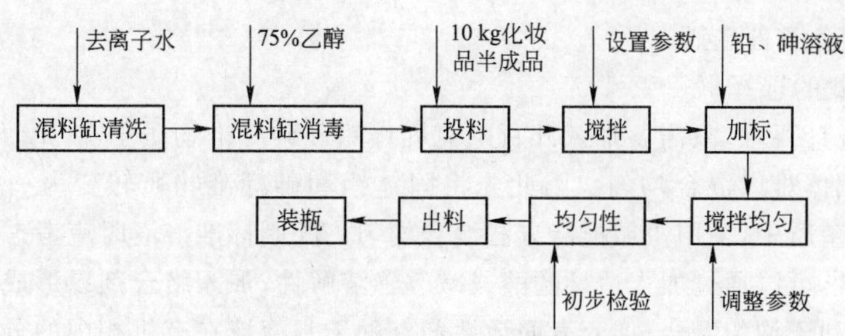

图 5-2　样品制备工艺流程图

1）样品基质材料

化妆品铅、砷能力验证的目的是了解我国化妆品检测机构对化妆品铅、砷等无机元素的检测水平，查找可能存在的检测质量问题，及时采取纠正措施，为我国化妆品卫生安全检测提供技术保障。基于这些目的，自 2009 年起组织实施了化妆品中铅砷检测能力验证，2011 年增加了化妆品中甲醇检测能力验证。分别选择了某有限公司生产的膏霜产品（润肤霜）和乳液类化妆品（护发素、粉底液）作为化妆品基质，外添加铅、砷标准物质研制能力验证样品。让添加的铅、砷化合物与化妆品基质材料充分作用，使研制的样品接近实际样品，可能会改变铅、砷化合物的存在形态和理化性质，但不影响铅、砷在化妆品中的均匀分布和含量的稳定性。

乳状液是化妆品中最广泛使用的剂型之一，容易获取基质材料。选用某有限公司常规生产的柔顺润泽护发素作为样品基质材料进行研究，主要由基剂、保湿剂、皮肤调理剂、防腐剂及香料等原料组成。基质为白色乳液，粘度 6 200 mPa・s(27 ℃)，pH3.63。

2）样品制备方法

在投料前，采用与样品测试相同的方法检测化妆品基质材料的本底铅和砷含量。两个元素含量均小于方法检出限，铅小于 0.15 mg/kg，砷小于 4 μg/kg。本计划采用添加待测成分铅、砷的制备方式，使样品含有待测特性量铅、砷浓度符合验证计划的设计要求。根据制备样品量和铅砷浓度要求，预先计算铅砷的加入量。准确称取 0.400 0 g $Pb(CH_3COO)_2 \cdot 3H_2O$(AR)加入 1 mL 冰乙酸用少量水溶解后，加约 200 mL 水，加入 5 g EDTA 以形成稳定可溶的络合物，再用纯水稀释到 250 mL。准确称取 0.140 0 g 氧化砷(As_2O_3，AR)，溶于浓碱后，加水稀释到 250 mL。

清洗消毒搅拌缸之后，加入 10 kg 柔顺润泽护发素基质材料，根据预先优化好的搅拌速度、搅拌时间和温度控制，设置多功能混合机，开始搅拌，加入配制好的铅或砷溶液，搅拌均匀。可先加入铅溶液，搅拌一段时间使铅基本分散后，再添加砷溶液。防止酸性和碱性两种介质直接混合时，铅砷形成沉淀物，不利于铅、砷在基质材料中分散、混匀。

3）样品均匀性和稳定性预检验

从物料桶中的上层、中层、下层随机抽取 10 个样品，每个样品做两次平行测定，用于样品均匀性初步检验。如均匀性检验结果不满足要求，应增加搅拌时间，重新检测和检验，直至均匀性满足要求。

以样品均匀性检验结果作为首次测定值，分别测定不同放置时间段或不同存放条件下样品中铅、砷含量，并与首次测定结果比较检验，确定样品的稳定性。如放置后样品测定结果与首次测定值无显著性差异，则样品稳定存在。

(4) 样品制备条件选择

1) 搅拌方式的选择

根据计划设计要求，只需要加入几百毫克固体铅和砷标准物质于 10 kg 化妆品基质中。采用直接加入固体难以混合均匀。因此先将固体铅和砷标准物质转变为一定体积的水溶液，再分别加入基质中，采用机械搅拌方法混合均匀。配制标准溶液时应考虑组分的溶解性和稳定性等因素，可以通过加入适量的酸或碱改善溶解性；加入络合剂以形成稳定化合物防止生成沉淀，以利于均匀混合；加入表面活性剂有助于水溶液在有机相中的分散。型多功能混合机最小投料量 10 kg，试验时投入 10 kg 柔顺润泽护发素基质材料，搅拌温度为室温(25 ℃～27 ℃)。混合机的搅拌转子有 3 个，设置的转速不同，样品达到均匀的时间也不同，采用正交试验进行优化。

制定因素水平：根据专业知识、生产企业的产品中试验经验和仪器操作参数条件考察分散搅拌、乳化搅拌、刮边搅拌 3 个影响因素，每个因素取三个水平，分散搅拌为 300 r/min、500 r/min、700 r/min；乳化搅拌为 600 r/min、900 r/min、1 200 r/min；刮边搅拌为 20 r/min、25 r/min、30 r/min。

选择正交表：可容纳三因素三水平的正交表有 L9(3×4)、L27(3×13)、L18(36×6)和 L27(38×9)，其中 L 为正交表的代号，n 为试验的次数，t 为水平数，c 为列数。试验忽略各因素间的交叉作用，不设计混合水平。水平数均为 3 的三因素选用 L9(3×4)表，得到配列水平的正交试验方案，见表 5-2。

表 5-2 正交试验方案

搅拌方式	①	②	③	④	⑤	⑥	⑦	⑧	⑨
分散搅拌/(r/min)	300	300	300	500	500	500	700	700	700
乳化搅拌/(r/min)	600	900	1 200	600	900	1 200	600	900	1 200
刮边搅拌/(r/min)	20	25	30	25	30	20	30	20	25
抽样时间段/min	30、60、90、120、150、180								

按表 5-2 试验设计方案每隔 30 min 抽样一次，抽取 6 次共 60 份样品，测定铅、砷含量。然后对每个时间段样品的检测结果进行评价，9 个搅拌方式，样品达到均匀所需的最少时间见图 5-3。

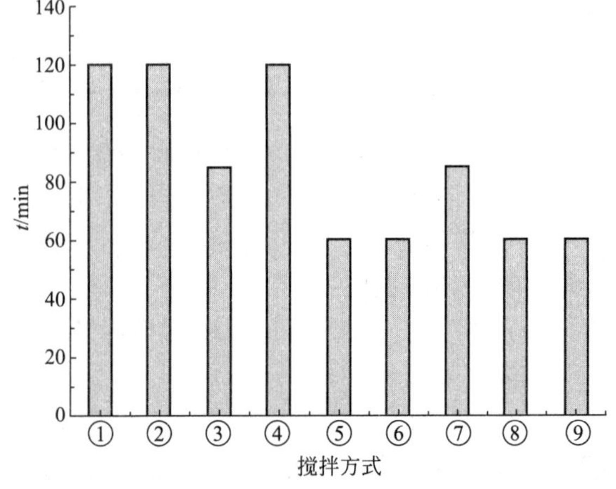

图 5-3 不同搅拌方式样品达到均匀所需时间

在满足均匀性前提条件下，制备时间越短越好。制备的样品状态要稳定，确保样品的稳定性。样品制备时不应引入不必要的物质，避免改变样品原设计要求，不对后续检测产生干扰。从图 5-3 可知，在相同的投料量和温度下，要使基质材料在添加待测成分后获得均匀的样品，使用搅拌方式①、②和④三种搅拌转速设置时，由于搅拌速度均相对较慢，所消耗的时间最长，表现出相对较差的混匀作用。在长达2h的搅拌过程中，机械的3个转子会产生更多的热量，温度明显上升，不利于乳液样品的稳定，机械运作消耗也较多；搅拌方式③和⑦两种总体搅拌速度比方式①、②、④高，所需要时间也较短，至少需要90 min时间才能使样品均匀；搅拌方式⑤、⑥、⑧、⑨均能快速使样品混匀，表现出良好的机械加工性能。样品的混匀需要3个转子的协调作用，才能发挥最大的混合效果。尽管方式⑤搅拌速度比方式③低，但方式⑤所需时间比方式③少，是由于方式⑤的3个转子速度差比方式③的要少。由于3个转子在物料桶中的位置固定不变，只有3个转子的速度在一定范围内，协调运作才能发挥更好的混匀作用。

乳化设备的分散作用是在机械的剪切力作用使两相分散的，同时剪切力又会给正处于分散状态的液滴增加碰撞机会而易于聚集成大液滴，因此应控制机械搅拌速度在一定范围内，以达到最佳效果。当乳液承受的外力远远超过实际能承受的力时，分散速度大于聚集速度，可能会导致液滴粒子大小分布过宽，乳液分层。另外剧烈的搅拌操作，也可能引入空气，形成大量气泡，不利于获得稳定的样品。在9个搅拌条件下，能以最短时间使样品达到均匀的同时，还应使样品受外界机械作用力小，避免破坏乳液的稳定性和减少空气混入。因此方式⑤(分散搅拌/乳化搅拌/刮边搅拌＝500/900/30 r/min)转速最低，搅拌机械力最小，能减少空气混入，样品状态会更好，是最优搅拌方式。

2）搅拌温度的影响

采用优化的搅拌条件(分散搅拌/乳化搅拌/刮边搅拌＝500/900/30 r/min)，柔顺润泽护发素基质材料10 kg，温度分别控制在室温(27 ℃)和37 ℃下制备样品。抽样检测时间段分别为15、30、45、60、90、120、150、180 min。测定结果表明，在27 ℃和37 ℃温度条件下分别制备样品时，样品铅、砷达到均匀所需的至少时间均为30 min。

温度不仅影响铅和砷在基质中的扩散速度，还直接影响基质的粘度和稳定性等。乳液是不稳定的体系，随着温度升高，乳液粘度下降，乳液的流动性增加，铅、砷的扩散速度加快，同时乳液的稳定性降低。过高的温度会使乳液产生分层，加上机械搅拌外力的作用，乳液的不稳定性会增加。试验表明，在室温基础上温度再增加10 ℃，对样品达到均匀所需时间的改善作用不明显，选择室温下制作样品更方便。

3）投料总量的影响

采用优化的搅拌条件(分散搅拌/乳化搅拌/刮边搅拌＝500/900/30 r/min)，室温搅拌混合。柔顺润泽护发素投料量为10、15、20、25、30 kg。设计5个投料量水平，铅、砷在样品中含量相同，抽样检测时间段为30、60、90、120、150、180、210、250、300 min。不同投料量下，样品达到均匀所需至少时间见图5-4。结果表明，在固定铅、砷添加浓度及搅拌方式和温度下，样品铅、砷达到均匀状态所需要的至少搅拌时间与投料总量成正比例，用式(5-2)表示为：

$$t = 9.4m - 24 \quad (r = 0.990\,4) \qquad (5\text{-}2)$$

式中：

t——样品铅、砷达到均匀状态所需要的至少搅拌时间，单位为分钟(min)；

m——投料量，单位为千克(kg)；

r——相关系数。

在添加物在样品中的浓度一定时，投料量对添加物在样品中的均匀性和样品搅拌时间有影响。投料量越多，铅、砷在基质材料中充分分散越不易，铅、砷在样品中达到均匀所需时间就越长。制备样品时，可根据至少搅拌时间-投料总量的关系式，确定在某一投料量下，所需的至少搅拌时间，确保制备均匀的样品。

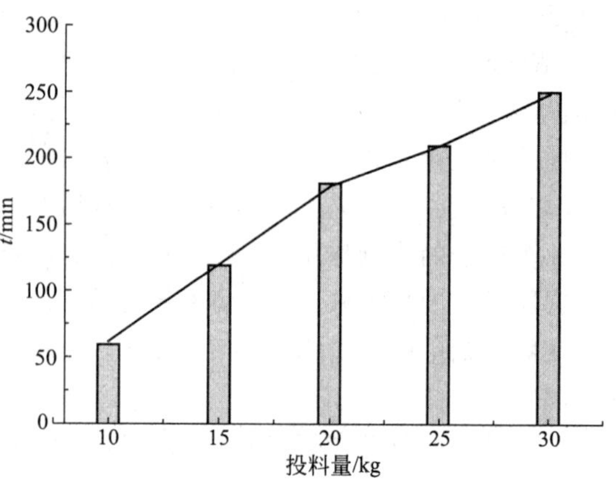

图 5-4　不同投料量样品铅、砷达到均匀所需至少搅拌时间

4）添加物浓度的影响

采用优化的搅拌条件（分散搅拌/乳化搅拌/刮边搅拌＝500/900/30 r/min）作为工作搅拌方式，室温下搅拌，柔顺润泽护发素基质材料总量 10 kg。添加物铅（砷）浓度的设计为 6.0（1.0）、8.0（2.0）、15（3.0）、25.0（5.0）、36.0（10.0）、45.0（15.0）mg/kg。抽样检测时间段分别为 45、60、80、90、120、150、180、250 min。添加物浓度与制备均匀性样品所需时间关系见图 5-5 和图 5-6。结果表明，固定投料量、搅拌方式和温度，样品铅砷达到均匀状态所需要的至少搅拌时间与铅、砷添加浓度成指数关系，可用近似曲线方程式（5-3）、式（5-4）分别表示：

$$t=318.08c^{-0.4483} \quad (r=0.988, c \geqslant 5) \cdots\cdots (5\text{-}3)$$

式中：

t——样品铅达到均匀状态所需要的至少搅拌时间，单位为分钟（min）；

c——铅添加浓度，单位为毫克每千克（mg/kg）。

$$t=145.73c^{-0.3592} (r=0.983, c \geqslant 0.5) \cdots\cdots (5\text{-}4)$$

式中：

t——样品砷达到均匀状态所需要的至少搅拌时间，单位为分钟（min）；

c——砷添加浓度，单位为毫克每千克（mg/kg）。

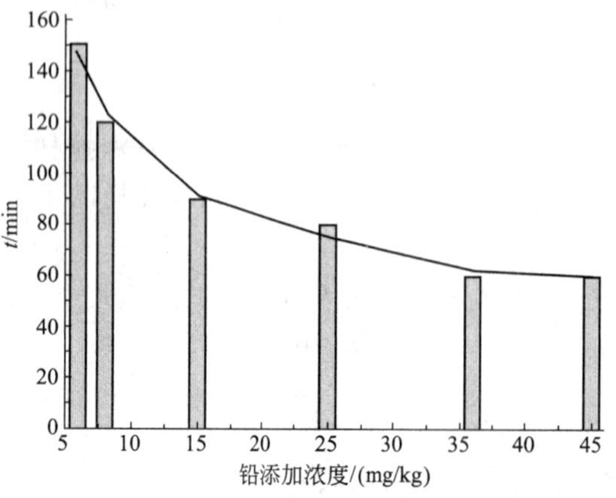

图 5-5　不同添加浓度样品铅达到均匀所需至少搅拌时间

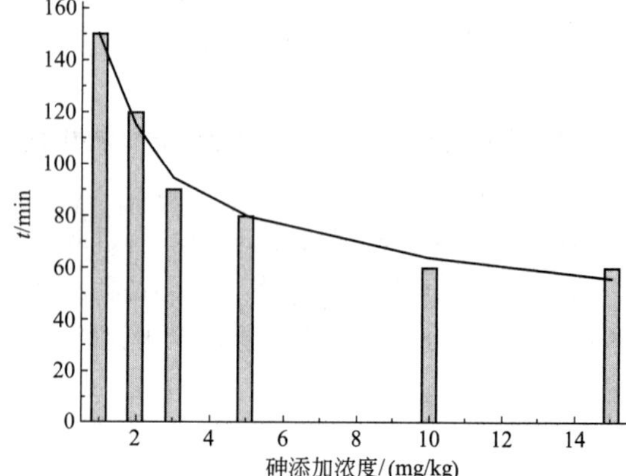

图 5-6　不同添加浓度样品砷达到均匀所需至少搅拌时间

在相同的投料量、搅拌方式和温度下，制备低浓度铅、砷样品时，样品达到均匀性至少所需的时间长，而中、高浓度所需的时间没有明显的差异。低浓度样品要获得均匀所需的至少时间较长可能由于样品本身没有达到均匀，也可能由于检测方法和仪器的准确度的影响。因为样品的均匀性除了受样品本身的浓度存在差异造成直接影响外，还受到检测方法、样品的取样量和仪器的灵敏度和精密度影响。在试验条件一致的情况下分别进行高低浓度样品均匀性检验时，测试低浓度的样品，方法和仪器造成的测量误差相对较大，表现为样品内和样品间的浓度差异会增大。当样品铅、砷浓度大于一定值(铅 25 mg/kg，砷 5 mg/kg)时，测试方法和所用仪器的误差对检测结果的影响很小或可以忽略不计，检测结果的差异表现为样品内和样品间的真实差异性。因此在制备样品时，还应考虑检测方法和使用仪器可能造成样品测试结果不均匀的影响。试验表明，铅浓度在 36 mg/kg～45 mg/kg 范围、砷浓度在 10 mg/kg～15 mg/kg 范围所需时间没有明显差异，搅拌 60 min 即可达到均匀。

3. 样品稳定性

(1) 物理特性稳定性

样品稳定性分为长期稳定性和短期稳定性，短期稳定性研究通常在不同温度下进行试验，以研究温度条件对材料特性的影响。样品运输途中极端温度变化范围－50 ℃～70 ℃，根据我国的气候条件，春夏秋冬一年四季气温的变化，选择试验观察温度 4 ℃、27 ℃、37 ℃、45 ℃、54 ℃和 70 ℃。以搅拌方式⑤和搅拌方式⑨两个搅拌方式制备的样品为研究对象，并以柔顺润泽护发素基质材料作对照，考察样品的物理特性稳定性。采用外观目视观察法、粘度测定试验和离心加速试验等方法测定稳定性。

1) 目视观察试验测定样品稳定性：在强光下，肉眼观察乳液的表观性状，根据《表面活性剂 中、高粘度乳液的特性测试及其乳化能力的评价方法》中的 7.2.1 评价标准判定样品的物理特性稳定性。结果见表 5-3。

表 5-3　目视观察样品物理特性稳定性

<table>
<tr><th colspan="2">放置条件</th><th>对照样品</th><th colspan="2">样品类型[a]</th></tr>
<tr><th>温度℃</th><th>时间 d</th><th>柔顺润泽护发素</th><th>方式 A</th><th>方式 B</th></tr>
<tr><td>4</td><td>140</td><td rowspan="6">稳定性 1 级，均匀性良好</td><td>稳定性 1 级，均匀性良好</td><td>稳定性 1 级，均匀性良好</td></tr>
<tr><td>27</td><td>140</td><td>稳定性 1 级，均匀性良好。样品中的气体充分释放，形成空洞</td><td>稳定性 1 级，均匀性良好。样品中的气体多又大</td></tr>
<tr><td>37</td><td>90</td><td colspan="2">稳定性 1 级，均匀性良好</td></tr>
<tr><td>45</td><td>14</td><td colspan="2">稳定性 1 级，均匀性良好</td></tr>
<tr><td>54</td><td>14</td><td colspan="2">稳定性 6 级，放置 5 d，两相完全分层。振摇后重新放置，不分层，均匀</td></tr>
<tr><td>70</td><td>1</td><td colspan="2">稳定性 6 级，两相完全分层。振摇后仍然水乳分层</td></tr>
<tr><td colspan="5">[a]方式 A：分散搅拌/乳化搅拌/刮边搅拌＝500/900/30 r/min；方式 B：分散搅拌/乳化搅拌/刮边搅拌＝700/1 200/25 r/min。</td></tr>
</table>

表 5-3 表明,没经过搅拌的对照样品,在试验设计温度下,不同观察时间段,均匀性均表现良好,稳定性 1 级,对温度的影响不敏感,物理稳定性较好,基质材料本身不影响样品特性量的检测。采用搅拌方式 A 和 B 制备的样品在不同的温度下,物理稳定性没有明显的区别。放置温度在 45 ℃以下,添加铅、砷的样品经过搅拌后的物理稳定性与对照样品之间没有明显差异;而放置温度大于 45 ℃时,样品的稳定性变差。乳液样品经过机械外力作用后,放置温度高于一定值会明显降低基质材料的稳定性,且温度越高,乳液越容易分层。样品在 37 ℃以下放置,物理性状可以稳定 3 个月以上。试验结果表明,样品在室温或冷冻条件下长期放置,物理性状不发生变化。

2) 粘度测定判定样品稳定性:搅拌方式对乳液粘度的影响:选择了 3 个不同搅拌方式制备的样品进行测定。在温度为 26 ℃条件下,测定样品的粘度,结果见图 5-7。

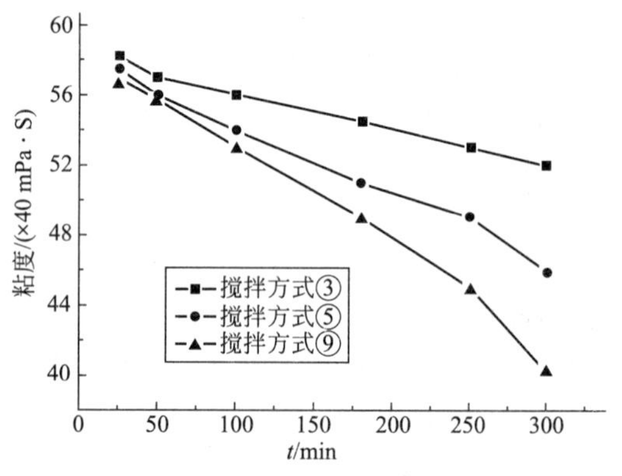

图 5-7 不同搅拌方式制备样品的粘度随时间变化

搅拌方式③:乳化搅拌/刮边搅拌 = 300/1 200/30 r/min;搅拌方式⑤:乳化搅拌/刮边搅拌 = 500/900/30 r/min;搅拌方式⑨:乳化搅拌/刮边搅拌 = 700/1 200/25 r/min。

根据 Stokes 定律,在外力的作用下有可能破坏原来稳定乳液的两相平衡,使乳液粘度减少,表明增加乳液两相的粘度,则分散相液滴运动的速度越慢,可增加乳液的稳定性。用同一个搅拌方式制备的样品,随着搅拌时间的延长,样品的粘度会稍微降低。也就是说当乳液受到的机械作用力越长,粘度会逐渐降低,不利于乳液稳定。采用 3 种不同搅拌方式制备的样品中,机械转速越快,样品粘度下降越大,不利于样品稳定。因此在制备样品时,搅拌时间越短越利于样品的稳定,同时保证样品在设置时间内达到均匀,选择机械作用力较小的搅拌方式制备样品更有利于制备稳定的样品。

3) 温度对乳液粘度的影响:采用搅拌方式⑤和搅拌方式⑨两个方式制备的样品分别在室温(27 ℃)、45 ℃和 54 ℃高温条件下放置两周后,恢复室温后测定样品粘度的变化。搅拌方式⑤制备样品的粘度分别为 1 680、1 540、1 440 mPa·S;搅拌方式⑨制备样品的粘度分别为 1 820、1 740、1 620 mPa·S。

两种不同搅拌方式制备的样品经过高温放置处理,恢复到室温后,样品粘度均有所降低。一定范围内,温度越高,粘度降低越大。温度升高,布朗运动加快,导致絮凝速度增加,内部粘度下降。试验表明高温不利于样品的物理性状稳定。因此根据试验结果,样品在室温下保存有利于稳定。

4) 离心加速试验测定样品稳定性:采用 3 个不同搅拌方式制备的样品和 1 个基质材料作为对照样品。离心条件为转速 8 000 r/min、离心半径 108 mm、每次离心时间 10 min。离心后即观察样品分层时间,直到样品分层为止。根据式(5-2)计算样品预计稳定时间。试验结果见图 5-8。

利用超离心法对乳液稳定性进行定量测定，所需时间较一般传统方法短。利用加速试验可以预测乳液样品的稳定时间。由于乳液的液珠外层吸附了一层表面活性剂，界面粘度比较高，可以认为液珠是刚性的，可以采用式(5-2)估算乳液的稳定存放时间。结果表明，在同一搅拌方式下制备的样品，乳液离心分层所需的时间随搅拌时间的延长而减少，由此预测样品的物理性质稳定时间随着搅拌时间的延长而减少。连续搅拌时间越长，乳液离心分层所需的时间越短，物理稳定性下降越快。比较三种搅拌方式，随着搅拌速度的增大，样品物理性质稳定时间下降越快。因此制备样品时，在满足样品均匀性的要求下，应减少搅拌时间、选择较低转速的搅拌方式。

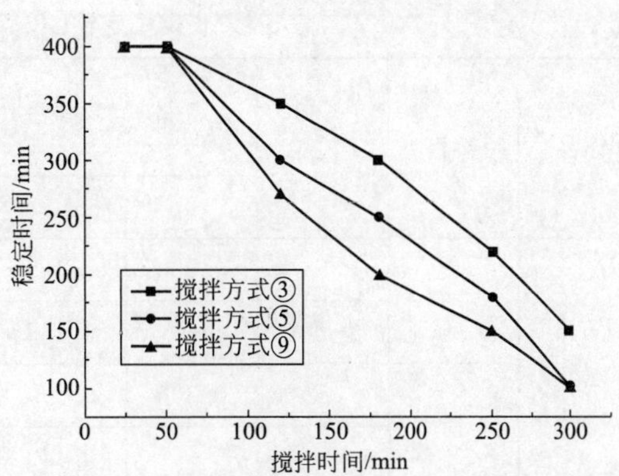

注：搅拌方式③、搅拌方式⑤、搅拌方式⑨的搅拌速度同图 5-7。

图 5-8　不同搅拌方式样品稳定时间

(2) 化学稳定性

1) pH 的变化

样品添加铅、砷标准溶液后酸度的改变对样品性质的影响。测定化妆品基质材料、添加铅标准溶液、砷标准溶液后样品的 pH 分别 3.63、3.81、3.60、3.61。

由于配制的添加物铅溶液是酸性，砷溶液是碱性，添加后可能会改变基质材料的酸碱性，导致添加物的分散不均匀和破坏乳液的稳定性。结果表明，由于添加量少，样品添加铅、砷标准溶液后酸度与原基质材料的没有明显改变，不影响待测特性量的均匀分散，不改变基质材料性质。

2) 高温放置试验

将搅拌方式⑤制备的样品和搅拌方式⑨制备的样品用塑料瓶封装，分别放置 37 ℃、45 ℃和 54 ℃恒温箱中，放置时间分别为 90 d、14 d 和 14 d。放置结束后检测铅、砷含量。

在 3 种条件下放置的样品铅、砷含量均匀几乎相同。测定结果分别与放置前的样品检测结果比较，37 ℃、45 ℃和 54 ℃放置的样品，测定结果的平均值的统计量 t 值均小于 t 临界值($t<t_{0.05(24)}$)，$P>0.05$。表明样品铅和砷的平均值之间在统计学无显著性差异，样品放置前后一致。也即样品经过不同温度下放置，铅、砷含量不变。同时不同搅拌条件下制备的样品特性量不受温度影响，样品化学特性量受温度变化影响不大，完全满足能力验证活动实施所需时间内的稳定性。样品可在室温下保存，运输途中不需要特殊的冷冻条件。

(3) 长期稳定性试验

将搅拌方式⑤制备的样品 A 和搅拌方式⑨制备的样品 B 于室温条件下保存，按先密后疏的原则进行抽样检测。分别在样品制备后的第 10 d、40 d、100 d、180 d、300 d 抽样检测铅、砷含量。每个时间段分别从两个样品中各抽取 3 瓶，每瓶做两个平行测定。样品制备当天，抽取 10 瓶，每瓶做两个平行测定，每个时间段的 6 个测定结果与这 20 个测定结果进行比较，采用 t 检验和一元线性回归分析评价样品的稳定性。结果见表 5-4。

表 5-4 长期稳定性t检验和一元回归分析评价结果

样品	项目	t检验	时间 d				回归分析		
			0	10	40	100	S	$R\text{-}Sq$	P
A	砷	S	0.290	0.182	0.359	0.177	0.103	0.273	0.282
		t	—	0.109	0.00	1.987			
	铅	S	0.306	0.210	0.136	0.117	0.012	0.444	0.333
		t	—	0.149	0.070	0.369			
B	砷	S	0.121	0.155	0.182	0.207	0.065	0.000	9.83
		t	—	0.167	1.581	0.150			
	铅	S	0.454	0.417	0.181	0.124	0.138	0.090	0.688
		t	—	0.889	0.238	0.691			

样品长期稳定性试验结果表明，样品在各试验时间段的检测结果（均值）都很接近。采用t检验评价不同时间段的差异，结果在$\alpha=0.05$显著水平下，t值均小于t临界值（$t_{0.05(24)}=2.0640$），$P>0.05$。表明样品铅、砷含量相同。如果样品含量恒定，则N个测试结果的一元线性回归分析的直线斜率接近或等于0。在0.05显著水平下，经F检验，P值均大于0.05，样品稳定。两个不同搅拌条件下制备的样品，在常温下保持良好的稳定性。试验结果表明，样品在常温下保存，样品的特性量，至少可以稳定3个月。

制备样品时，要使添加物均匀分散样品中，还要维持基质材料良好的物理和化学形态。添加被测试物后不应改变基质材料的性状，为了保持材料的这种特性，在制备样品时，应充分考虑机械工具、制备方式、工艺过程、样品保存温度等方面影响因素。从样品均匀性和稳定的研究知道，搅拌方式不但对样品达到均匀性所需的时间均有显著的影响，还对制备样品的物理稳定性有一定的影响。在保证样品稳定性前提下，至少能力验证活动时间内稳定，采用能在较短时间内达到均匀的搅拌方式。根据不同的设计方案估计达到均匀的时间，适当增加或减少搅拌时间。

二、样品均匀性和稳定性检验及定值

1. 样品均匀性检验

根据能力验证样品均匀性和稳定性评价指南的要求，从制备的不同浓度总体样品中分别随机抽取10瓶进行均匀性试验，每瓶样品做两次平行测定。样品的均匀性采用单因子方差分析法检验。CNAS T0419制备两个含铅、砷浓度水平相近的样品对作为能力验证活动的考核样品，分别标示为样品A和样品B，结果见表5-5。两个考核样品在95%置信水平下，F值均小于$F_{0.05(9,10)}$的临界值，可以判断所制备的两个样品在方法的取样范围内符合均匀性的要求。

表 5-5　样品中铅、砷含量的均匀性检验结果

名称	项目	n	$\bar{x}$	s	CV%	F	$F_{0.05(9,10)}$
样品 A	铅	10	21.52	0.191 3	0.89	0.540	3.02
	砷	10	12.85	0.290 0	2.26	1.06	
样品 B	铅	10	26.04	0.453 7	1.74	1.73	
	砷	10	10.23	0.121 1	1.18	0.963	

2. 样品稳定性检验

从两个浓度的分装样品中各随机抽取 10 瓶做均匀性检验，检验所得结果作为稳定性检验的第一次测定数据(原始结果)。第二次检验是分装后的样品在一定环境条件下放置一段时间(10 d)，从每个浓度样品中随机抽取 3 瓶，每瓶样品做铅、砷含量的两次平行测定，结果与第一次测定数据进行显著性差异检验，确定样品的首次稳定性。第两次稳定性检验是样品再放置一段时间(30 d)后，也即在能力验证计划结果回收后进行检测。同样第三次测定结果与第一次测定结果进行显著性差异检验。在稳定性测试中，所用的仪器、测试方法和实验室条件，及人员均与均匀性检测相同。结果评价采用两个独立样品 t 检验，统计结果见表 5-6。表明样品放置 40 天后铅、砷含量是稳定的，能满足能力验证样品的稳定性需要。

表 5-6　样品中铅、砷含量的稳定性检验结果

样品	样品 A						样品 B					
	铅			砷			铅			砷		
时间/d	0	10	40	0	10	40	0	10	40	0	10	40
n	10	6	6	10	6	6	10	6	6	10	6	6
$\bar{x}$/(mg/kg)	21.52	21.54	21.53	12.85	12.99	12.85	26.04	26.24	25.99	10.23	10.24	10.13
s	0.306	0.210	0.136	0.290	0.182	0.359	0.454	0.416	0.184	0.121	0.155	0.182
t	0.00	0.149	0.07	0.00	1.105	0.00	0.00	0.889	0.238	0.00	0.256	1.581
判定	$t<t_{0.05(24)}$ [a]											

[a] 临界值：$t_{0.05(24)}=2.064\ 0$。

3. 样品定值方法

根据国家级标准物质定值要求，测试材料经均匀性、稳定性检验符合要求后，才能进行定值研究。定值方法关系到测试材料的量值是否具备溯源性的首要问题，定值方法的准确度决定了量值溯源的准确度。因此，只有采用准确度高、适宜的定值方法才能得到准确、可靠的定值数据，测试材料量值的溯源性才有保证。定值测量方法应在理论上和实践上检验证明是准确、可靠的。国内外对后选标准物质(样品)定值分成以下 4 种基本方式：①在实验室用单个方法与标准物质直接进行量值比对测量。测量结果可溯源性到标准物质。②在单

个实验室中用单个(基准)方法测量。这种绝对(或权威)测量方法的系统误差是可估计的,且相对随机误差的水平可忽略不计,能够保证测量结果的可靠性和溯源性。③在单个实验室中用一种或多种独立的标准方法测量。它是基于一种方法固有的偏差不会在第二个方法中出现的假设上,使用两种以上方法获得的指定值,可靠性和准确度更高。但需要研究不同测量方法的精密度和准确度,对方法的系统误差进行估计,以充分的证据表明定值方法符合要求,使特性量值具有计量溯源性和准确度。④多个实验室用一种特定方法或多种可证明其准确度的方法测量(又称协作研究),一般数据的中位值由协作实验室提供,较少受极端值的影响。

选择定值的方式取决于样品的类型和评价要求,由于能够采用绝对法定值的标准物质种类和基准方法较少,物质定值通常采取多家实验室协作方式并采用多种不同原理的测量方法进行定值。多个实验室协作定值是以不同实验室间或不同测量方法之间一致性为基础建立起来的测定物质特性值方法,它基于两个基本假设:①具备同等能力测定物质的特性值的一组实验室,或具有数种同等准确度和精密度的检测方法,能提供可接受准确度的测试结果。②实验室内和实验室间隐含的独立测量结果之间的差异是可统计的,不因测量方法、程序、人员、设备、环境条件等的变化。因此协作实验室应具有该物质定值的必要条件,并有一定的技术权威性。协作实验室的数量随测量程序的复杂性而变化,测量程序越复杂,实验室间变差越大,需要增加实验室数,以得到满足不确定度要求的特性量值,但增加实验室相应地增加了成本,协作实验室的数量或独立定值数应符合统计学基本要求。ISO 5725-1 给出了计算协作实验室至少数量的复杂方程,一般协作实验室最少为 3 个～5 个或更多。这个最少数量的实验室可使获得的测量数据符合统计学要求,并使确定的特性值的不确定度满足要求。采用一种方法定值时,独立定值数一般不应少于 8 个;当采用多种方法时,不宜少于 6 个。采用严格的标准测量程序时,协作研究组织者可以指定协作实验室均采用这个方法,否则,应允许协作实验室自由选择方法。这种协作研究应预先制定目标明确、有效设计和组织、协作实验室和操作者易于执行、简洁、清晰的操作指南。

(1) 绝对(或权威)的测量方法定值法:对每个操作者的一组独立测量结果,用格鲁布斯法或狄克逊法从统计学上剔除可疑值。列出每个操作者测量的数据、平均值、标准偏差及测量次数。分别对两个(或两个以上)操作者测定数据的平均值和标准偏差进行 t 检验。若检验结果没有显著性差异,可将两组(或两组以上)数据合并,给出总平均值和标准偏差;若检验结果有显著性差异,应检查测量方法、测量条件及操作过程,并重新进行测定。

(2) 两种以上不同原理的方法定值法:同样先剔除可疑值和组间数据差异性检验,若检验结果没有显著性差异,可将两个(或多个)平均值平均求出总平均值,将两个(或多个)标准偏差的平方和除以方法的个数,再开方求出标准偏差。若检验结果有显著性差异,应检查测量方法、测量条件及操作过程,或者用不等精度加权方式处理。

(3) 多个实验室合作定值法:对各个实验室的测量结果分别剔除可疑值后,合并全部原始数据,考察合并后的测量数据分布的正态性。当数据成正态分布或近似正态分布时,将每个实验室所测数据的平均值构成一组测量数据,用格鲁布斯法或狄克逊法剔除可疑值,用科克伦(Cochran)法检查各组数据之间是否等精度。这些数据等精度时,计算总平均值和标准偏差。当数据不等精度时,可以用加权方式处理。数据不服从正态分布和变异系数较大时,应检查测量方法的正确性,并找出各实验室可能存在的系统误差。数据分布很不规则时,采用中位值或切尾均值这种更加稳健的统计量来估计特性值可能更合适。切尾均值是对均值的一种变通方法，其做法是去掉最大的和最小的数据，然后对其余的作平均。例如，切尾率为5%的切尾均值就是指去掉5%的最大值和5%的最小值后，对剩余90%的数据作平均所得到的结果。定值结果经过统计处理后，还要考虑不确定度分量对定值结果不确定度的贡献程度。样品特性值测量不确定度由3个互相独立的分量构成，即测量程序引入的测量不确定度分量、样本和样本之间非均匀性引入的测量不确定度分量，以及随时间变化样品的不稳定性引入的测量不确定度分量(短期稳定性引入的测量不确定度分量和长期稳定性引入的测量不确定度分量)。瓶间均匀性带来的不确定度可采用单因素方差分析法计算，瓶间标准偏差加合瓶内重复性标准偏差即得到由瓶间均匀性带来的不确定度；稳定性不确定度是通过将自变量初始值、时间和相对降解速率的不确定度传播给因变量特性值而得到。要确定标准样品特性值的测量不确定度，前提是通过检测确定后两种因素引入的测量不确定度分量远远小于测量程序引入的测量不确定度分量。当经过验证的物质均匀性和稳定性都良好时，后两种因素引入的测量不确定度分量可以忽略。参加协作定值的实验室根据人员、设备等具体条件选择测定方法、提供定值数据。定值方法差异所引入的不确定度分量，直接导致标准物质特性量的定值不确定度数值增大；另外研究人员常常根据经验或实验室现有的条件选择定值方法，忽略了不同定值方法之间的系统误差，同样会导致特性量的定值不确定度偏大，影响了标准物质特性量值的准确性。

定值的不确定度可根据测量不确定度的表达、测量不确定度的计算指南、JJF 1059—1999《测量不确定度评定与表示》计算。定值结果一般表示为：标准值±总不确定度。特性量值的测量总平均值即为该标准物质特性量的标准值，总不确定度可用标准不确定度或扩展不确定度表示，且保留1位～2位有效数字。标准值有效数字的位数由标准值的最后一位与总不确定度相应的位数对齐来决定。

在CNAS T0419计划中，协调者邀请了广东省8个市级疾病预防控制实验室对能力验证样品进行协作定值。这些实验室技术水平先进，有较好的质量控制工作基础，具有丰富的检测经验。为了保证各实验室定值测量工作受控和量值准确可靠，建立和保持实验室间质量保证体系，即定值的质量保证体系。分析人员对报出的数据负责，接受过程监督，审核原始记录。所用测量的计量器具/测量仪器需经检定或校准合格，并在有效期内。计量器具/测量仪器的计量特性应满足定值需要。测定时所用测量标准应溯源到国家标准样品(包括标准溶液)外，对参加定值的实验室提出具体明确的指导原则和技术要求。如样品前处理及检测方法统一采用《化妆品卫生规范》(2007年版)第三部分(三、四)规定的湿式法消解，铅、砷分别采用火焰原子吸收分光光度法、原子荧光分光光度计法测定；对检测过程中的关键环节采取有效的质量控制措施，包括有证标准物质的应用，测量过程中加标回收试验等内质量控制措施等。

结果回收后对各定值实验室的测定数据进行汇总、统计学处理。首先对每个实验室定值数据，按照格拉布斯准则剔除离群值。实验室之间是等精度测量的数据，实验室间的精度检验采用科克伦准则进行检验，用狄克逊准则检验各平均值之间是否存在异常值。在剔除异常值后，对保留的数据计算总平均值，组内随机标准偏差 S_x、组间变动性标准偏差 S_L，计算平均值总的标准偏差 S 和总的不确定度 $t_{\alpha,(m-1)}S_{总}$。

4. 应用实例

CNAS T0419 化妆品铅、砷能力验证计划，对 8 个实验室定值数据按照格拉布斯(Grubbs)准则检验，结果见表 5-7。在显著性水平 $\alpha=0.05$ 下，$\lambda_{(\alpha,n)}=2.285$。样品 A 铅测定数据不存在离群值，样品 A 砷、样品 B 铅、样品 B 砷数据分别剔除 2、1、2 个异常值。

表 5-7　格拉布斯检验结果

实验室	样品 A						样品 B					
	铅			砷			铅			砷		
	U_{max}	B	Y	U_{max}	B	Y	U_{max}	B	Y	U_{max}	B	Y
1	1.8	2.55	0	1.1	1.14	0	1.3	1.15	1	0.7	0.63	1
2	1.6	2.31	0	0.3	0.34	0	0.9	1.40	0	0.3	0.40	0
3	0.7	0.95	0	0.6	0.71	0	0.3	0.42	0	0.4	0.49	0
4	1.7	1.96	0	0.5	0.67	0	1.6	1.68	0	1.0	1.13	0
5	1.3	1.61	0	0.8	1.21	0	0.8	1.12	0	1.0	1.20	0
6	0.8	0.96	0	1.2	1.09	1	0.6	0.69	0	1.1	0.84	1
7	0.6	0.87	0	0.3	0.46	0	1.0	1.19	0	0.2	0.32	0
8	0.8	0.95	0	0.2	0.18	1	0.6	0.70	0	0.2	0.28	0

注：$B=\lambda_{(\alpha,n)}\cdot S$；$Y$ 表示异常值个数。

8 个实验室定值数据的 Cochrane 检验结果：样品 A、样品 B 铅、砷的 G_{max} 分别为 0.299 9、0.277 4、0.286 0、0.320 5。在 $\alpha=0.01$、$m=8$、$f=11$ 时，$G_{n(m,f)}=0.3248$。8 家实验室之间对不同样品的铅、砷的检测数据精度无统计学上的差异。实验室间平均值的离群检验采用 Dixon 准则进行检验，在显著性水平 $\alpha=0.05$ 下，$f_{(0.05,8)}=0.608$。样品 B 砷结果的平均值存在一个异常值，应将其剔除。剔除离群值后，计算标准值、总的标准偏差 $S_{总}$ 和总不确定度 $t_{\alpha,(m-1)}S_{总}$，结果见表 5-8。

表 5-8　化妆品铅、砷定值结果

样品	项目	结果数 个	离群值 个	总平均值 mg/kg	总标准偏差	总不确定度
A	铅	96	0	22.0	0.2	±0.5
	砷	96	2	13.4	0.3	±0.6
B	铅	96	1	26.2	0.2	±0.5
	砷	96	14	10.9	0.06	±0.2

三、微生物实验室能力验证样品制备

微生物是具有活性的生物，细菌需要在有营养的条件下生长，主要由细胞膜、细胞质、核质体等部分构成，有的细菌还有荚膜、鞭毛、菌毛等特殊结构。绝大多数细菌的直径大小在0.5 μm～5 μm之间。根据能力验证组织实施机构需要提供的样品要保证其均匀性和稳定性，这就需要组织方在实施过程首先保证提供的考核样品能够保持其固有的生物特性及检测标志。围绕着保证样品的均匀性和稳定性的所有技术都是实施能力验证的关键技术。

1. 样品制备的关键技术

样品的制备一直都是开展能力验证计划的核心部分。特别是微生物项目检测的能力验证计划中，在制作能力验证样品时，由于菌种的选用、制备工艺问题或其他原因如由于微生物种群间的竞争现象，在配制混合样品时不易制备。故解决微生物样品制备的问题是能力验证提供者最关键的部分。

微生物具有的生物活性，使得在样品的制备、发放中具有其自身的特点。当前微生物能力验证样品的形式有三种：①微生物不做任何处理，按照常规的方法保存在斜面培养基上或者细胞内。此种方法一般适合于开展的微生物项目对环境不良因子的耐受强、参加的实验室少及运输时间短的能力验证计划。②样品不做处理，但是在运输过程中会采用保持低温的措施。③样品通过冷冻干燥处理，这样使得微生物在休眠的状态下保持其具有的生物活性，冷冻干燥保藏方法适合于微生物细胞结构特点、生存环境及其生理状态，能满足微生物细胞结构和功能的统一性，作为一种最安全、可靠的保藏菌和毒种的方法，同时具备携带、运输方便，出现污染的机会少的特点，一直被用来作为制备微生物能力验证样品的一个重要手段。国内对于病毒核酸、血清的检测能力验证样品采用冻干后不管是在运输及保持活性上都有较大的优势。冻干原理是微生物在冷冻保护剂（又称抗冻剂）的环境中处于冷冻状态，然后在真空减压情况下利用升华现象除去水分，使微生物在非剧烈的条件下，同时尽量避免细胞直接受到损伤而处于干燥、缺氧、同时生理活动受到抑制的状态。据以此，大型的微生物检测能力验证项目的样品更多地采用冻干的方式，这使得样品在运输及稳定性上有很大的优势。

病毒由于结构简单，核酸在低温条件下一般不会出现变性的情况，所以病毒的样品采用冻干的措施一般受到的影响很小。很多情况下，病毒样品更多的是防止在高温下病毒核酸的降解。故采用冻干干燥时制备的样品，需要特别关注的是细菌这一类微生物。以下探讨的研究都是针对细菌来的。

根据现有的研究，菌种冷冻干燥保藏受到以下因素的影响：

(1) 菌种悬液的浓度

为了保证在长期保藏后有足够数量的活细胞，通常采用浓度较大的菌悬液，细菌一般大于10^8 CFU/mL为宜。

(2) 冻干菌种材料

据Yukie等研究，产鞭毛的气单胞菌和弧菌在冻干时存活率很低。细胞壁富含磷壁酸的菌种比细胞膜富含磷壁酸的菌冻干时生存率要低，这是因为多聚糖和磷壁酸可以捕获水分子。干燥对菌的存储非常重要，细胞外存在的多糖或磷壁酸对长期储存不利。减少安瓿里水分子的数目、减少水分子的活性和防止细胞去捕获水分子可以提高冻干菌的存活率。为此，安瓿应该完全干燥，安瓿应该密闭在完全真空里，同时减少水分活性，就应该存储在低温中。很多机构会在安瓿里加干燥剂，美国菌种保藏中心（American Type Culture Collection,ATCC)用一个棉花羊毛塞子来保持干燥。

不同菌种冻干后的生存时间也不同。革兰氏阳性菌冻干后生存率有80%,但其后的存储过程中生存率各菌变化挺大。革兰氏阴性菌冻干后生存率为50%,存储后,在开始5年内细菌持续减少,最后生存率到了大概10%细菌就不再死亡了。

菌落的菌龄也会影响冻干的存活率,一般选用菌的对数期或稳定期作为材料,这一时期的菌耐冻干的能力以及应对不良条件的能力比较强。

(3) 保护剂

微生物菌株冷冻干燥保藏中,保护剂又称抗冻剂,对菌的存活起着很关键的作用。为了提高微生物冻干保藏存活率、延长菌种保藏期,就应该选择合适的保护剂。保护剂一般可分为小分子保护剂和大分子保护剂。小分子保护剂的作用原理是:在冷冻或干燥过程中,这些小分子可与菌体细胞膜磷脂中的磷酸基团或菌体蛋白质极性基团形成氢键,从而保护细胞膜和蛋白质结构与功能的完整性,达到保护微生物的作用。大分子保护剂则通过“包裹”形式保护菌体,同时也促进小分子保护剂发挥相应作用。脱脂牛乳、血清、甘油、甜菜碱、阿东糖、蔗糖等可以作为冻干过程中常用的保护剂。增加M-肌醇(5%)和甘油(5%)到脱脂牛奶中作为副溶血性弧菌的保护剂可以增加其冻干后的生存率,Lin等认为蛋白和糖的混合物作为保护剂将使得保护剂的保护效果更有效。而这几年,对于保护剂海藻糖的研究逐渐热门,国内外研究表明细胞内海藻糖含量与其细胞对逆境忍受程度呈平行增减关系,海藻糖在微生物细胞中的主要功能是一种典型的应激代谢物,加入海藻糖可以有助于菌抵抗一些不良环境的影响。

(4) 培养基的影响

细菌是一种需要在营养条件下才能生存的生物。适宜的培养基一般是可以提供这个营养条件的。据研究,细胞可以通过可溶性物质来保持自身的渗透平衡,因此在培养基里添加可溶性物质(如多元醇、氨基酸或氨基酸衍生物)对细菌的冻干过程中有一定的保护作用。

(5) 冻结速度

真空冷冻干燥保藏菌株时,冻结速度是影响微生物存活率的重要因素,冻结一般在预冻时完成。为了保持细胞的结构完整性,冻结速度必须与微生物细胞对水分的渗透率相平衡,而细胞对水分的渗透率取决于细胞表面积与体积的比率以及细胞膜的渗透率,故不同微生物最佳冷冻速度也不同。这就需要在实际冻干微生物菌种时,预冻速度选择一个最佳的速度,因为预冻速度过快过慢都是不行的。当预冻速度过慢时,在这种状态下,细胞会严重脱水从而导致细胞体积压缩,压缩到一定程度时细胞就会失去其固有的活性;而冷冻速度过快时,细胞内的水分由于来不及外渗就会形成较大冰晶,这些冰晶会破坏细胞膜及细胞器,从而造成细胞内的机械损伤。

(6) 抗逆能力

一般认为,菌株处于低温或者干燥的不良环境下,会发生诱导抗逆反应,从而提高菌株的抗逆性,同时有研究认为细胞若处在逆境中1 h以上,就可以诱导抗性基因表达抗逆蛋白。

(7) 复苏处理

保藏的菌种在使用时往往需要复活处理。对于冻干菌种的复苏培养时,由于复水介质产生的渗透压和复水条件等可能对细胞膜及分子结构产生各种影响，从而造成细胞的损伤。因此，在复苏处理时，一般要消除这些因素的影响，很多时候采用最适该菌株生长的培养液或生理盐水并在适合其培养的温度下进行复水。

2. 应用实例

以下以广东省疾病预防控制中心协调实施的一项能力验证计划（食品中副溶血性弧菌检测能力验证计划）为例来叙述实施一项微生物检测项目涉及的一些关键技术。该能力验证计划的目标菌是副溶血性弧菌，在研究探讨要素时都以该菌为研究对象。

（1）样品制备前的准备

副溶血性弧菌属于弧菌科弧菌属，是一种海洋细菌，常存在于近海岸的海水、海底沉积物、海产品及盐渍食品中。自2000年以来，副溶血性弧菌引发的食物中毒在我国沿海已高居细菌性食物中毒的首位。食物中毒时应尽可能有实验室检测资料，以使相关机构有目的地处理这类事件，保持实验室的能力在保障人民群众的健康中有很重要的意义。实施食品中副溶血性弧菌检测的能力验证活动能对实验室在该项目的检测能力进行评估，使实验室主管部门能够了解各实验室的真实能力；此外，如果出现不满意结果时，可以通过查找原因以达到提高实验室对致病微生物的检测能力。

副溶血性弧菌嗜盐畏酸，在无盐培养基上，不能生长，在3%～6%的盐水繁殖迅速，每8 min～9 min为1周期，低于0.5%或高于8%盐水中停止生长。副溶血性弧菌同时具有不耐低温，不耐冻的特性。副溶血性弧菌在5 ℃可以生存，但停止生长，低于5 ℃就很容易死亡。在8 ℃和10 ℃条件下，就可以恢复生长了。另据Mile副溶血性弧菌可以在硫代硫酸钠-柠檬酸盐-胆盐-蔗糖琼脂（thiosulfate citrate bile salts sucrose agar，TCBS）培养基条件下在8.3 ℃到45.3 ℃之间生长。一般认为副溶血性弧菌在低温条件下会以10倍～100倍的速度死亡。并且已经有很多报道副溶血性弧菌在低温条件下会进入活的非可培养状态（the viable but nonculturable state，VBNC）。这些特性为冻干副溶血性弧菌提供了一些难度。在冻干保存副溶血性弧菌时，采用常规的方法，副溶血性弧菌的存活率非常低，而且保藏时间也短。故提高副溶血性弧菌冻干后的存活率及保藏时间是样品制备中的一个关键的技术。

在CNCA-09B06项目中，目标菌为副溶血性弧菌，该菌具有不耐冷的特点，同时又是常见的致病弧菌。首先需要解决的是冻干后样品内该菌的存活率，通过在对菌的生长期的筛选、冻干保护剂的选择、冻干条件的设置和加入的干扰菌的比例等主要的四个方面。在探索过程中，采用定性和菌落计数的定量的方法相互结合起来，筛选出最优的一些条件，为后续的样品制备提供理论及试验的数据。

冷冻干燥步骤分为预冻干、降温、第一期干燥、第二期干燥四部分，具体步骤如下：将分装好的冻干西林瓶盖上塞子，塞子预留一定的高度和空间，便于达到抽真空的要求。西林瓶在铁盘子内摆放整齐后放入冻干机中，根据条件设定预冻干大约5个小时。冻实后，进行第一期干燥，在零下35 ℃，压强200 ubar的条件下干燥10 h。接着采用逐级升温的方法达到20 ℃进行第二期干燥1 h。冻干过程完成后，在真空条件下进行压塞密封，隔绝微生物和空气的接触，有利于微生物菌种的保藏。这里预冻有快速预冻和慢速预冻两种方式，快速预冻是等到冻干机箱体底盘的温度达到－40 ℃后，将样品放进箱体内进行预冻；慢速预冻是把样品放入与常温温度差不多的箱体内，根据设定的降温速率，让箱体逐渐降温降到设定的温度值−40 ℃。

1）前期需要的研究及数据

在对每一项微生物能力验证项目中，前期的研究对样品的制备非常重要，而且也是非常关键的。这一部分的研究对于样品的制备有很重要的指导意义。根据考核对象的不同以及样品的形式，会有不同的研究指标。在制备冻干的微生物样品时，需要对微生物的冻干存活率以及加入的最佳保护剂、赋形剂进行相应的探索；在有必要设置一些干扰的项目时，需要对混合的各微生物的生态关系研究，以确定各自的比例。

冻干存活率的研究，通过对冻干前后的菌落数的比较，来确定所选的冻干保护剂以及冻干程序的优劣，菌落计数可以采用倾倒法及涂布法，这两种方法对结果没有差异，但是倾倒法速度快些。菌落总数的测定具体参考国家标准 GB/T 4789.2—2008《食品卫生微生物学检验菌落总数测定》。采用冻干存活率来评价菌冻干后的存活状况。冻干存活率＝100×冻干后可培养菌落数（CFU/mL）/冻干前可培养菌落数（CFU/mL）。同时通过对样品存放在45 ℃的高温条件下进行加速试验及在 25 ℃、4 ℃条件下进行稳定性试验，通过对菌落数的变化来评价样品的稳定性和保存期限。菌落数由于不呈正态分布，为了更好地进行统计比较，建议菌落数转换为对数 $\lg N$。

2）均匀性及稳定性试验

很多时候，在开展一项能力验证的时候，对于样品的均匀性和稳定性在大批量制备前就应该有一定的了解。这一步骤非常重要。

3）试验方法

对于冻干样品，在对样品前处理时，前处理有其特点。一般的程序如下：

① 增菌：开启冻干菌瓶盖，用少许增菌液溶解其中的冻干菌粉末，将此混悬液吸到盛有 3 mL～5 mL 增菌液的试管中，然后置于 36 ℃±1 ℃恒温箱中培养 8 h～18 h。

② 分离：用灭菌微量吸液器吸取 20 μL 培养后的增菌液入培养基平板上划线分离。其余步骤参照国家标准或者作业指导书。

4）样品均匀性试验

根据式(5-2)计算随机抽取进行均匀性试验样品的数量 n：

$$n=\frac{Z_{a/2}^{2}(1-P)}{\varepsilon^{2}P} \quad\cdots\cdots\cdots\cdots\quad (5\text{-}5)$$

式中：

P——总体概率的估计值；

ε——相对误差。在能力验证单纯随机抽样中，假定：$1-a=99\%$，最大相对误差 ε 为 10%，出现与预期结果相符合的概率 P 为 95%，则最少的样品数量 $n=2.58^2(1-95\%)/0.1^2(95\%)=35$。

能力验证的均匀性试验经常需要实施机构实验室和协助实验室在同一条件下协同进行，一般为了实际操作方便随机抽取 40 份样品，由各自实验室对 20 个样品进行试验。所有检测结果与已知结果（指定值）相吻合，表明所制备的样品是均匀的。

样品稳定性试验（加速及保藏试验）：为了防止运输冻干菌样品过程中特殊情况的出现，

如短暂的高温等情况，在CNCA-09B06项目中实施机构针对样品A、样品B、样品C、样品D进行了在45 ℃及37 ℃条件下的加速试验以及常温(28 ℃～30 ℃)和4 ℃条件下的保藏试验。不同存放温度下，样品的可检出期限见表5-9。

表5-9　样品存放不同温度下的检出期限

存放温度/℃	样品B	样品C	样品D	样品A
4～8	＞30 d	＞30 d	＞30 d	属于空白样品不含细菌，在每次稳定性实验中均未检出菌
28～30	＞15 d	＞15 d	＞15 d	
37	＞10 d	＞10 d	＞5 d	
45	＞5 d	＞5 d	＞5 d	

以上稳定性的试验与单纯副溶血性弧菌的样品是一致的。同时根据研究结果，由于样品在低温下的稳定性更好，故为了保证样品的足够稳定，可以在夏天最热的季节考虑采用加冰袋的方式运输能力验证样品。本研究曾对冰砖和样品的环境温度进行了测试，结果显示第三天温度在10 ℃以下，第四天温度为25 ℃。由于特快专递能使样品2 d～3 d内到达实验室，故通过以上措施，不管气候条件怎样，都可以保证样品的稳定性。

邮递试验：为了进一步模拟邮递时的场景，在实际的能力验证开展时，有必要做一些邮递试验，即把样品通过寄到参加实验室等同的距离，然后再寄回来。组织机构再按照能力验证的要求，对寄回的样品进行检验，如果结果与预期一致，则可以说明样品是稳定的。

在CNCA09-B06计划项目中，根据参加的实验室的分布情况，选择有地域代表性的北京市、厦门市、深圳市和山东省荣成市各一个实验室将双份样品特快给这些实验室，然后又委托这些实验室将其中一份样品寄回，对寄回的样品进行检验，其结果与预期是一致的。通过这一措施，可以认为邮寄的过程不影响样品的稳定。

通过以上的研究，为大批量制备样品提供了很好的依据和基础，同时也为组织方增加了对样品的信心。建议实施具有生物活性的微生物检测的能力验证时，样品制备最好与发放样品的时间靠近，这样样品的稳定性就更有保证。

(2) 样品制备

在此计划中，根据研究试验数据与技术经验的总结，冻干保护剂，按照设定比例混合24 h培养的菌苔制备样品。大批量制备出的样品过程如下：

① 纯菌种样品制备(样品B纯副溶血性弧菌与样品C纯拟态弧菌)：把TSA平板上的菌落刮到盛装最后浓度为10%牛奶液与10%的海藻糖混合溶液中的6 mL试管中(共15支)，洗匀后倒入300 mL三角瓶内振摇混合。最后分装到西林瓶内，每瓶0.3 mL。

② 混合菌样品制备(样品D副溶血弧菌＋拟态弧菌)：把TSA平板上的菌落刮到50 mL　10%海藻糖溶液中，然后吸出3 mL测麦氏浓度，麦氏浓度为3的最大值。按照比例；副溶血性弧菌：拟态弧菌为5 000：1，混合程序为：副溶血性弧菌：拟态弧菌5 000：1，首先把拟态弧菌菌液稀释到10-1，然后按照3麦氏浓度的副溶血性弧菌50 mL与10-1的拟态弧菌100 μL混合。以上混合好了后，把20%的牛奶加进去，分装冻干。

③ 空白样品制备(样品A)：把保护剂0.3 mL直接加进西林瓶，冻干，制备出空白A样

品。制备场所和过程严格无菌操作，制备过程中均做空白对照。将空白A样取一环接种到TSA平板上，其他样品(B、C、D)接种到显色平板上，带回实验室培养过夜。A样为无菌试验，B、C、D观察冻干前生长情况。共制备4类样品，样品性状为乳白色或乳黄色的块状或粒状固体物，用小玻璃瓶密封真空包装。

(3) 样品标识及防串通设置

能力验证计划提供者应该把能力验证计划设计成使得参加实验室尽可能少地出现串改和伪造结果的机会。虽然现在普遍认为，参加者应该把避免伪造结果作为他的责任，但是由于受到各种因素的影响，每次的能力验证计划或考核比对都会出现实验室之间串通伪造结果的现象。这就要求能力验证计划应该能提供很好的方法和措施以防止各参加实验室互相串通伪造结果。当前能力验证计划提供者比较常用的防串通技术有两种：①给予不同的实验室不同的样品。该方法可以完全杜绝串通现象，但是当参加实验室较多时，能力验证提供者要提供那么多不一样的样品是有困难的；同时由于比对实验室的样品不一样，对实验室的能力评价就很难公正和公平，这也是该方法的主要缺陷。针对这些缺陷，有一些改善的方法，即把样品制备成不同的几组，把样品发给各参加实验室，在结果评价时把相同的样品放在一起来评价。这样既让各参加实验室难串通，还又能保证结果评价的公正合理。这方法的缺陷就是，因为有部分实验室的样品是一样的，还是有机会串通。②把不同的样品和样品的顺序排列不一样结合起来进行。以考核项目为核心制备出几类样品，这几类样品中有含考核项目的样品，也有起干扰作用的样品。提供者把这几类样品都发放给各实验室，但是样品的排列顺序不一样，这样就形成了各实验室收到的各个样品在外表上是一样，但是参加实验室上报的结果却不一样。通过这样的盲法发样，就可以杜绝各实验室的串通发生，同时由于各个实验室全部的样品是一样的，就可以很公正地评价各实验室的能力。

第二种方法是制备多种样品，这是一种比较好的防止串通的方法。具体操作如下：将4类样品按事先设定的排列方式摆好后，采用实验室代码分别加A、B、C、D的方式对每个样品进行标识。为了不使样品混淆，在样品标识环节设置专人监督，每次调整排列方式时必须经监督员确认。这样，每个实验室均收到按不同顺序打乱的4个样品并分别标识为“实验室代码＋A”、“实验室代码＋B”、“实验室代码＋C”、“实验室代码＋D”。

(4) 样品的包装及发放

根据《人间传染的病原微生物名录》，副溶血性弧菌、创伤弧菌及拟态弧菌均属第三类致病微生物，但是包装可以借鉴《可感染人类的高致病性病原微生物菌(毒)种或样本运输管理规定》的要求，采用三层包装，第一层包装是壁厚的小玻璃瓶，内盛约30 mg冻干物。第二层包装是硬质离心管(50 mL)，每管放置两个小玻璃瓶。第三层包装是塑料袋，每袋放置两个离心管。为了保证样品的稳定，需要提供样品一个稳定的环境。具体可以根据报名的实验室的多少、运输距离的远近来确定是否还要增加其他措施。样品包装上，可以采用隔热泡沫塑料盒加冰砖密封特快专递方式传达到各实验室。所用泡沫塑料盒大小应该能容纳里面的所有东西，泡沫盒内加冰砖，然后将样品贴好标签按三级包装方法包装后置于已有冰砖的泡沫塑料盒中，将泡沫塑料盒密封后置于一纸箱中进行运输。运输前，有必要对泡沫塑料盒的保温性能进行了测试，将温度计装入密封的泡沫塑料盒于室温(30 ℃左右)下放置几天，测试盒内温度变化的情况。当然可以采用其他的方法，只要能保证样品稳定的措施都可以采用。

以上措施的目的就是为了保证样品在运输过程中尽量少受环境的影响，从而最大程度地保证样品的稳定性。

四、毒理实验室能力验证

公共卫生实验室中毒理实验室主要承担预防医学领域范围内与公共卫生工作有直接联系的各个毒理学分支，包括环境毒理学、工业毒理学、食品毒理学、农药毒理学、放射毒理学等的试验研究工作，对已知化学物开展毒理学评价和危险性分析。外源性化学物对人体的有害作用是毒理学研究的最终对象，但出于伦理学的考虑，很难获取必要的研究资料。由于哺乳动物在解剖、生理、生化代谢方面有很多的相似之处，因此常常使用实验动物模拟人暴露条件进行染毒，观察动物体内的毒性效应，并以此为基础外推至人。化学物毒性评价的试验毒理学常用方法是毒理学体内试验和毒理学体外试验，体内毒理学仍然是当前试验毒理学的标准方法。经过一系列试验研究（见表 5-10），可以对化学物的毒性进行评价。

表 5-10　毒理学安全性试验

阶段	试验
第一阶段	急性毒性试验和局部毒性试验
第二阶段	重复剂量毒性试验、遗传毒性试验、发育毒性试验
第三阶段	亚慢性毒性试验、生殖毒性试验和毒物动力学试验
第四阶段	慢性毒性试验和致癌试验

1. 毒理学实验方法能力验证

毒理学实验主要以实验动物作为测试对象，观察实验动物在外源性化学物高暴露后体内出现的中毒效应。由于实验动物存在个体差异，加之实验室间的试验条件存在差别，使得毒理学测试的稳定性受到了一定的影响。为了提高毒理实验室质量控制能力和检测水平，增强检测结果的可靠性，2003 年中国实验室国家认可委员会（CNAL）组织了食品毒理学测试能力验证活动——食品添加剂毒性测试能力验证计划（CNAL T0158），对食品毒性学实验室测试能力进行评价，相关计划的具体实施工作指定由辽宁出入境检验检疫局技术中心负责开展。CNAL T0158 以检测食品添加剂——烟酰胺的急性毒性为例，首次在国内开展了食品毒理学测试能力验证活动。

(1) 测试项目与测试方法

每个参试实验室得到 3 组相同的烟酰胺样品，每组样品中包含 7 个等比梯度浓度的样品。对小鼠进行灌胃染毒检测规定条件下的小鼠累计死亡率。能力验证协调人将采用统一的计算方法，根据每个参试实验室的小鼠累计死亡率，计算其相应的半数致死量（LD_{50}），并进行统计评价。

(2) 测试样品的制备

按照预试验确定的最大剂量，将烟酰胺纯粉溶解在 0.9％的氯化钠生理盐水中制备最大剂量溶液，采用“低比稀释法”（使每只动物的用药体积相等，而溶质不等），按照一定的剂量公比配制 7 个递减浓度的对数等距剂量组溶液，充分混匀后封装于无菌、清洁、干燥的棕色希林瓶中制成澄清透明的测试样品。

(3) 测试样品均匀性及稳定性检查

在样品分发前,从已包装和封识好的每个剂量样品中分别随机选取 19 个样品用于均匀性和稳定性检查。其中 10 个样品用于进行均匀性测试,9 个样品用于进行稳定性测试。

1) 样品均匀性测试

从已包装和封识好的每个剂量样品中随机选取 10 个样品进行均匀性测试。每个样品分成两份试料,所有试料以随机次序在重复性条件下测试 262 nm 处的吸光度值,由吸光度值换算样品的对数剂量。样品均匀性测试评价方法参照 ISO 13528:2005,结果列于表 5-11。由表 5-11 的测试结果可见,S_s 远小于 SD_i 的 0.3 倍,表明样品具有足够的均匀性。

表 5-11 样品均匀性测试评价结果($n=10$)

剂量序号	$\overline{\log D_x}$	S_X	S_s	SD_i
1	3.550 9	0.000 7	0.000 6	0.062 0
2	3.505 1	0.000 7	0.000 5	0.068 1
3	3.459 4	0.001 1	0.000 8	0.078 9
4	3.413 6	0.001 2	0.001 1	0.080 8
5	3.367 9	0.001 6	0.001 3	0.067 0
6	3.322 1	0.001 9	0.001 7	0.059 1
7	3.276 4	0.001 7	0.001 3	0.038 7

注:$\overline{\log D_x}$——样品对数剂量总平均值;S_X——样品对数剂量总平均值的标准偏差;S_s——样品间对数剂量标准偏差;SD_i——由该剂量样品的致死率换算得到的对数剂量值的标准偏差。

2) 样品稳定性测试

从已包装和封识好的每个剂量样品中随机选取 9 个样品用于样品稳定性测试。这些样品被放置在室温下(18 ℃～25 ℃)5 d,然后放置在 40 ℃的保温箱内 5 d,再放置在室温下 20 d。在均匀性测试当天、均匀性测试后的第 10 天和第 30 天分别进行稳定性测试。每次进行稳定性测试时分别从每个剂量的 9 个样品中选取 3 个样品测定其吸光度值(吸光度测试方法同“均匀性测试”)。由吸光度值换算对数剂量值,样品稳定性测试结果列于表 5-12。由表 5-12 可知,d_{max} 远远小于 SD_i 的 0.3 倍,表明样品足够稳定。说明在随后的统计分析及能力评价中可以忽略样品温度变化所带来的影响。

表 5-12 样品稳定性测试结果($n=9$)

剂量序号	第 0 天		第 10 天		第 30 天		d_{max}
	$\overline{\log D_y}$	d	$\overline{\log D_y}$	d	$\overline{\log D_y}$	d	
1	3.550 7	0.000 1	3.550 7	0.000 1	3.550 2	0.000 7	0.000 7
2	3.505 2	0.000 0	3.505 3	0.000 2	3.505 6	0.000 5	0.000 5

续表 5-12

剂量序号	第 0 天		第 10 天		第 30 天		d_{max}
	$\overline{\log D_y}$	d	$\overline{\log D_y}$	d	$\overline{\log D_y}$	d	
3	3.459 3	0.000 1	0.459 6	0.000 2	3.459 6	0.000 2	0.000 2
4	3.414 5	0.000 9	3.414 3	0.000 7	3.414 1	0.000 5	0.000 9
5	3.367 3	0.000 6	3.367 1	0.000 8	3.367 5	0.000 4	0.000 8
6	3.321 9	0.000 2	3.322 2	0.000 1	3.322 2	0.000 1	0.000 2
7	3.277 0	0.000 6	3.276 8	0.000 4	3.276 5	0.000 1	0.000 6

注：$\overline{\log D_y}$——样品对数剂量总平均值；d——均匀性和稳定性测试对数剂量结果之间的绝对差值。

3）样品的包装、标识与分发

样品采用棕色希林瓶外加防压、防碎塑料泡沫进行包装。样品进行随机、唯一性标识。经均匀性和稳定性检查合格的样品，连同参试指导书、样品确认函、结果报告单和原始记录单以快递方式分发给所有参加实验室。

(4) 测试结果的统计评价

1）测试结果的反馈

所有参加实验室必须按参试指导书要求在规定时间内报告 3 个单系列小鼠累计死亡率结果和 3 个系列总小鼠累计死亡率结果。

2）测试结果的处理

采用改进 Bliss 法，根据参加实验室所汇报的单系列死亡率和总死亡率计算相应的对数半数致死量（$\log LD_{50}$）及其标准偏差。

3）测试结果的统计评价方法

采用稳健统计方法进行统计评价；以 $\log LD_{50}$ 的 Z 比分数作为评价测试结果的基本参数，利用频数直方图、总体死亡率（或概率单位）-对数剂量曲线说明本计划的总体效果；以排序 Z 比分数棒图、测试结果的置信区间图说明参加实验室结果的一致性和重复性。

4）CNAL T0158 测试结果及评价

在 CNAL T0158 食品添加剂毒性测试能力验证计划中，共有 26 个参加实验室分别报告了 3 个系列 21 个样品的小鼠累计死亡率。按照稳健统计方法分别根据单系列结果的统计量和平均结果的统计量计算了每个 $\log LD_{50}$ 的 Z 比分数。按照 ISO/IEC GUIDE 43-1：1997，Z 比分数的绝对值落在了 2～3 范围内视为可疑结果，而 Z 比分数绝对值超过 3 视为不满意结果。

在平均结果中，共计 3 个实验室（11.5%）得出可疑或不满意结果，其中 1 个实验室（3.8%）报告了不满意结果；在单系列结果中，共计 6 个实验室（23.1%）的 10 个结果（12.8%）可疑或不满意，其中 4 个实验室（15.4%）的 7 个结果（9.0%）不满意。图 5-9 为平均结果的分布状况，图 5-10 为单系列结果的分布状况。

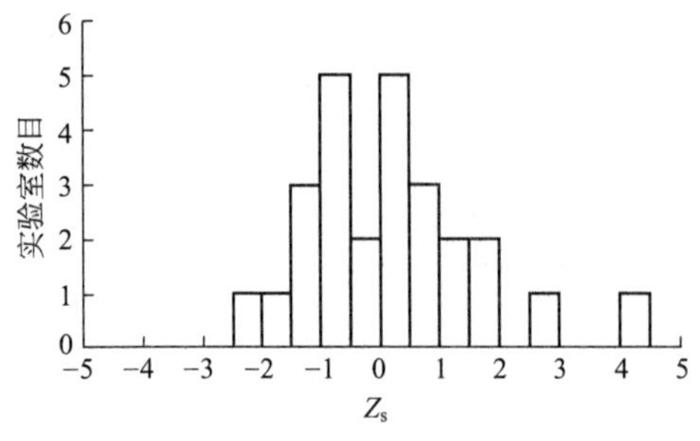

图 5-9　平均结果的分布状况

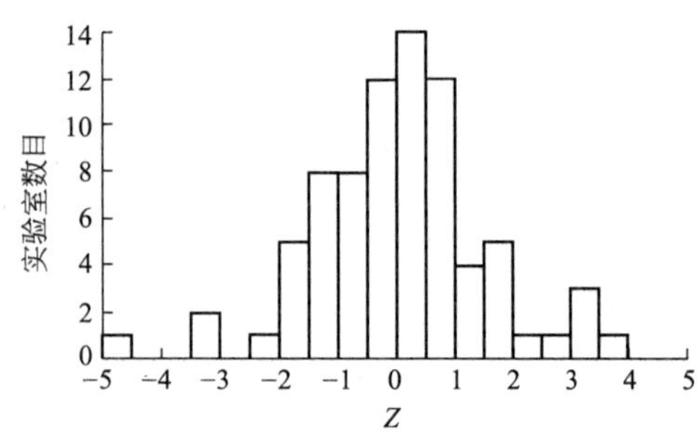

图 5-10　单系列结果的分布状况

（5）结论

无论是单系列结果还是平均结果，出现不满意结果的实验室均应调查出现问题的原因，并加以改正。影响 LD_{50} 测试结果的因素很多，根据参加实验室反馈的检测原始记录信息，对本计划中可能显著影响 LD_{50} 测试结果的主要因素进行分析，以供参试实验室参考：

① 实验动物健康状况：从合格动物供应商处购买到符合要求的动物后，应采取措施以保证染毒前动物健康状况良好，避免运输、暂养等环节对动物健康产生不利影响。

② 实验室温度的控制：应控制实验室处于相对恒温状态，在缺少温度监控系统的实验室中进行测试时，温控设备与受试动物的相对位置、温控设备的效率等都将对测试结果产生影响。

③ 受试动物的分组：不正确的分组方法，使同一参试实验室中不同系列样品的受试动物差异性增大，是导致测试结果重复性差的一个原因。

2. 毒理学生物标志物试验方法能力验证

在毒理学试验过程中，常通过一系列对生物标志物的生理、生化、病理指标的测试，分析判断各脏器的功能损害情况，可以分析判断外源性化学物的靶器官、中毒机理和毒性反应的性质，达到发现化学物毒性，并在此基础上进行安全性评价和危险性评定。如在食品安全性毒理学评价程序和方法 GB 15193.13—2003《30 天和 90 天喂养试验》和 GB 15193.17—2003《慢性毒性和致癌试验》方法中，要求在观察指标中包含血液学检查和血液生化检查，描述对照组和各剂量组动物间各项指标间的差异，以展示受试物的毒性作用。

血液学和血液生化检查均属于医学实验室检验任务范畴，毒理实验室可以参加由卫生部临床检验中心和各省、直辖市、自治区临床检验中心组织的医学实验室间比对活动，实现相关专业学科能力验证的目标。

（1）定期发放质控物调查

定期发放质控物调查是我国各省市临检中心采用的方法。临检中心定期向所有参加室间质评的实验室定期发放质控物，各实验室在接到质控物后，在规定的时间内按常规检测程序检测。将测定结果上传至检验医学信息网（网址 http://www.clinet.com.cn）。临检中心整理各实验室返回的结果，统计分析，评定结果，观察各项结果与靶值的偏离程度，然后将室间质评结果回报给实验室。这种方法的优点是省时、省力、节约和覆盖范围广，但缺点是参加实验室不按常规程序检测，往往不能反映其真实情况。

(2) 分割标本实验室间比对

目前大量的实验室检测项目还没有正规的室间评价计划，其中原因多种多样，如某些分析物不稳定，无法制备 EQA 材料，或基质效应妨碍了分析的可靠性。某些项目仅能在少量实验室内完成，建立 EQA 计划并不现实。对于许多不能提供 EQA 计划的试验项目，可适当执行替代性评估程序(AAP)。外部能力验证中常用的 AAP 方法为分割标本实验室间比对。将新鲜标本分成两份或多份，每个实验室分析其中一份。比对项目可根据组织方实验室实际需求而定。通常一年举行两次。该方法主要用于少量几个实验室之间的比对，或同一实验室内不同检测系统间的比对，可评估实验室之间的检测误差和一致性，但是只有在外部实验室使用的方法有参考方法或参考物质进行校准后，才能评价其自身的正确度(即偏倚)。这种方法的优点在于可以根据实验室的需求和承受能力小范围组织实施，其目的性强于一般常规的大范围室间比活动。如作为实验动物使用单位的毒理学实验室与实验动物生产单位的实验动物中心间进行常规化学、全血细胞计数等方面的比对工作，这样既有利于提高彼此之间实验室检测能力的一致性，又有利于提高实验动物质量控制的工作成效。

第三节　结果评价与处置

一、结果统计与评价

ISO/IEC 指南 43 和 ILAC G13 均明确要求，实施能力验证计划，专业技术人员、统计分析专家和质量管理人员应具有较丰富的工作经验。专业知识对于能力验证计划的设计和结果的技术分析必不可少，对于定量测量能力验证计划，通常需要对实验室的数据进行统计分析，计算有关统计量，为实验室能力评定提供依据。

能力验证计划提供者应按照预先制定的程序统计评价测试结果。应用计算机软件输入数据和相关信息对后续的统计和分析十分重要，可以简化统计分析的工作量。稳健统计技术是国际上实验室能力验证中最常使用的统计方法，也是 CNAS-GL02《能力验证结果的统计处理和能力评价指南》和 ISO 13528:2005 推荐的统计技术，基于测试结果或数值可以根据需要经过变换后服从正态或近似正态分布的假设，使极端结果对平均值估计的影响减至最小，广泛用于实验室检测能力验证计划的结果评价。用中位值估计样本总体均值，以标准四分位数(IQR)反映样本数据的分散程度。主要统计量包括：结果数、中位值、标准四分位数间距(IQR)、稳健变异系数(CV)、最小值、最大值和极差、Z 值等。按式(5-6)计算 Z 值：

$$Z=(x-X)/\sigma \quad \cdots\cdots (5\text{-}6)$$

式中：

x——实验室测试结果；

X——指定值；

σ——变动性度量值(目标标准偏差)。

判定原则为 $|Z|\leqslant 2$ 为满意结果；

2<|Z|<3 为有问题结果；

|Z|≥3 为不满意（离群的）结果。

统计方法的稳健性，是指对于偏离假定模型的不敏感性，由此产生的稳健统计技术，是针对实际情况中假设模型通常只是对实际数据的一种近似正态分布。可以认为稳健统计方法是一种中庸的方法，在假定模型近似正确时，该方法也能得到比较正确的结论。

1. 稳健统计法和传统统计法的统计结果比较

采用稳健统计法和传统统计法分别对化妆品中铅、砷、甲醇检测能力验证计划 CNAS T0513、CNAS T0580、CNAS T0581 的数据进行分析。采用传统统计法统计，先对数据进行格鲁斯(G)检验，剔除离群数据，然后计算总体平均值 $\bar{x}$、标准偏差 S、相对标准偏差 RSD、Z 比分数($Z=x-\bar{x}/S$)、结果离群率和可疑率等参数值。稳健统计法计算中位数、稳健变异系数(CV)、Z 比分数、结果离群率和可疑率等参数值。结果见表 5-13，数据的分布类型见图 5-11～图 5-16。从表 5-13 中可知，当样本数较小时，稳健统计法与传统统计法统计数据的离群率和可疑率存在一定的差异，与文献报道相似；而样本数较大时，两种统计方法之间的结果差异较小。从频数分布图也可发现，当样本数较大时，数据的分布类型接近正态分布，测定结果更接近真值，统计结果更准确，由于统计方法不同造成的结果差异减小。因此在设计样本组时，组内样本数不能过小，以减小方法本身带来的系统偏差。但样本数大，容易出现结果串通和造假行为，不能获得真正独立的数据，评价结果不能真实反映实验室检测能力。

表 5-13　化妆品检测结果统计量汇总

项目代码	样品	检测项目	结果数 个	稳健统计法				传统统计法			
				中位值 mg/kg	CV %	离群 %	可疑 %	平均值 mg/kg	RSD %	离群 %	可疑 %
T0580	A	铅	49	32.0	3.94	8.2	8.2	32.2	3.9	8.2	6.1
	B	铅	48	33.7	9.96	2.1	0.0	34.5	9.6	2.1	0.0
T0513	A	铅	48	21.5	2.93	22.9	8.3	21.6	8.3	4.2	6.3
	B	铅	45	25.4	7.22	4.4	13.3	24.5	7.7	2.2	2.2
T0580	A	砷	46	3.46	9.96	2.2	10.9	3.51	10.3	2.2	6.5
	B	砷	47	3.42	12.2	10.6	4.3	3.32	16.4	2.1	8.5
T0513	A	砷	50	12.2	11.54	0.0	4.0	12.5	9.6	2.0	4.0
	B	砷	44	10.5	8.47	2.3	4.5	10.7	8.1	2.3	4.5
T0581	A	甲醇	74	164.2	3.40	14.9	2.7	163.6	2.7	14.9	2.7
	B	甲醇	75	278.4	3.06	5.3	8.0	276.4	3.4	4.0	4.0

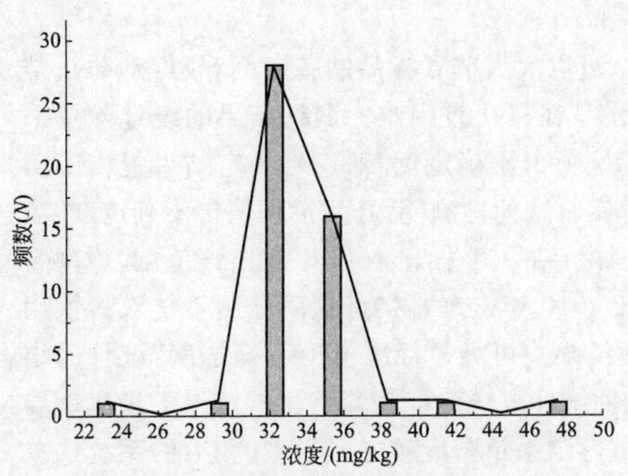

图 5-11　T0580 样品 A 铅检测能力验证数据分布图

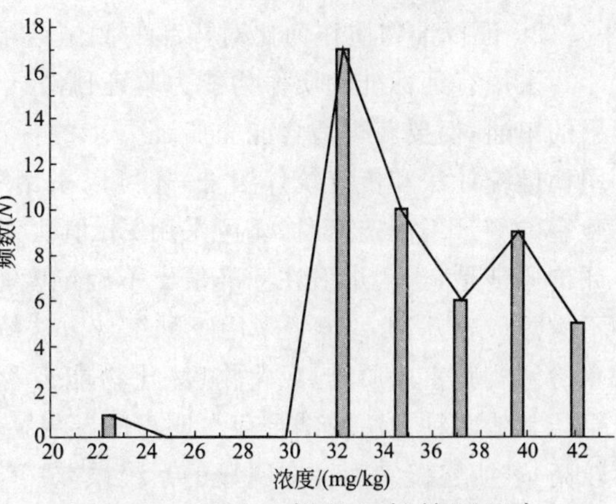

图 5-12　T0580 样品 B 铅检测能力验证数据分布图(双峰分布)

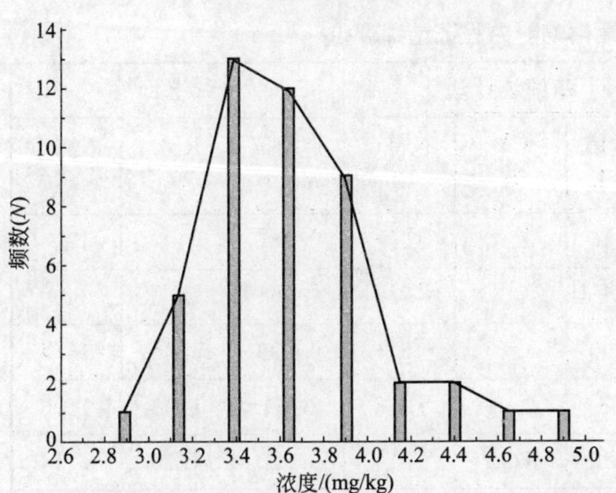

图 5-13　T0580 样品 A 砷检测能力验证数据分布图

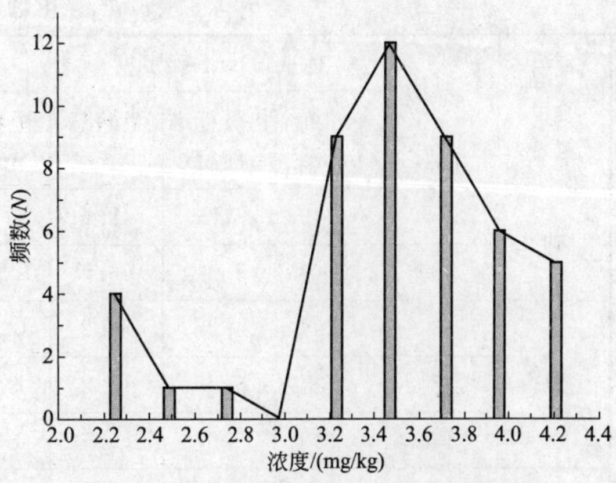

图 5-14　T0580 样品 B 砷检测能力验证数据分布图

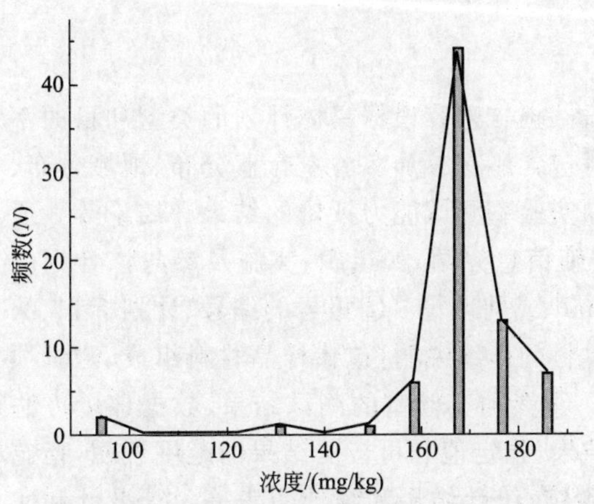

图 5-15　T0581 样品 A 甲醇检测能力验证数据分布图

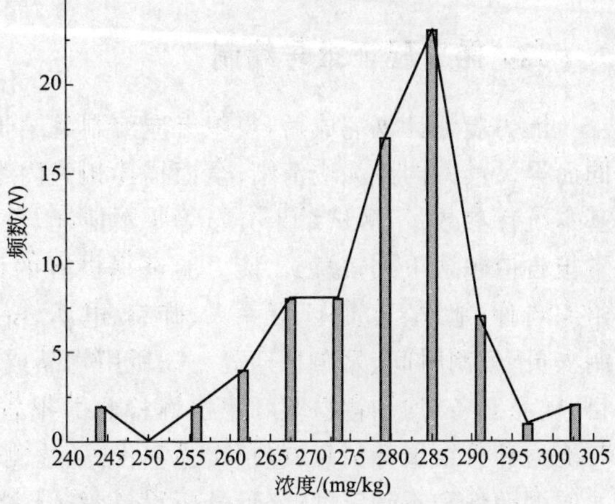

图 5-16　T0581 样品 B 甲醇检测能力验证数据分布图

2. 证标准物质作为比对样品的测试结果评价

采用有证标准物质作为能力验证比对样品，可以大大节省样品制备时间，较好地防止结果的串通，但要获得适合能力验证要求的标准样品往往比较困难。测试结果的统计除了采用稳健统计法和传统统计法外，还可以采用“标准值±不确定度”法。当测定结果提供了实验室的测量不确定度时，还可采用 En 值法评价实验室的检测能力。“标准值±不确定度”法评价原则是，当测量值在标准值±不确定度范围内，结果判为满意；结果超出该范围，均判为不满意。表 5-14 列出了采用 3 种统计方法统计 2010 年广东省疾病预防控制系统农村饮用水检测实验室水质砷、氯化物、氟化物能力验证结果。可见，“标准值±不确定度”统计的结果与其他两种方法的结果存在明显的差异。三种统计方法评价实验室测试结果不满意率均较高，表明实验室间存在明显的系统误差。当试验结果精密度较好，但存在较大的系统误差时，采用稳健统计法和传统统计法均不能正确评价实验室的检测水平，采用“标准值±不确定度”法评价能更真实、客观地评价实验室的检测能力。

表 5-14　水质砷、氯化物、氟化物能力验证结果评价

项目	样品数 个	标准值±不确定度			稳健统计法			传统统计法		
		标准值 mg/L	相对标准不确定度	不满意 %	中位值 mg/L	CV %	不满意 %	平均值 mg/L	RSD %	不满意 %
砷	45	0.349	7.2	42.2	0.346	8.4	15.6	0.347	7.2	17.8
	45	0.060 6	6.9	26.7	0.061 1	7.3	17.8	0.061	12.6	8.9
氟	38	0.704	4.26	34.2	0.700	4.26	18.4	0.699	6.28	15.8
	38	3.47	6.05	13.2	3.54	2.09	15.8	3.54	1.93	15.8
	14	0.899	3.67	50	0.926	4.42	7.14	0.920	4.16	7.14
氯化物	46	7.01	4.85	43.5	7.04	4.37	21.7	7.02	4.63	19.6
	44	111.0	4.50	11.4	110.0	1.35	13.6	110.3	1.16	13.6

二、能力验证报告编制

能力验证计划完成后，组织者应编制总结报告，报告内容根据具体计划的类型和目的不同而异。其共同点为应清晰、全面描述相关内容，包含所有参加实验室行业分布、地域分布、基本统计参数量、测试结果分布等基本情况，参加实验室测试能力评价的结果和结论等。通常报告应包含下列信息：①能力验证提供者的详细信息介绍，如组织、实施及参与该计划的组织名称、地址、负责人、联系人、邮编、电话、E-mail 或网址等。②报告的编号、计划标识、编制人员、编制时间、发布日期等。③所用物品或材料的详细说明，包括样品材料组成、测试项目、样品制备、均匀性检验和稳定性检验的报告。④参加实验室的测试结果、数据评价方法和能力评价结果等信息，包括实验室代码、检测结果，指定值和可接受结果的范围说明，指定值的溯源性和不确定度，统计分析设计、统计量确定、统计结果和统计图表等。⑤设计和实施计划的程序、检测方法/程序确定、对数据作统计分析的程序、技术顾问对实验室能力的评论。⑥能力验证技术分析。⑦能力验证结果的利用等。

1. 样品制备、均匀性和稳定性检验报告

样品制备描述、均匀性和稳定性检验结果以附录形式出现在总报告中。包括样品检验结果、统计分析结果、样品均匀性和稳定性结论等。如 CNAS T0513 样品均匀性、稳定性检验结果见表 5-15～表 5-18。

表 5-15 样品 A、样品 B 均匀性检验结果

样品编号	样品 A						样品 B					
	铅/(mg/kg)			砷/(mg/kg)			铅/(mg/kg)			砷/(mg/kg)		
	χ_1	χ_2	$\bar{x}$	χ_1	χ_2	$\bar{x}$	χ_1	χ_2	$\bar{x}$	χ_1	χ_2	$\bar{x}$
1	21.51	21.33	21.42	13.01	13.15	13.08	25.62	26.90	26.26	10.21	10.17	10.19
2	21.66	21.23	21.45	13.14	13.12	13.13	25.79	25.46	25.63	10.39	10.24	10.32
3	21.98	21.30	21.64	13.04	12.66	12.85	25.92	25.83	25.88	10.10	10.44	10.27
4	21.84	22.06	21.95	12.95	12.36	12.66	25.69	25.84	25.77	10.13	10.03	10.08
5	21.21	21.55	21.38	13.20	12.93	13.07	26.19	26.66	26.43	10.29	10.34	10.32
6	21.45	21.29	21.37	12.52	13.13	12.83	25.87	25.05	25.46	10.44	10.20	10.32
7	21.77	20.91	21.34	12.92	12.40	12.66	25.93	25.88	25.91	10.35	10.10	10.23
8	21.03	21.78	21.41	12.90	12.44	12.67	26.39	25.96	26.18	10.11	10.10	10.11
9	21.74	21.55	21.65	12.95	13.06	13.01	26.29	26.32	26.31	10.21	10.29	10.25
10	21.27	21.98	21.63	12.78	12.35	12.57	26.79	26.34	26.57	10.28	10.14	10.21
总平均 $\bar{x}$	21.52			12.85			26.04			10.23		
标准差 S	0.191 3<0.88($3\sigma_1$)			0.290<3.5($3\sigma_2$)			0.363 7<2.2($3\sigma_3$)			0.121 1<2.5($3\sigma_4$)		
注：目标标准偏差取实验室测试结果稳健变异系数值，$\sigma_1=2.93$，$\sigma_2=11.5$，$\sigma_3=7.2$，$\sigma_4=8.5$。												

表 5-16 样品 A 和样品 B 铅的方差分析结果

方差来源	自由度		平方和		均方		F	
	样品 A	样品 B	样品 A	样品 B	样品 A	样品 B	样品 A	样品 B
样品间	9	9	0.658 5	2.380	0.073 17	0.264 5	0.539 7	1.728
样品内	10	10	1.356	1.531	0.135 58	0.153 1		

表 5-17 样品 A 和样品 B 中砷的方差分析结果

方差来源	自由度		平方和		均方		F	
	样品 A	样品 B	样品 A	样品 B	样品 A	样品 B	样品 A	样品 B
样品间	9	9	0.658 5	0.129 3	0.073 17	0.014 37	0.539 7	0.963 1
样品内	10	10	1.356	0.149 2	0.135 6	0.014 92		

查 F 界值表得 $F_{0.05(9,10)}=3.02$，计算得样品 A、样品 B 铅、砷测定结果 F 值分别为 0.539 7、1.728、0.539 7、0.963 1，结果均小于 F 临界值。表明在 0.05 显著性水平下，样品 A、样品 B 的铅、砷含量是均匀的。样品之间不均匀性标准偏差 S 均小于 0.3σ，进一步证明样品 A 中铅、砷含量是均匀的。

表 5-18 样品 A、样品 B 稳定性检验结果

样品编号	平行次数	第二次检测结果				第三次检测结果			
		样品 A		样品 B		样品 A		样品 B	
		铅	砷	铅	砷	铅	砷	铅	砷
1	1	21.57	13.13	26.65	10.38	21.51	12.50	25.99	10.06
	2	21.29	12.84	26.54	10.48	21.67	12.98	26.10	10.03
2	1	21.46	12.85	26.55	10.21	21.59	12.53	26.13	9.90
	2	21.67	13.25	26.22	10.11	21.47	12.61	25.66	10.03
3	1	21.87	13.06	25.72	10.09	21.3	13.38	26.14	10.41
	2	21.38	12.81	25.75	10.19	21.64	13.10	25.91	10.26
平均值 $\bar{x}$		21.54	12.99	26.24	10.24	21.53	12.85	25.99	10.13
标准差 S		0.210 3	0.182 5	0.415 9	0.154 9	0.135 8	0.358 6	0.184 1	0.181 5
与第一次比较计算 t 值		0.148 9	1.105	0.889	0.255 7	0.07	0.00	0.238	1.580 7
$t_{0.05(24)}$		2.064 0							
结果判定		$t<t_{0.05(24)}$							

在 0.05 显著性水平下，样品 A 和样品 B 的 t 值均小于 0.05 显著性水平下 t 临界值。表明样品 A、样品 B 中铅、砷含量稳定，样品在整个能力验证计划的观察时间内是稳定的，满足能力验证检测要求。计划中实验室检测结果出现的离群值不应该归咎于样品间的差异。

2. 统计评价方法和结果报告

能力验证计划依据结果总体分布特征选择合适的统计评价方法，先检验数据的分布类型，根据检验结果，正确选择数据统计和评价方法，以确保正确、客观评价实验室检测能力。对于整体数据分布近似于正态分布，选择稳健统计技术能较好地避免极端数据对评价结果的影响。在能力验证的稳健统计分析技术报告中，常将参加实验室的测试结果、能力统计量 Z 比分数（包括 Z、ZB 和 ZW）、结果总数 N、中位值 X_M、标准化四分位距 Norm IQR、稳健变异系数（CV）、极小值 X_{min}、极大值 X_{max} 和变化范围等用各种表格表示。以便对所有参加实验室的检测能力和能力验证的总体情况进行统计分析和评价。

（1）检测结果统计处理表

样品统计处理数据表的内容包含实验室代码、验证样品的检测结果及平均值、Z 比分数（ZB、ZW 和 Z）等信息，根据样品设计类型不同，分别采用样品对检测结果统计处理表（表 5-19）和单一样品检测结果统计处理表（表 5-20）表示，这类表格以附录形式出现在报告中。在进行能力验证的统计分析时，对所有参数（项目）还必须汇总，各参加实验室的能力验证结果，以及在该轮次能力验证活动中的能力处于满意、需复查、不满意的实验室占参加实验室总数的比例，为能力验证的统计分析提供数据，采用类似表 5-21、表 5-22 所示的 CNAS T0513 能力验证结果统计表。

表 5-19 样品对检测结果统计处理表

实验室代码	测定值		标准化和 S	ZB 值	标准化差 D	ZW 值	结果评价
	样品 A	样品 B					
001							
002							
003							
…							

表 5-20 单一样品检测结果统计处理表

实验室代码	测定值		平均值	Z 比分数	结果评价
	平行样 1	平行样 2			
001					
002					
003					
…					

表 5-21 CNAS T0513 化妆品铅、砷检测能力验证结果统计量汇总

统计量	样品 A		样品 B	
检测参数（项目）	铅	砷	铅	砷
结果数/个	47	49	46	45
满意结果数/个	32	47	38	42
满意率/%	68.1	95.9	82.6	93.3
中位值/(g/kg)	21.5	12.2	25.4	10.5
标准四分位数间距	0.630 1	1.408 5	1.408 5	0.889 6
稳健 CV/%	2.93	11.54	7.22	8.47
最大值/(mg/kg)	33.1	15.3	32.6	14.4
最小值/(mg/kg)	15.2	8.10	19.0	9.08
极差	17.9	7.2	13.6	5.32

表 5-22　CNAS T0513 化妆品铅、砷检测能力不满意结果(离群和可疑结果)汇总

样品	样品数	检测项目	离群结果			可疑结果		
			实验室代码 (|Z|≥3)	共计	所占比例 %	实验室代码 (2<|Z|<3)	共计	所占比例 %
样品 A	47	铅	001,027,030,041,043,062,064,065,067,070,087	11	23.4	002,009,022,084	4	8.5
	50	砷		0	0.0	084,087	2	4.0
样品 B	46	铅	054,072	2	4.3	011,033,040,060,075,097	6	13.0
	45	砷	011	1	2.2	032,092	2	4.4

(2) 统计图表

为便于对实验室测定结果进行比较，通常以直方图或柱状图表示实验室的 Z 比分数值。图 5-17～图 5-20 清晰地展示了 CNAS T0513 能力验证计划各实验室的 Z 比分数值。将 Z 值按大小顺序排列作柱状图，每一个柱条标有该实验室的代码，Z 的大小反映了实验室结果与中位值的偏离程度，Z 值符号“+”与“−”表征实验室结果相对于中位值的偏离方向。从柱状图中，每一个实验室很容易将其结果与其他参加实验室进行比较，了解其结果在本次计划中所处的水平。

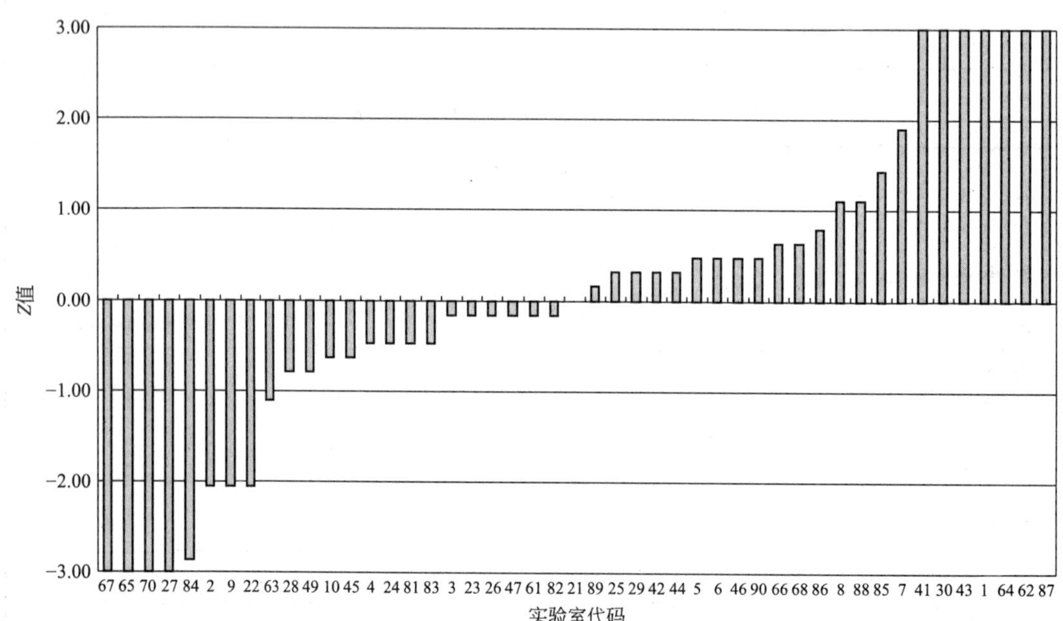

图 5-17　样品 A 中铅测定结果 Z 值柱状图

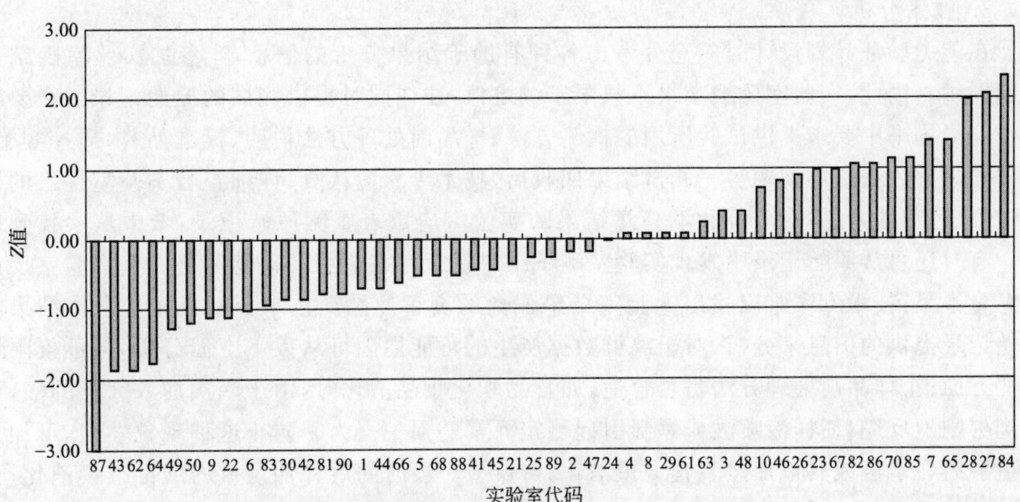

图 5-18　样品 A 中砷测定结果 Z 值柱状图

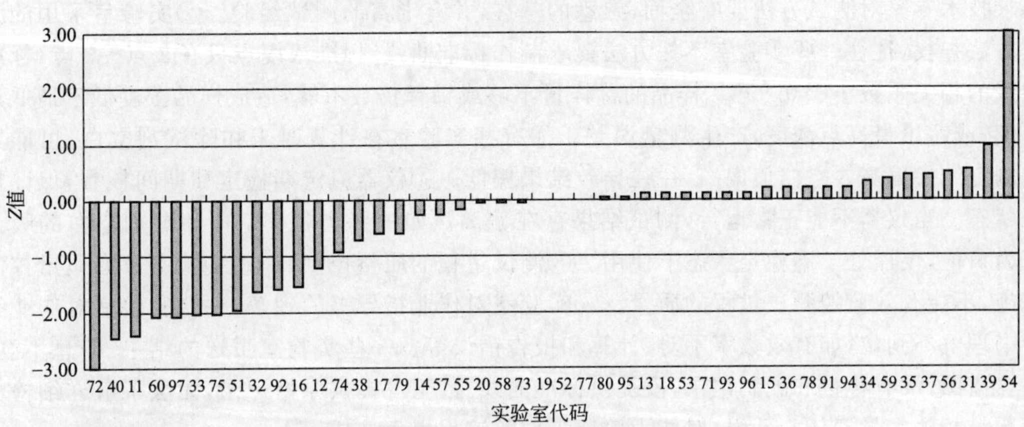

图 5-19　样品 B 中铅测定结果 Z 值柱状图

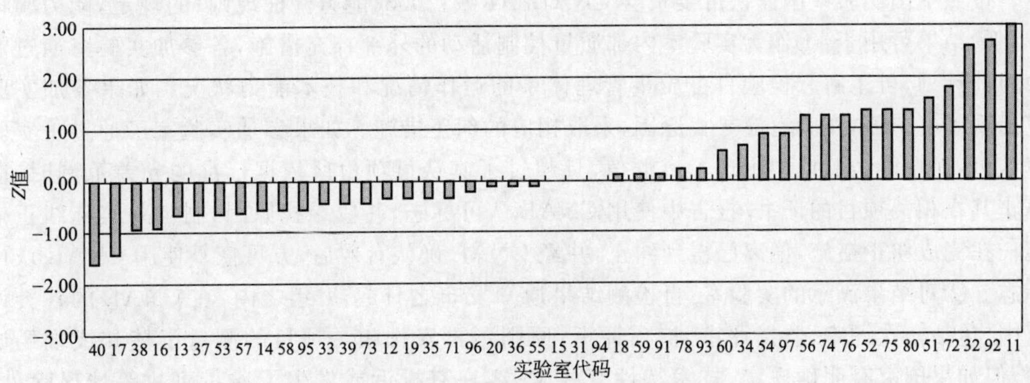

图 5-20　样品 B 中砷测定结果 Z 值柱状图

3. 技术分析

在能力验证计划设计时应充分考虑各种有助于结果分析的信息，让参加实验室随结果一起提供。因此，实验室反馈结果不只限于测定值，往往同时提供测试的原始记录。必要时在作业指导书中要求提供试验所用的检测方法、样品前处理方法说明、标准品、内质控实施，及试验过程中遇到的问题等。测试结果回收后，技术专家应认真、详细查看实验室提供的原始记录、色谱图，尤其对可疑和不满意结果的实验室应重点查阅原始记录，希望从中找到原因。有时还可从原始记录中发现实验室测试结果是否存在造假。遗憾的是一些实验室反馈信息量不足，技术专家难以找出实验室结果偏离的真正原因。技术分析只能从总体结果和原始记录提供的信息来分析，对于离群数据产生的可能原因可从以下方面分析，但不仅限于这些方面：①样品前处理方法是否合适，如食品和化妆品消化时，由于一次加入大量的酸，可能产生剧烈反应，使样液喷溅或爆沸引起测定元素的损失。为了防止这种现象发生，可加入适量酸后在水浴或其他加热装置上预消化，待反应一段时间后补加足量的酸再继续消化，在没有补加足量的酸时，样品消化不完全，造成结果偏低。又如海产品中砷测定，由于以有机砷形式存在，普通的微波消化法难以完全消化，采用原子荧光法测定时，结果明显偏低。这要求技术专家对测试方法要有全面、熟悉的掌握，并有丰富的测试经验。②实验室采用的测定方法查找，往往一些实验室不按方法要求制作标准曲线，标准浓度点只有 2 点～3 点，标准曲线的相关系数小于 0.999。样品的称样量不够或稀释倍数不够，造成样品浓度低于最低点浓度，或超出最高点浓度，产生测量误差。③有些实验室在计算时未扣除试剂空白，可能导致测定结果偏高。空白值偏高，往往导致结果偏低。④仪器应定期检定和期间核查，保证良好状态。当仪器不能正常运行，测试结果存在偏离。如一些实验室空白和试剂空白的吸光值为负值，仪器处于不稳定状态下使用。⑤测试过程的质量控制，一些实验室没有质量控制措施，不能有效监控测试过程的质量。⑥实验室对作业指导书的理解，一些实验室对作业指导书理解不到位，如有效数字不对、计算和报告错误等。一些实验室报送的结果，信息不全，缺少谱图，没有称量和配制记录，没提供标准曲线，甚至没提供原始记录，无法了解详细检测情况。相关人员责任心不强，对能力验证工作不够重视而造成。

4. 能力验证结果的说明

按照中国实验室国家认可委员会 CNAL/AR07:2003《能力验证规则》的规定，能力验证计划的结果可用于：①作为实验室内部质量控制活动的外部补充措施，各参加实验室通过能力验证计划，可了解和检验自身质量管理体系的运作情况和技术能力状况。如果参加实验室出现了复查值，实验室应寻找原因，采取相应的纠正措施。如果参加实验室已通过了实验室认可，而在能力验证中出现了离群值，且超过了其认可项目所依据标准的允差范围时，应停止其在相关项目的证书/报告中使用 CNAL 认可标志，并应寻找原因，制定并实施纠正措施。在完成纠正措施，偏离已得到纠正，并经 CNAL 确认有效后，方可恢复使用 CNAL 认可标志。②对结果满意的实验室，自检测结果通知发布之日起，4 年之内，在 CNAL 的各类评审中，包括初次评审、监督评审、扩项评审，原则不再安排相关项目的测量审核和或现场试验，但如果国家有明确规定、技术特性有要求、客户有投诉或发生了质量事故等情况除外。③在申请认可的实验室，能力验证出现不满意结果，实验室应及时采取纠正措施，CNAL 应在对其进行确认并得到满意结果后，再予以安排评审或批准认可。④为实验室能力的证明，参加 CNAL 能力验证计划，取得了满意的结果，可作为实验室能力的一个有效证明，并可增加客户对实验室能力的信任。⑤CNAL 有义务及时向实验室通报有关能力验证的动态信息。

三、利用软件统计能力验证数据

能力验证数据和有关信息量较多，采用软件处理这些数据和信息能提高效率、减少错误发生。统计软件较多，可以根据具备的条件选择使用，但采用不同软件处理数据，结果可能存在一定差异，但不影响结果的趋势。Excel、Matlab、SPSS 和 SAS 等软件均可用于能验证结果的处理。前 3 种软件的应用已作介绍，这里以水质氰化物能力验证数据为例介绍 SAS 软件统计 Z 比分数的方法。

```
data one; input id score @@;
zscore=score;
cards;
101 2.02 102 2.01 103 2.03 104 2.07 105 2.07 106 2.15 107 2.08 108 2.08 109 2.02 110 2.13 111
2.00 112 2.24 113 2.15 114 2.24 115 2.24 116 2.12 118 2.14 119 2.06 122 2.02 123 2.02 124 2.01 125
2.13 127 2.08 059 2.04 132 0.25 133 2.39 134 2.12 137 2.08 138 2.04;
proc standard mean=0 std=1 out=two;var zscore; run;
proc print data=two; id score zscore; run;
```

输出结果：

score	z-score	id
2.02	−0.043 75	101
2.01	−0.071 94	102
2.03	−0.015 55	103
2.07	0.097 21	104
2.07	0.097 21	105
2.15	0.322 75	106
2.08	0.125 41	107
2.08	0.125 41	108
2.02	−0.043 75	109
2.13	0.266 37	110
2.00	−0.100 13	111
2.24	0.576 48	112
2.15	0.322 75	113
2.24	0.576 48	114
2.24	0.576 48	115
2.12	0.238 17	116
2.14	0.294 56	118
2.06	0.069 02	119
2.02	−0.043 75	122
2.02	−0.043 75	123
2.01	−0.071 94	124
2.13	0.266 37	125

2.08	0.125 41	127
2.04	0.012 64	59
0.25	−5.033 75	132
2.39	0.999 36	133
2.12	0.238 17	134
2.08	0.125 41	137
2.04	0.012 64	138

第四节　参加能力验证程序

CNAS 按照 ISO/IEC 17043 等国际通行要求制定了 CNAS-RL02《能力验证规则》，并开展能力验证活动。《能力验证规则》规定，只要存在可获得的能力验证，初次申请认可的实验室和已获准认可的实验室都应按照 CNAS-AL07《能力验证领域和频次表》的要求参加 CNAS 组织或承认的能力验证活动，包括：能力验证计划、实验室间比对和测量审核活动。实验室应将能力验证作为重要的外部质量评价活动，充分利用能力验证结果，识别与同行机构之间的差异，补充其内部质量控制技术，为自身的持续改进和质量管理提供信息。

一、掌握能力验证信息动态

CNAS 通过收集和分析国内外对能力验证的新要求，对《能力验证规则》进行修订，确保 CNAS 能力验证各项政策能够持续满足国际要求，并根据认可发展的需求，维护更新《能力验证领域和频次表》。因此，实验室应经常登陆 CNAS 网站，了解能力验证的最新政策文件，及时掌握信息动态。CNAS 网站能力验证专栏的相关文件包括：

① 能力验证简介；

② 能力验证相关政策与资料；

③ 通知与公告；

④ CNAS 能力验证计划清单；

⑤ CNAS 能力验证计划结果；

⑥ 能力验证提供机构清单；

⑦ CNAS 能力验证招标计划；

⑧ 能力验证提供者计划清单。

二、计划阶段

CNAS 会定期公布年度能力验证计划，包括能力验证提供者的计划和 CNAS 实施的计划；此外，与 CNAS 签署互认协议的认可机构、国际权威组织[如亚太实验室认可合作组织(APLAC)、欧洲认可合作组织(EA)]等也会实施能力验证计划。实验室应根据 CNAS-RL02《能力验证规则》和 CNAS-AL07《能力验证领域和频次表》的要求，结合自身认可情况，制定本机构能力验证计划。在无适当、适时的常规能力验证计划时，实验室可依据申请项目与范围参加 CNAS 承认的实验室间比对和测量审核。

实验室参加能力验证活动应满足以下要求：

① 初次申请认可的实验室，只要存在可获得的能力验证，申请认可的每个子领域应至少参加过一次能力验证，且获得满意结果（申请认可之日前3年内参加的能力验证有效）。

② 已获准认可的实验室，只要存在可获得的能力验证，其认可范围内的每个子领域在每个认可周期内至少参加一次能力验证，且获得满意结果（结果不满意者要开展整改并验证）。

③ 当实验室使用了不同型号设备、多台相同设备和（或）不同方法对于同一项目（或参数）出具数据时，其中应至少有一台设备或一种方法参加一次能力验证并在内部开展仪器设备比对或方法比对。

④ 对于多检测场所的实验室，在初次申请认可时，其每个从事检测、校准或检查的场所均应满足①的要求；在获得认可之后，其每个场所均应满足②的要求。

三、实施阶段

1. 报名

实验室收集CNAS公布的年度能力验证计划，根据计划目录初步选择参加项目。然后登陆相关的能力验证提供者网站，下载能力验证计划实施通知，并关注其进展情况。实验室要对本机构的检验能力和试验条件进行评价，确保具备参加能力验证活动所需的条件，绝不盲目参加导致报告不满意结果。确定参加后，实验室应安排专人跟进计划的进展，包括按组织方的要求报名、交费、接收样品、寄出报告等，专人应及时通过电话或邮件与组织方保持联系，以防任何环节出现错漏。

2. 样品管理

实验室收到样品后，应仔细检查样品包装状态，填写样品接收确认表并反馈给组织方，若发现样品破损、渗漏等异常情况，需及时与组织方取得联系，通知组织方更换。样品要做好交接工作，从样品的分发到样品在不同检验组之间的流转，整个环节必须有明确的交接记录，同时要确保样品能按要求妥善保存，做到不损坏、不丢失、不混淆、不变质、不玷污、不渗漏。

3. 选择检验方法

在作业指导书中，组织方会对检验方法进行说明。如果组织方提供了统一的方法和要求，则严格按规定的方法检验。如果组织方没有指定方法，则需要认真领会组织方的意图，弄清考核目的。对单纯的技术考核，应尽可能选择熟悉的、更准确可靠或先进的方法；若除了技术考核外还有考核技术管理的内容，则应根据《中华人民共和国标准化法》的有关要求，考虑选择既准确可靠又合法有效的方法进行检验。

4. 实验前准备

选定了检验方法后，实验室必须熟悉该方法，从检验方法原理、所用试剂、仪器、操作步骤以及每一步骤的作用，到结果计算都应熟练掌握，并确保本实验室能正确地运用该标准方法。此外，应根据检验方法定量原理及相应的不确定度或灵敏度要求，选择所需要的试剂、标准物质、仪器设备和玻璃器皿，使测量不确定度控制在允许的范围内。试验中所选用的计量仪器均应由计量检定部门进行计量检定/校准，试验人员应仔细阅读检定/校准证书，了解掌握其误差分布及大小情况，必要时自己进行一次全面的核查/校准，以便于正确选用计量仪器，估算检验结果的测量不确定度，随时纠正可能出现的偏差。

5. 内部质量控制

实验室应按照能力验证要求开展预试验，即进行实验室内部质量控制，分析本机构能否达到能力验证所需的方法技术指标。如果出现可疑，应立即查找原因直至试验能够完成并满足要求后，方可开始能力验证考核样品检验。内部质量控制的试验包括：空白试验、精密度试验、校准曲线的线性关系、准确度试验等，实验室可根据实际情况选择。

6. 考核样品检验

在完成实验室内部质量控制的基础上，开始考核样品的检验。样品的取样量对测定结果影响较大，最好将样品的测定值落在本实验室确定的最佳范围内，同时处理好各种误差带来的问题。在样品量允许的情况下，尽可能多次测定，并对结果进行统计分析，根据统计情况决定数据取舍。

7. 报告审核

实验室要严格审核原始记录和结果报告，防止原始记录与检测报告值不一致造成最终统计分析判定的差错。结果报告要注意正确使用计量单位和保留有效数字位数，同时还要按组织方要求提交所需资料。可先传真结果报告单，然后将结果报告单和原始记录复印件快递给组织方，同时发邮件告知组织方，最好能打电话确认组织方是否收到相关资料。

四、结果反馈阶段

1. 结果上报后，定期向组织方案查询结果。一般一个月或两个月后，便可以通过打电话或发邮件咨询。

2. 收到组织方的中期报告后，要组织检测人员核对报告内容，如发现某些信息有误，要及时告知组织方。

3. 收到结果反馈报告后，组织人员阅读，结果满意的，按本机构程序文件要求登记结果和整理归档考核资料，并且妥善保存相关材料，作为实验室申请 CNAS 认可和获准认可后证明其具有相关技术能力的证明材料；检测结果不满意的，应按 CNAS 相关要求采取纠正措施。

第五节　不满意结果的纠正

CNAS-RL02《能力验证规则》规定，如出现不满意结果的项目为认可项目的实验室，应按照认可准则要求实施纠正措施，并验证措施的有效性；当不满意结果已不能符合专业标准或规范时，除实施纠正措施并验证其有效性外，实验室还应自行暂停在相应项目的证书/报告中使用 CNAS 认可标志。在验证纠正措施有效后，实验室可自行恢复使用认可标志。实验室的纠正措施和验证活动应在 180 d(自收到能力验证结果报告之日起计)内完成。实验室应保存上述记录以备评审组检查。对逾期未通报整改结果的实验室，CNAS 将视其为未按期开展纠正措施，从而撤销其相应能力认可资格。如出现不满意结果的项目为非认可项目的实验室，CNAS 建议其自行开展纠正措施。如出现不满意结果的项目为拟申请认可项目的实验室，需留存相应纠正措施和验证活动的记录，以便申请实验室认可时使用。

一、组织自查及进行原因分析

1. 认真阅读结果反馈报告，对报告中的数据进行分析，通过 $|ZW|$ 及 $|ZB|$ 值分析判断

离群的性质。

① |ZW|主要反映实验室的随机误差，若|ZW|大于3，表明实验室内的一致性差，也就是试验结果的重复性(reproducibility)较差，其原因很大程度上表明实验室内可能存在较大的随机误差。

② |ZB|主要反映实验室的系统误差，若|ZB|大于3，表明实验室之间的一致性差，也就是试验结果的再现性(复现性，repeatability)较差，即实验室之间存在较大偏差，其原因很大程度上表明实验室可能存在系统误差。

2. 对人、机、料、法、环等要素进行检查，分析检测结果离群的原因。

二、实施不符合工作的整改及验证

根据原因分析，对不符合工作进行整改，注意收集整改证据；同时，通过加标回收、质控样测试进行技术验证整改的有效性；内部验证确认有效后，须参加以下其中一种的外部验证方式来确认其有效性：

① 再次参加本次能力验证计划实施者组织的测量审核活动结果；

② 再次参加 CNAS 承认的能力验证计划的结果；

③ 与 CNAS 指定的参比实验室进行比对的满意结果；

④ 专家现场评审时考核的满意结果。

三、完成整改报告

确认整改有效后，需要编写整改报告，向 CNAS 提交整改材料。整改材料包括：整改报告、整改计划、实施记录、整改有效性及维持相应能力的证明材料等。整改报告的内容应包含：不符合事实的描述、最根本原因分析及相关证据、采取的纠正措施及相关证据、对已发出报告的影响及证据等。纠正措施工作流程见图 5-21。

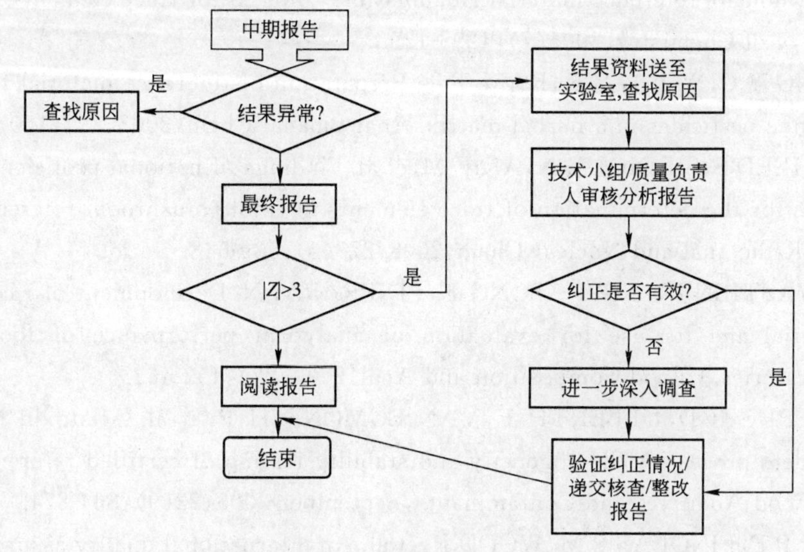

图 5-21　纠正措施工作流程

参考文献

[1] 于欣.能力验证在实验室认可活动中的应用.中国药事,2005,19(12):729-731.

[2] GB/T 1583.1—1999 利用实验室间比对的能力验证 第1部分:能力验证计划的建立和运作

[3] 马冲先.能力验证及其评价.理化检验-化学分册,2005,41(11):870.

[4] GB/T 15000.3—2008 标准样品工作导则 第3部分:标准样品 定值的一般原则和统计方法

[5] KONG M F,CHAN S N,WONG Y C. Proficiency testing program for the determination of total arsenic,cadmium,and lead in seawater shrimp. Journal of AOAC International,2008,91(4):858-864.

[6] 马小爽,吴忠祥.环境检测能力验证样品的制备技术.认证技术,2009,12:28-29.

[7] 王冬妍.引入《标准样品工作导则》制备能力验证样品的探讨.现代测量与实验室管理,2010,1:43-44.

[8] THOLEN D,BOLEY N,GUN-MONRO J,et al. ILAC Discussion paper on homogeneity and stability testing. www. ilac. org,2008.

[9] LAFARGUE M E, BIOGEAUD S, RUTLEDGE D N, et al. Proficiency testing schemes:solutions for homogeneity control. Accred Qual Assur,2004(9):333-339.

[10] KHAN M R,MILÁ A,BUSQUETS R,et al. Preparation and characterisation of fried chicken as a laboratory reference material for the analysis of heterocyclic amines. J Chromatogr B,2009(877):1997-2002.

[11] CIARDULLO S,HELD A,AMATO M D,et al. Homogeneity and stability study of the candidate reference material Adamussium colbecki for trace elements. The Royal Society of Chemistry,2005(7):1295-1298.

[12] WONG Y C,WONG S K,KAM T T. Preparation of reference material for organochlorine pesticides in a herbal matrix. Anal Bioanal Chem,2008,392:1507-1513.

[13] WAHEED S,SIDDIQUE N,ARIF M,et al. Findings of national proficiency test exercise for the determination of trace elements in edible mushroom reference material. J Radio anal and Nuclear Chem,2008,277(3):539-548.

[14] PUWASTIEN P,JUDPRASONG K,PINPRAPAI N. Development of rice reference material and its use for evaluation of analytical performance of food analysis laboratories. J Food Composition and Anal,2009(22):453-462.

[15] JOSEPHS R D,ULBERTH F,VAN EGMOND H P,et al. Aflatoxin M_1 in milk powders processing,homogeneity and stability testing of certified reference materials. Food Additives and Contaminants,September 2005,22(9):864-874.

[16] KEY P E,FINGLAS P M,WOOD R,et al. An international quality assurance(proficiency testing)scheme for the quantitated determination of daidzein,genistein and

glycitein in infant formula. Food Chem,2008(108):384-393.

[17] CLANCY V,WILLIE S. Preparation and certification of a reference material for the determination of nutrients in seawater. Anal Bioanal Chem,2004(378):1239-1242.

[18] ANDREJA D,COTMAN M,ROS M,et al. Measurement traceability and its role in proficiency testing schemes-a case study for wastewater analysis in Slovenia. Accred Qual Assur,2006(11):455-461.

[19] KARTHIKEYAN S,BALASUBRAMANIAN R. Interlaboratory study to improve the quality of trace element determinations in rainwater. Analytica Chimica Acta, 2006(576):9-16.

[20] MICHAEL THOMPSON,STEPHEN R,ELLISON. Fitness for purpose-the integrating theme of the revised:Harmonised Protocol for Proficiency Testing in Analytical Chemistry Laboratories. Accred Qual Assur,2006(11):373-378.

[21] SHAKHASHIRO A,AZEREDO A M G F,SANSONE U,et al. Matrix materials for proficiency testing:optimization of a procedure for spiking soil with gamma-emitting radionuclides. Anal Bioanal Chem,2007(387):2509-2515.

[22] BREIDBACH A,BOUTEN K,KRÖGER K,et al. Capabilities of laboratories to determine melamine in food-results of an international proficiency test. Anal Bioanal Chem,2010(396):503-510.

[23] BRERA C,GROSSI S,DEBEGNACH F,et al. Proficiency testing as a tool for implementing internal quality control: the case of ochratoxin A in cocoa powder. Accred Qual Assur,2006(11):349-355.

[24] KONG M F,CHAN S,WONG Y C. Proficiency testing program for the determination of total arsenic,cadmium,and lead in seawater shrimp. J AOAC International, 2008,91(4):858-864.

[25] 艾承锦,彭明婷,杨雁华. 标准物质的均匀性评价. 中国医药导刊,2007,9(2):155-157.

[26] ISO Guide35:2006 Reference materials-general and statistical principles for certification

[27] 杨方,杨守深,卢声宇,等. 鳗鲡肌肉冻干粉中呋喃唑酮代谢物 3-氨基-2-噁唑烷酮残留标准物质的研制. 分析化学研究简报,2010,38(3):397-400.

[28] BODO E T,STEFANKA Z,IPOLYI I,et al. Preparation,homogeneity and stability studies of a candidate LRM for Se speciation. Anal Bioanal Chem,2003(377):32-38.

[29] 王培义. 化妆品-原理、配方、生产工艺. 北京:化学工业出版社,2006:46-67.

[30] 焦学瞬,贺明波. 乳状液与乳化技术新应用一专用乳液化学品的制备和应用. 北京:化学工业出版社,2006:39-57.

[31] JAIN J,FERNANDES C,PATRAVALE V. Formulation development of parenteral phospholipid-based microemulsion of etoposide. AAPS Pharm Sci Tech,2010,11(2):826-831.

[32] 中华人民共和国卫生部监督局.《化妆品卫生规范》. 北京:军事医学科学出版社,2007.

[33] 国家药典委员会.《中华人民共和国药典》. 北京:化学工业出版社,2005.

[34] GB/T 15000.3—2008 Reference materials-general and statistical principles for certification

[35] NARUKAWA T,KUROIWA T,NARUSHIMA I. Preparation and certification of arsenate reference material,NMIJ CRM 7912-a. Anal Bioanal Chem,2010:1-7.

[36] 吴大南,柳玉红,王萍,等. 化妆品标准物质定值过程中的质量控制. 中国卫生检验杂志,2005,15(5):594-595.

[37] ISO 5725-1:1994 Accuracy(trueness and precision)of measurement methods and results-parts1

[38] Guidelines for Collaborative Study,Procedures to Vzlidate Characteristics of a Method of Analysis,J. AOAC Int,1995(78):143A-160A.

[39] GB/T 4883—2008 数据的统计处理和解释:正态样本离群值的判断和处理.

[40] HEYDEN Y V,SMEYERS-VERBEKE J. Set-up and evaluation of interlaboratory studies. Journal of Chromatography A,2007(1158):158-167.

[41] 郭亚帆. 稳健统计以及几种统计量的稳健性比较分析. 统计研究,2007,24(9):82-85.

[42] GUIMARÃES E d F,DO REGO E C P,CUNHA H C M. Homogeneity study for certification of a candidate reference material for polycyclic aromatic hydrocarbons. XIX IMEKO World Congress Fundamental and Applied Metrology,2009,6(11):2638-2642.

[43] KATHERINE E S,THOMAS J B,DUEWER D L,et al. Preparation and characterization of standard reference material 3276,Carrot Extract in Oil. Anal Bioanal Chem,2007(389):207-217.

[44] 卢行安,郑江,曹志军,等. 微生物能力验证样品均匀性试验的研究. 中国微生态学杂志,2003,15(1):33-34.

[45] 刘来福,张鹤晓,张利峰,等. 动物检疫实验室禽流感检验能力验证样本制备技术的研究. 中国动物检疫,2007,24(6):45-48.

[46] MIYAMOTO-SHINOHARA Y,SUKENOBE J J,IMAIZUMI T,et al. Survival of freeze-dried bacteria. J. Gen. Appl. Microbiol,2008,54(1):9-24.

[47] MIYAMOTO-SHINOHARA Y K,IMAIZUMI T,SUKENOBE J J. Survival rate of microbes after freeze-drying and long-term storage. Cryobiology,2000,41,251-255.

[48] LIN,T C,CHOU H H,LEE,E L,et al. An effective lyoprotectant recipe for preservation of Vibrio spp. Abstracts of the General Meeting of the American Society for Microbiology,2002(102):262.

[49] STREETER J G. Effect of trehalose on survival of Bradyrhizobium japonicum during desiccation. Appl Microbiol, 2003,95(3):484-491.

[50] 苏丽春,何天文,陈佐威,等. 浅谈微生物菌种真空冷冻干燥的影响因素及其保藏形式. 中国卫生检验杂志,2009,19(9):2193-2195.

[51] BUMNHAM V E,JANES M E,JAKUS L A,et al. Growth and survival differences

of vibrio vulnificus and vibrio parahaemolyticus strains during cold storag. Journal of food science,2009(6):314-318.

[52] BATES T C,OLIVER J D. The viable but nonculturable state of kanagawa positive and negative strains of vibrio parahaemolyticus. J Microbiol,2004,42(2):74-79.

[53] CNAS-GL02:2006 能力验证结果的统计处理和能力评价指南

[54] 李敏,易国庆. 四分位数稳健统计方法与传统统计方法在实验室能力验证结果评价中的比较分析. 中国卫生统计,2010,27(4):431-433.

[55] 中国实验室国家认可委员会. 能力验证指南. 北京:中国计量出版社,2001.

附录一

实验室能力验证实施办法
(国家认证认可监督管理委员会2006年第9号公告)

已经2005年12月27日国家认证认可监督管理委员会主任办公会议审议通过，现予公告，自2006年5月1日起施行。

二〇〇六年三月十三日

第一条 为建立规范的实验室能力验证工作机制，根据国务院赋予国家认证认可监督管理委员会(以下简称国家认监委)的职责，制定本办法。

第二条 本办法所称的能力验证，是指利用实验室间指定检测数据的比对，确定实验室从事特定测试活动的技术能力。

第三条 能力验证活动应当遵循科学合理、操作可行、非营利性和避免不必要的重复验证的原则。

第四条 国家认监委依照有关国家标准、国际准则制定有关实验室能力验证工作的基本规范和实施规则，统一监管和综合协调能力验证活动。

第五条 能力验证的组织者应当按照国家认监委制定的实验室能力验证的基本规范和实施规则开展能力验证活动。

第六条 能力验证的组织者应当建立并保存能力验证档案及相关记录，包括：

(一) 实施能力验证的有关文件；

(二) 能力验证的提供者的资质证明；

(三) 能力验证的组织者对能力验证的提供者的确认记录；

(四) 能力验证的参加者名单；

(五) 能力验证的技术报告；

(六) 能力验证结果和后续处理文件。

第七条 能力验证的组织者应当于每年年底向国家认监委报告下一年度的能力验证计划，包括：名称、目的、能力验证的内容和关键技术要素设计、组织单位、实施时间、拟参加实验室的范围和数量、能力验证提供者的资质证明和审核材料等。

国家认监委定期公布经批准的能力验证计划。

第八条 能力验证的提供者应当符合相关国家标准或者技术规范的要求，其技术能力在相应领域和关键技术要素方面领先，并具备可持续性。

第九条 国家认监委组织认可机构等有关方面,对能力验证的提供者是否符合相关国家标准或者技术规范的要求进行评价。符合要求的,国家认监委确定其作为能力验证的提供者。

国家认监委鼓励能力验证的组织者利用经过国家认监委确定的能力验证的提供者。

第十条 能力验证的参加者应当向能力验证的组织者及时反馈相关信息,并保存相关记录。

能力验证结果离群的,应当采取相应的纠正措施。

第十一条 能力验证的组织者应当及时向国家认监委通报年度能力验证计划的完成情况、能力验证结果、后续处理措施等有关事项。

第十二条 组织实验室参加境外机构或者国际组织组织的能力验证的,境内的组织者应当事前将有关情况向国家认监委报告,包括:组织能力验证的境外机构、能力验证的提供者、能力验证内容和时间、参加实验室范围和数量(境内、外的数量)、能力验证结果的使用计划、交纳的费用、能力验证技术报告(可事后补报)等。

承担境外机构组织的能力验证活动的能力验证提供者,也应当将上述有关情况向国家认监委报告。

第十三条 能力验证的组织者应当在能力验证活动完成后向有关方面通报能力验证活动的结果。同时向国家认监委报告能力验证结果,国家认监委定期公布能力验证满意结果的实验室名单。

第十四条 达到满意结果的实验室和能力验证的提供者,在规定时间内接受实验室资质认定、实验室认可评审时,可以免于该项目的现场试验。

鼓励各有关方面利用能力验证的结果,优先推荐或者选择达到满意结果的实验室承担政府委托、授权或者指定的检验检测任务。

第十五条 能力验证的组织者应当对能力验证的提供者和能力验证的实施过程实施有效管理。

第十六条 对于能力验证的结果可疑或者离群的实验室,能力验证的组织者应当要求其在规定期限内进行整改并验证整改效果,也可视情况暂停或者撤销其相关项目的资质认定或者认可,暂停其承担政府授权、委托或者指定的检验检测任务的资格,直到完成纠正活动并经能力验证的组织者确认后,方可恢复或者重新获得认可以及承担政府授权、委托或者指定的检验检测任务的资格。

第十七条 能力验证的提供者违反职业道德,弄虚作假或者泄露机密的,国家认监委或者能力验证的组织者应当取消其承担能力验证的提供者的资格。

能力验证的参加者弄虚作假、进行串通,经查属实的,能力验证组织者视其结果为不满意。情节恶劣的,能力验证组织者应当报告国家认监委,由国家认监委取消其相应项目的检测资质资格。

第十八条 国家认监委可以采取组织专家评议、向实验室征求意见、抽查档案、要求能力验证的组织者和提供者报告能力验证的实施情况等方式,对实验室能力验证活动进行监督。

第十九条 能力验证的参加者对能力验证的结果有异议的,可以向能力验证组织者进行申诉;对违规行为可以向能力验证组织者或者国家认监委进行投诉。

第二十条 下列用语的含义:

本办法所称能力验证的提供者,是指从事能力验证的设计和实施的实验室。

本办法所称能力验证的参加者,是指参加实验室间比对,以确定校准或者检测能力的实验室。

本办法所称的结果可疑,是指按照有关的技术统计方法确定的能力验证结果界于标准认可值(或者中位值)之间的结果。

本办法所称的离群(即结果离群),是指按照有关的技术统计方法确定的明显偏离标准值(或者中位值)的结果。

第二十一条 本办法由国家认监委负责解释。

第二十二条 本办法自二〇〇六年五月一日起施行。

附录二

部分相关能力验证组织机构和能力验证提供者一览表

一、国际认可合作组织和权威机构

序号	机构名称	网址
1	亚太实验室认可合作组织(APLAC)	www. aplac. org
2	欧洲认可合作组织(EA)	www. eptis. bam. de
3	美洲认可合作组织(IAAC)	www. iaac. org. mx/English/Index. html
4	重量和测量国际委员会(CIPM)	www. bipm. fr
5	APMP	www. apmpweb. org
6	世界卫生组织(WHO)	www. who. int
7	联合国环境规划署(UNEP)	www. unep. org
8	国际粮农组织(FAO)	www. fao. org
9	中国计量科学研究院(含各大区比对)	www. nim. ac. cn

二、CNAS 认可的能力验证提供者

序号	证书	机构名称	联系电话网址	认可的主要类别范围
1	CNAS PT0001	山西检验检疫局检验检疫技术中心	0351-6162536 www. sxciqtc. com	煤炭、焦炭、白酒、奶粉、铜精矿
2	CNAS PT0002	北京中实国金国际实验室能力验证研究中心	010-62181169 www. nil. org. cn	金属材料力学检测、化学检测、物理检测、无损检测、金属材料产品
3	CNAS PT0003	宝山钢铁股份有限公司分析测试研究中心	021-26648701	金属与合金、矿石与矿物、粘土、陶瓷与有关材料
4	CNAS PT0004	淄博出入境检验检疫局陶瓷实验室	0533-3177717 www. ciqtc. com	陶瓷

续表

序号	证书	机构名称	联系电话网址	认可的主要类别范围
5	CNAS PT0005	辽宁出入境检验检疫局技术中心	0411-82583822 www.lnciq.gov.cn/nsjg/jszx/nlyzhclsh	食品、粮谷、石油及其他产品、铁矿石、铜精矿、铬矿、锰矿石、动物及其产品、水生动物及其产品
6	CNAS PT0006	浙江出入境检验检疫局丝类检测中心	0571-89955377	生丝、绢丝、双宫丝、捻线丝、桑蚕吐丝
7	CNAS PT0007	国家环境保护总局标准样品研究所	010-84637293 www.ierm.com.cn	水、气体和气溶胶、生物学监控、土壤、环境构成、工作场所环境与有害物
8	CNAS PT0009	中国建筑科学研究院建筑工程检测中心	010-64517844 www.cabr-betc.com	混凝土试块、混凝土外加剂、混凝土结构、防水材料、粉煤灰、建筑材料、室内空气、保温材料、水泥、钢筋、建筑涂料
9	CNAS PT0010	司法部司法鉴定科学技术研究所	021-52351397 www.ssfjd.com	文件鉴定、痕迹、法医病理学、法医临床学、法医毒物化学、法医物证学、微量物证学、声像资料
10	CNAS PT0011	山东出入境检验检疫局检验检疫技术中心/山东省检验检疫科学技术研究院	0532-80885039 www.sdciq.gov.cn	黄曲霉毒素、农药残留、食品中重金属
11	CNAS PT0012	北京出入境检验检疫局检验检疫技术中心	010-58619214 www.bjciq.gov.cn	动物检疫、纺织品
12	CNAS PT0013	国家质量监督检验检疫总局北京国际旅行卫生保健中心	010-58648776 www.bithc.org.cn	血液(HIV、梅毒、HBsAg、HCV抗体检测)
13	CNAS PT0014	中国建筑材料检验认证中心	010-51167481 www.ctc.ac.cn	水泥、粉煤灰、矿渣粉、混凝土外加剂、建材用石灰石、粘土、石膏、水泥用铁矿石、木器涂料、建材放射性、煤的工业分析
14	CNAS PT0015	煤炭科学研究总院煤炭分析实验室	010-84262081 www.ccqtc.com	煤炭、焦炭
15	CNAS PT0016	山东非金属材料研究所	0531-85878040 www.i53.com.cn	胶粘剂、有机混合物、塑料、橡胶及制品

续表

序号	证书	机构名称	联系电话网址	认可的主要类别范围
16	CNAS PT0017	卫生部临床检验中心	010-58115051 www.nccl.cn	全血细胞计数、常规化学、临床免疫学(梅毒、乙肝、丙肝)、病毒核酸(HBV DNA、HCV RNA)、临床微生物学(尿培养/血培养、需氧菌药敏试验)
17	CNAS PT0018	广州威凯检测技术研究院/广州电器科学研究院	020-32293678 www.cvc.org.cn	电器安全(输入电流、泄漏电流)、电器性能(低温、空调冰箱能耗、电机效率)、电磁兼容(端子骚扰电压)
18	CNAS PT0019	秦皇岛出入境检验检疫局煤炭检测技术中心	0335-5997721	煤炭(灰分、挥发分、全硫、发热量)
19	CNAS PT0020	沈阳产品质量监督检验院	024-25893230 www.syzjy.com	饮料(柠檬黄、日落黄、环己基氨基磺酸钠、咖啡因)、罐头(柠檬黄、日落黄)、乳制品(钙)
20	CNAS PT0021	中国家用电器研究院	010-63162443 www.btihea.com	电器安全(球压、灼热丝、耐漏电起痕、接地电阻、温升、电气间隙与爬电距离)、电器性能(冰箱耗电量、空调制冷量、洗衣机洗净比)
21	CNAS PT0022	广东出入境检验检疫局检验检疫技术中心	020-38290599 www.iqtc.cn	玩具(化学安全、机械物理性能、燃烧性能)

三、CNAS 互认机构认可的能力验证提供者

序号	机构名称	项目	网址	说明
1	室间比对技术研究所(Institute for Interlaboratory Studies,IIS)	石油产品、石化产品、消费品及食品	www.iisnl.com	获 RvA 认可
2	资源与技术公司(Resource Technology Corporation,RTC)	土壤、固体废弃物中金属及土壤中各种有机物项目	www.RT-Corp.com	获 NVLAP 和 A2LA 认可

续表

序号	机构名称	项目	网址	说明
3	环境与资源联合会(Environmental Resource Associates,ERA)	废水、饮用水各种有机、无机项目、微生物项目;固体(土壤、污泥、废弃物);气体排放物	www.eraqc.com	获A2LA认可(原APG已并入该机构)
4	政府化学实验室(Laboratory of the Government Chemist,LGC)	食品(乳制品、肉、鱼、谷类、糖、巧克力、胶质)、饮料(碳酸饮料、果汁、啤酒及其他酒精饮料)、环境构成(水、土壤、淤泥、废气排放溶液)、其他(玩具检测、血液毒物学、药物制品)	www.lgc.co.uk www.lgcpt.com	获UKAS认可认可证书
5	食品分析能力评价机构(Food Analysis Performance Assessment Scheme,FAPAS)	食品的化学分析、微生物分析	www.fapas.org.cn www.fapas.com	获UKAS认可
6	质量服务专门机构(IFM Quality Services Pty Ltd)	电气、生物、人用药物及生物制品的检测、兽用药物及生物制品的检测、微生物检测、真菌、细菌、水	www.ifmqs.com.au	获NATA认可
7	标准溶液供应公司(NSI Solution,Inc.)	饮用水、废水及土壤中的金属、矿物质、农药、除草剂、挥发性有机物、半挥发性有机物、PCB等无机、有机项目	www.nsi-es.com	获A2LA、NVLAP和ISO认可
8	质量保证促进机构(RCPA Quality Assurance Programs Pty Limited)	解剖病理学、血液学、血清学、免疫学、微生物学	www.rcpaqap.com.au	获NATA认可
9	澳大利亚能力验证机构(Proficiency Testing Australia,PTA)	检测:水、土壤、食品、酒、煤、燃料(辛烷值等抗暴指数)、石棉、金属材料、纺织品、建筑材料。 校准:声学和振动、光学、电磁学、温度、力学和长度	www.pta.asn.au	获A2LA认可

续表

序号	机构名称	项目	网址	说明
10	APG（Analytical Products Group，Inc.）	废水及饮用水各种有机、无机项目	www.apgqa.com	获 NVLAP 认可
11	ASQUAL	纺织品、医学固定治疗器械及其弹性带子、地毯	www.asqual.com	获 CORFAC 认可
12	Queensland Health Forensic and Scientific Services（QHFSS）	淡水和海水：环境营养元素总氮、凯氏氮、总磷、磷酸盐、铵、硅、硫酸盐、氯化物、TOC 等	www.health.qld.gov.au	获 NATA 认可
13	National Measurement Institute	水果、蔬菜和土壤中农药残留，土壤和水中环境污染物，禁用药物	www.measurement.gov.au	获 NATA 认可
14	Australian Government Dept of Agriculture Fisheries & Forestry	肉和肉制品、谷、谷物及产品、奶、鱼、蛋、蜂蜜、动物体液中化学残留和环境污染物	www.australia.gov.au	获 NATA 认可
15	DUCARES	饲料、油脂、肥料的检测。检测项目包括水分、粗蛋白、灰分、粗纤维、金属元素、维生素、油脂中的多环节芳烃、肥料中的氮、磷、钾等	www.ducares.nl	获 RVA 认可
16	National Serology Reference Laboratory，Australia Department of Medical Sciences Bureau of Laboratory Quality Standards	血清学测试：HCV，HIV，HTLV，HepBV，免疫血液学，血液学，输血服务	www.australia.gov.au	获 NATA 认可
17	Proficiency Testing Australia AsureQuality Limited	水藻，水中微小有机体：大肠杆菌、总大肠杆菌、链球菌、绿脓杆菌、*Klebsiella* 等。食品中的病原微生物、非病原体：大肠杆菌沙门氏菌属、Listeria、Listeria、葡萄菌属	www.asurequality.com	获 NATA 认可

续表

序号	机构名称	项目	网址	说明
18	CecaLait	乳制品中的脂肪、蛋白质和固形物	www.cecalait.fr	获 INAB 认可
19	Central Science Laboratory, Sand Hutton, York	作为 FAPAS 和 FEPAS 能力验证提供者,包装材料、食品、饮料和动物饲料	www.defra.gov.uk	获 UKAS 认可
20	Animal Health and Veterinary Laboratories Agency, VLA Scientific, Vetqas - Quality Assurance Unit	微生物测试:加标炭疽杆菌和流产杆菌、大肠杆菌 O157、家禽微生物、支原体、巴斯德(氏)菌、动物饲料和家禽中的沙门(氏)菌测试	www.defra.gov.uk	获 UKAS 认可
21	Don Whitley Scientific Ltd	农业、药物、食品和饮料中微生物测试等	www.dwscientific.co.uk	获 INAB 认可
22	Newcastle Laboratory, Institute of Pathology, General Hospital	饮用水、地表水中微生物测试	www.graftel.com	获 UKAS 认可
23	European Directorate for the Quality of Medicines(EDQM)	药物的物理化学、药剂、生物学测试	www.edqm.eu	获 INAB 认可
24	Forensic Science Service Ltd.	体液测试:血液、组织、口腔、头发、唾液、精液等	www.forensic.gov.uk	获 UKAS 认可
25	Absolute Standards, Inc.	水样、固体化学材料中的金属、非金属元素、矿物质、挥发性/半挥发性有机物、杀虫剂等	www.absolutestandards.com	获 CALA/A2LA 认可
26	U. S. Depar tment of Energy Radiological and Environmental Sciences Laboratory	水样、土壤、空气滤膜、蔬菜、食品、生物样品中的痕量金属、酞酸酯、硝基芳香化合物、杀虫剂、α 和 β 射线、γ 射线等	www.inl.gov/resl	获 CALA/A2LA 认可
27	AOAC International	肉、奶酪等食品中化学成分和微生物检测,水果、蔬菜中的杀虫剂检测	www.aoac.org	获 A2LA 认可

四、测量审核指定机构

序号	机构名称	联系电话	获准领域
1	山西出入境检验检疫局检验检疫技术中心	0351-6162536	煤、白酒
2	北京中实国金国际实验室能力验证研究中心	010-62181169	金属与合金类材料与制品、矿石、耐火材料、煤炭
3	辽宁出入境检验检疫局检验检疫技术中心(大连)	0411-82583822	食品、植物检验检疫
4	环境保护部标准样品研究所	010-84665741	水、气体、土壤
5	司法部司法鉴定科学技术研究所	021-52353025	法庭科学/司法鉴定
6	山东出入境检验检疫局检验检疫技术中心/山东省检验检疫科学技术研究院	0532-80885722	食品及动物饲料、石油及石油产品、棉花
7	北京出入境检验检验局检验检疫技术中心	010-58619235、58619222	兽医及动植物检验检疫、纺织品及制品、HB级材料燃烧
8	沈阳产品质量监督检验研究院	024-25893246	食品、洗涤剂
9	辽宁出入境检验检疫局检验检疫技术中心(沈阳)	024-24123659	食品、植物检验检疫
10	中国食品药品检定研究院	010-67095787	原料药及中西药制剂